高职高专计算机专业系列教材

C 语言程序设计

主编　李圣良　虞　芬

参编　代　飞　胡志锋　艾　迪

　　　裴南平　王城华

西安电子科技大学出版社

内 容 简 介

本书是高职高专学生学习计算机编程的入门教材，着重讲述了计算机程序设计的基础知识、基本算法和应用编程思想，其目的在于使学生学习 C 语言程序设计之后，能结合社会生产实际进行应用程序的开发。

本书是作者多年来在讲授"C 语言程序设计"课程的基础上，总结多年的教学经验，对授课讲义进行整理而成的。全书共分 10 个单元，主要内容包括编写 C 程序的基础知识、顺序和选择结构程序设计、循环结构程序设计、数组、函数、指针、结构体和共用体、文件、编译预处理、位运算；另配有实验指导部分。本书整体结构编排合理，组织形式新颖，例题丰富，符合学生的认知规律和学习特点。通过本书的学习，学生可掌握程序设计的基本思想和常见简单问题的算法，并可编写程序加以实现。

本书层次分明、结构紧凑，叙述深入浅出、通俗易懂，适合作为高职高专相关专业教材，也可作为等级考试和其他计算机编程人员的参考书。

图书在版编目(CIP)数据

C 语言程序设计/李圣良，虞芬主编. —西安：西安电子科技大学出版社，2015.2
(2024.7 重印)
ISBN 978 - 7 - 5606 - 3661 - 0

Ⅰ. ①C…　　Ⅱ. ①李…　②虞…　Ⅲ. ①C 语言—程序设计—高等职业教育—教材
Ⅳ. ①TP312

中国版本图书馆 CIP 数据核字(2015)第 028853 号

策　　划　邵汉平
责任编辑　邵汉平
出版发行　西安电子科技大学出版社（西安市太白南路 2 号）
电　　话　(029)88202421　88201467　　邮　　编　710071
网　　址　www.xduph.com　　　　电子邮箱　xdupfxb001@163.com
经　　销　新华书店
印刷单位　咸阳华盛印务有限责任公司
版　　次　2015 年 2 月第 1 版　2024 年 7 月第 11 次印刷
开　　本　787 毫米×1092 毫米　1/16　印张 23
字　　数　548 千字
定　　价　45.00 元
ISBN 978 - 7 - 5606 - 3661 - 0
XDUP 3953001-11
＊＊＊ 如有印装问题可调换 ＊＊＊

前　　言

　　最近 20 多年来，计算机技术飞速发展，出现了很多高级程序设计语言，其中 C 语言家族最具影响力。C++、Java 和 C#都属于 C 语言家族，C 语言是它们的基础。因此，国内高校的很多专业都将 C 语言作为第一门程序设计语言课程开设。作者于 2009 年编写了《C语言程序设计》讲义，并作为校本开发教材在学校连续使用了 6 年。该讲义充分考虑了高职高专学生的实际情况，力求具备起点低、概念准确、讲解通俗、深入浅出、注重实践、强化应用的特点，多年来一直反映良好。本书即为对讲义进行优化整理而成的。

　　本书主要适用于工科各专业，书中的部分内容和实例可根据各专业的实际情况进行取舍。建议学时数为 70 学时，其中理论教学 50 学时，课内上机 20 学时。另外，建议计算机相关专业再安排一周的课程设计(实训)。

　　本书由九江职业技术学院李圣良、虞芬任主编，其中虞芬编写第 3 单元及附录部分，代飞编写第 2、8 单元，胡志锋编写第 4、5 单元，艾迪编写第 6、7 单元，王城华编写第 1、9、10 单元，裴南平编写实验指导部分，李圣良负责本书的统稿工作。

　　本书内容翔实，层次分明，结构紧凑，叙述深入浅出、通俗易懂。每个单元和每节后均附有大量习题，以利于学生对所学知识的巩固和编程能力的提高。书末配有实验指导，可供学生上机实训使用。本书适合作为高职高专及各类大专院校的教材，也可作为等级考试和其他计算机编程人员的参考书。

　　由于作者水平有限，书中不妥之处在所难免，恳请读者批评指正。

作　者

2014 年 12 月

目　录

第1单元　编写C程序的基础知识..............1

1.1　C程序的编写、调试和运行 1

　1.1.1　C程序的结构 1

　1.1.2　C程序的调试与运行 4

习题 8

1.2　算法 9

　1.2.1　算法的定义和特性 9

　1.2.2　算法的描述 10

　1.2.3　常用算法举例 11

　1.2.4　算法拓展 14

习题 15

1.3　程序中的数据 16

　1.3.1　变量与常量 16

　1.3.2　基本数据类型 18

　1.3.3　知识拓展——数据的表示方法...25

习题 26

1.4　常用表达式和运算符 27

　1.4.1　表达式、运算符概述 27

　1.4.2　算术运算符及表达式 28

　1.4.3　赋值运算符及表达式 30

　1.4.4　自增、自减运算符及表达式 ...32

　1.4.5　逗号运算符及表达式 34

　1.4.6　其他运算符及表达式 35

习题 37

单元小结 38

单元练习 38

第2单元　顺序和选择结构程序设计.......40

2.1　顺序结构程序设计 40

　2.1.1　表达式语句、空语句、复合语句

　　　　和控制语句...........................40

2.1.2　输出语句printf函数 41

2.1.3　输入语句scanf函数 49

2.1.4　知识拓展——不常用的格式字符.....54

2.1.5　字符类型输入、输出函数.................54

习题 56

2.2　if语句 57

　2.2.1　简单的选择结构程序设计 57

　2.2.2　C语言的条件 59

　2.2.3　if语句的缺省格式 61

　2.2.4　if语句应用举例 63

习题 67

2.3　if的嵌套 70

　2.3.1　if嵌套 70

　2.3.2　条件运算表达式 74

习题 76

2.4　switch开关语句 78

　2.4.1　switch语句格式与运行过程 78

　2.4.2　switch语句应用举例 82

习题 84

单元小结 86

单元练习 86

第3单元　循环结构程序设计...................90

3.1　用while语句实现固定次数的循环

　　　结构程序设计 90

　3.1.1　while语句格式与运行流程.................90

　3.1.2　用while语句实现固定次数循环........92

习题 98

3.2　用while语句实现不固定次数的循环

　　　结构程序设计 99

　3.2.1　设定条件的循环结构程序设计...99

3.2.2 结束符的循环结构程序设计............103

习题............107

3.3 do…while 与 for 循环语句............109

　　3.3.1 do…while 循环语句............109

　　3.3.2 for 循环语句............112

习题............116

3.4 较复杂的循环程序设计............118

　　3.4.1 影响循环运行的语句............118

　　3.4.2 递推类型程序设计............121

习题............125

3.5 多重循环程序设计............127

　　3.5.1 多重循环的运行过程............127

　　3.5.2 逐步求精程序设计............129

习题............131

3.6 循环综合应用............133

　　3.6.1 素数问题............133

　　3.6.2 穷举法程序设计............136

习题............137

单元小结............139

单元练习............139

第 4 单元　数组............143

4.1 一维数组............143

　　4.1.1 数组的引入............143

　　4.1.2 一维数组的定义、初始化、引用、
　　　　　遍历............145

　　4.1.3 一维数组的应用............149

习题............155

4.2 二维数组............156

　　4.2.1 二维数组的引入............156

　　4.2.2 二维数组的定义、初始化、引用、
　　　　　遍历............157

　　4.2.3 二维数组的应用............159

习题............162

4.3 字符数组与字符串............164

　　4.3.1 字符数组的定义、初始化、引用、
　　　　　遍历和存储............164

　　4.3.2 字符串输入/输出............166

　　4.3.3 字符串数组............168

4.3.4 字符数组的应用............169

　　4.3.5 字符串处理............172

习题............175

单元小结............177

单元练习............177

第 5 单元　函数............181

5.1 函数的定义、函数参数和函数值............181

　　5.1.1 C 语言对函数的规定............181

　　5.1.2 函数的定义............181

习题............183

5.2 函数的调用............184

　　5.2.1 函数调用的一般形式............184

　　5.2.2 函数的声明............185

　　5.2.3 函数参数的传递方式............186

习题............189

5.3 函数的嵌套调用与递归调用............190

　　5.3.1 函数的嵌套调用............190

　　5.3.2 函数的递归调用............192

习题............194

5.4 函数应用举例............195

习题............201

5.5 变量的作用域和生存期............203

　　5.5.1 变量的作用域............203

　　5.5.2 变量的生存期............206

习题............209

单元小结............212

单元练习............212

第 6 单元　指针............216

6.1 指针与指针变量............216

　　6.1.1 地址与指针............216

　　6.1.2 指针变量............217

　　6.1.3 应用举例............219

习题............222

6.2 指针与数组............223

　　6.2.1 指向数组元素的指针............223

　　6.2.2 适用于数组的指针运算............225

　　6.2.3 指向字符串的指针............227

习题......228

6.3　指针与函数......229

　　6.3.1　指针作为函数参数......229

　　6.3.2　指向数组的指针作为函数参数......233

　　习题......234

6.4　拓展知识......237

　　6.4.1　指针与二维数组......237

　　6.4.2　指针数组......239

　　6.4.3　命令行参数......240

　　单元小结......241

　　单元练习......242

第 7 单元　结构体和共用体......246

7.1　结构体......246

　　7.1.1　结构体类型......246

　　7.1.2　结构体变量......248

　　7.1.3　应用举例......250

　　习题......252

7.2　结构体数组......255

　　习题......257

7.3　共用体......260

　　习题......264

　　单元小结......265

　　单元练习......266

第 8 单元　文件......267

8.1　文件的基本概念与操作......267

　　8.1.1　文件的基本概念......267

　　8.1.2　文件的基本操作......268

　　8.1.3　文件基本操作应用举例......270

　　习题......273

8.2　文件的应用......275

　　8.2.1　文本文件字符读写函数......275

　　8.2.2　二进制文件读写操作......278

　　习题......281

8.3　文件的定位......283

　　习题......285

　　单元小结......286

　　单元练习......287

第 9 单元　编译预处理......289

9.1　宏定义......289

　　9.1.1　不带参数的宏定义......289

　　9.1.2　带参数的宏定义......292

　　习题......295

9.2　文件包含......296

　　习题......298

　　单元小结......299

　　单元练习......299

第 10 单元　位运算......302

10.1　位运算符和位运算......302

　　10.1.1　位运算符......302

　　10.1.2　"按位与"运算符(&)......303

　　10.1.3　"按位或"运算符(|)......303

　　10.1.4　"按位异或"运算符(^)......304

　　10.1.5　"按位取反"运算符(~)......304

　　10.1.6　"左移"运算符(<<)......305

　　10.1.7　"右移"运算符(>>)......305

　　10.1.8　位复合赋值运算符......305

　　10.1.9　不同长度的数据进行位运算......306

　　习题......306

10.2　位运算应用举例......307

　　习题......309

　　单元小结......309

　　单元练习......310

实验指导......312

实验一　熟悉 C 程序编辑、编译、运行
　　　　的过程......312

实验二　输入、输出语句......314

实验三　if 语句......316

实验四　多路分支......319

实验五　while 循环语句......323

实验六　do...while 与 for 循环语句......327

实验七　多重循环......329

实验八　数组......332

实验九　字符串......335

实验十 函数 339

实验十一 结构体与共用体 342

实验十二 指针 345

实验十三 文件 348

附录 353

附录 A C 语言中的关键字 353

附录 B 常用 ASCII 代码对照表 354

附录 C 运算符的优先级和结合性 355

附录 D C 语言库函数 356

参考文献 360

第 1 单元　编写 C 程序的基础知识

单元描述

C 语言具有很多突出的优点，是非常实用且应用广泛的程序设计语言。本单元介绍编写 C 程序的基础知识：算法基础，C 语言程序的结构，简单 C 程序的编写与调试运行，数据类型及常用算术、赋值、逗号等运算符。

学习目标

通过本单元学习，你将能够
- 阅读简单的 C 语言程序，了解 C 程序的结构
- 了解 C 语言的基本数据类型，掌握数据的表示方法
- 掌握算术、赋值、逗号等运算符及其构成的表达式
- 设计简单的 C 语言程序
- 熟练调试和运行 C 语言程序

1.1　C 程序的编写、调试和运行

1.1.1　C 程序的结构

1. C 语言程序的结构分析

在使用 C 语言编写程序时，必须按其规定的格式进行编写。下面从几个简单的 C 语言程序入手，分析 C 语言程序的结构特点和书写格式。

【例 1-1】　简单的 C 程序。

```
# include <stdio.h>
main()                              /* 定义主函数，函数首部 */
{                                   /* 主函数的函数体开始 */
    printf ("Hello,world!\n");      /* 语句，输出"Hello,world!" */
}                                   /* 主函数的函数体结束 */
```

程序运行结果如图 1-1 所示。

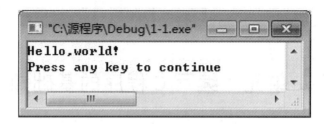

图 1-1 例 1-1 程序运行结果

程序分析如下：

(1) 这是一个完整的 C 程序，包含一个 main 函数(也称为主函数)。

(2) "main()"为主函数的函数首部，随后的"{……}"为主函数的函数体。

(3) 该程序中只有一条语句"printf ("Hello,world!\n"); "，该语句能够在屏幕上输出"Hello,world!"，语句以分号";"为结束符。

(4) "/*……*/"是对程序起到说明作用的注释部分，程序执行时并不执行注释部分。

(5) "# include <stdio.h>"是编译预处理命令。printf 是系统提供的标准库函数之一，使用这些函数时，应该在程序开始处使用编译预处理命令，将相应的头文件包含进来。常用的系统标准库函数及对应的头文件见附录 D。

【例 1-2】 函数体略复杂一些的 C 程序。

```c
# include <stdio.h>
main( )
{    float r,s ;                    /* 声明部分：定义实数类型变量 r、s */
    r=1.5 ;                        /* 执行部分：圆的半径值赋值为 1.5 */
    s=3.14159*r*r ;                /* 执行部分：求圆的面积值 s */
    printf("area is : %f\n",s);    /* 执行部分：输出圆的面积值 */
}
```

程序运行结果如图 1-2 所示。

图 1-2 例 1-2 程序运行结果

程序分析如下：

(1) 函数体由声明部分(也称为定义部分)和执行部分组成。

(2) 声明部分是函数体中使用的变量定义及某些函数的声明。

(3) 执行部分由语句构成，用来完成函数所要实现的功能。

【例 1-3】　由多个函数构成的 C 程序。

```c
# include <stdio.h>
void hello()            /* 定义函数 hello */
{   printf("*** Hello! How are you? ***\n");
}
void star()            /* 定义函数 star */
{   printf("*************************\n");
}
main()                 /* 定义主函数  */
{   star();            /* 调用函数 star */
    hello();           /* 调用函数 hello */
    star();            /* 调用函数 star */
}
```

程序运行结果如图 1-3 所示。

图 1-3　例 1-3 程序运行结果

程序分析如下：

(1) 该程序由主函数 main 及函数名为 hello、star 的函数组成。

(2) 在主函数 main 中使用到了 hello、star 函数，我们称之为调用。关于函数的具体知识将在第 5 单元进行详细介绍。

2. C 语言程序的结构特点

从上面的例子可以总结出 C 程序结构的主要特点：

(1) 函数是组成 C 语言程序的基本单元。编写 C 程序其实就是定义一个个函数。函数构成如图 1-4 所示。

图 1-4　函数构成

(2) 一个 C 程序中有且仅有一个主函数即 main 函数，可以没有或有多个其他函数。主函数的位置没有特别要求，只要不嵌套定义在其他函数内部。

(3) 一个 C 程序总是从 main 函数开始执行，main 函数执行结束，整个程序即结束。

3. C 语言程序的书写格式

从上面的例子也可以总结出 C 程序的书写格式：

(1) C 程序使用分号 ";" 作为语句的终止符，复合语句除外。

(2) C 程序书写格式自由，一条语句可以分多行写，一行上也可以写多条语句。

(3) C 语言严格区分大小写。C 程序习惯上用小写字母，但符号常量、宏定义等习惯用大写字母，所有的关键字必须采用小写字母。

(4) 在程序中使用注释对程序进行说明和解释，可增强程序的可读性。注释部分的格式如下：

/* 注释内容 */

(5) 适当采用缩进格式很有必要。采用缩进格式，可使程序更加清晰、易读。

1.1.2 C 程序的调试与运行

在编写完一个 C 语言程序后，还需要检查程序中的语法错误，运行程序并查看运行结果是否正确，如果存在错误，应反复修改错误直至得到正确的运行结果。这个过程称之为程序的调试与运行。

1. 调试运行步骤

从编写一个 C 程序到运行并得到结果一般需要经过四个步骤：编辑、编译、连接、运行。此过程如图 1-5 所示。

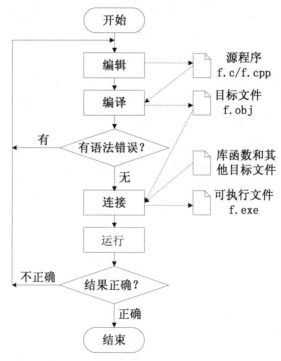

图 1-5 C 程序调试运行步骤

(1) 编辑：将编写的 C 语言源程序输入到计算机中以文件的形式保存起来。C 语言源程序的扩展名为"c"，在 Visual C++ 6.0 集成开发环境中通常将 C 程序保存为扩展名为"cpp"的文件，如"f.c"或"f.cpp"。

(2) 编译：C 语言源程序编辑好之后，应将其编译为二进制的目标代码。在编译时，还会对源程序进行语法检查，如果源程序存在语法错误，用户应该返回编辑状态，根据错误提示信息查找错误并改正，再次重新编译，直到没有语法错误，生成目标程序文件，扩展文件名为"obj"，如"f.obj"。

(3) 连接：将各个模块的二进制目标代码与系统标准模块进行连接处理，得到最终的可执行文件。连接成功将生成可执行文件，扩展文件名为"exe"，如"f.exe"。

(4) 运行：可执行文件没有语法错误，但可能有设计上的错误而导致运行结果不正确。若运行结果不正确，还需要返回到编辑状态查找并修改错误，重新编译、连接、运行，直至运行结果正确。

2. 在 Visual C++ 6.0 集成开发环境中运行 C 程序

C 语言的集成开发环境有 Turbo C、Borland C、Visual C++等。Visual C++ 6.0 功能强大、灵活性好，是目前较为流行的 C 语言集成开发环境。下面以具体的例子为例，介绍在 Visual C++ 6.0 集成开发环境中编辑、编译、连接、运行 C 程序的方法。

(1) 创建工作文件夹。

在用 Visual C++ 6.0 进行 C 程序设计时，一般先要创建一个工作文件夹，以便集中管理和查找文件。如创建文件夹"C:\源程序"。

(2) 启动 Visual C++ 6.0。

选择"开始"→"程序"→"Microsoft Visual Studio 6.0"→"Microsoft Visual C++ 6.0"，运行 Visual C++ 6.0，进入 Visual C++ 6.0 开发环境，如图 1-6 所示。

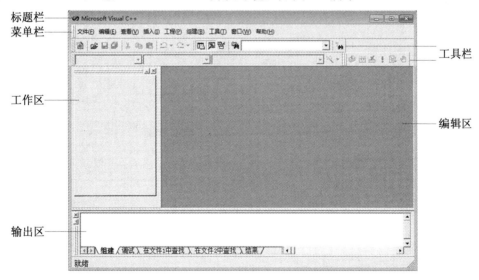

图 1-6　Visual C++ 6.0 开发环境

(3) 创建 C 源程序文件。

选择"文件"菜单→"新建"命令，或直接按【Ctrl】+【N】组合键打开"新建"对话框。选择"文件"选项卡中的"C++ Source File",在右边的"文件"文本框中输入文件名,如"1-4";单击"目录"文本框右侧的 **...** 按钮修改保存文件的位置,如"C:\源程序",如图 1-7 所示;单击"确定"按钮,即可进入 Visual C++ 6.0 的代码编辑区编辑程序。

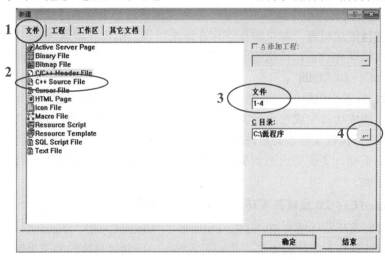

图 1-7　新建 C 程序

(4) 编辑代码并保存。

① 编辑代码:在代码编辑区输入 1-4.cpp 的源代码,完成后如图 1-8 所示。源代码如下:

【例 1-4】　编辑、编译、连接、运行如下 C 程序。

```
# include <stdio.h>
main()
{    int a,b;
     a=1;
     b=a+2;
     printf("%d\n",b);
}
```

图 1-8　在编辑区编辑源程序

② 保存源程序文件：选择"文件"菜单→"保存"命令("另存为"命令可修改文件名或文件存放位置)，也可单击工具栏中的"保存"按钮 来保存文件。

(5) 编译。

选择"组建"菜单(由于汉化版本不同，有的版本此处为"编译"菜单)→"编译"命令，也可单击工具栏的"编译"按钮，或按【Ctrl】+【F7】组合键，在弹出的"创建默认项目工作空间"对话框中选择"是"按钮，如图 1-9 所示，然后系统开始对当前的源程序进行编译。

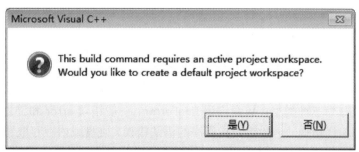

图 1-9　"创建默认项目工作空间"对话框

若编译过程中没有发现语法错误，则在输出区窗口中显示如图 1-10 所示的编译信息。

图 1-10　输出区窗口中的编译信息

(6) 连接。

选择"组建"菜单→"组建"命令，也可单击工具栏的"连接"按钮，或按【F7】键进行连接。若连接没有错误，则在输出区窗口中显示如图 1-11 所示的连接信息。

图 1-11　输出区窗口中的连接信息

(7) 运行。

选择"组建"菜单→"执行"命令，也可单击工具栏的"执行"按钮，或按【Ctrl】+【F5】组合键运行程序，即可看到控制台程序窗口中的运行结果，如图 1-12 所示。

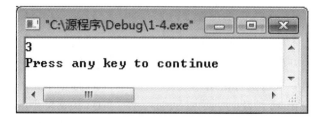

图 1-12　程序 1-4.cpp 的运行结果

(8) 关闭工作空间。

完成了对程序的操作后，应保存好已经建立的程序与数据，并关闭工作空间。选择"文件"菜单→"关闭工作空间"命令，可关闭工作空间。

关闭工作空间后，可重复以上步骤，进行其他程序文件的操作。

3. 编译错误的处理

若在编译过程中系统发现程序存在编译错误，会将错误信息、显示在输出区窗口中，如图 1-13 所示。

```
× ┌──────────────────────────────────────────────┐ ▲
  │ 1-4.obj - 1 error(s), 0 warning(s)             │
  │                                                │ ▼
  ├────────────────────────────────────────────────┤
  │ ◄ ► \ 组建 ╱ 调试 ╲ 在文件1中查找 ╲ 在文件2中查 ◄ ║ ►│
  └──────────────────────────────────────────────┘
```

图 1-13　存在语法错误的程序 1-4.cpp 的编译结果

源程序错误分为三种类型：致命错误 fatal error、一般错误 error 和警告 warning。致命错误通常是内部编译错误。一般错误指程序的语法错误、磁盘或内存存取错误或命令错误。发生致命错误及一般错误时，必须采取一些适当的措施并重新编译，只有修改这两类错误后，程序才能继续连接、运行。警告并不阻止编译进行，它指出一些值得怀疑的情况，可以说 warning 是编译器为程序员提供的友善建议和意见，我们应当认真查看产生 warning 的原因。

错误信息中指出了错误所在行号和错误原因(可将输出区的垂直滚动条向上拖动)，如图 1-14 所示。双击错误信息，将会在编辑区提示错误在程序中的大致位置，通常是错误所在的行或附近。查找出错误，修改后重新编译直至成功，方可连接、运行。

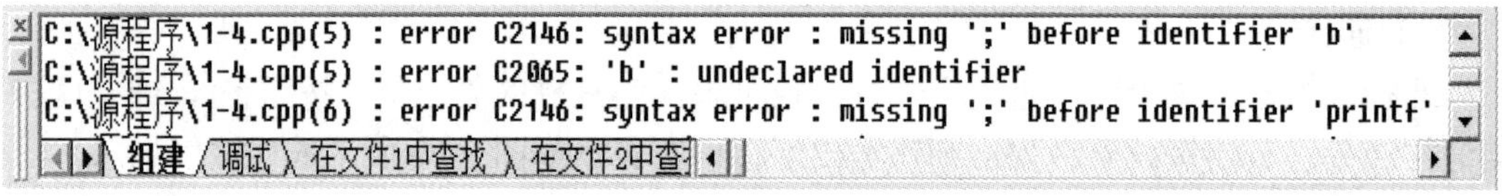

```
× ┌──────────────────────────────────────────────────────────────────────┐ ▲
  │ C:\源程序\1-4.cpp(5) : error C2146: syntax error : missing ';' before identifier 'b' │
  │ C:\源程序\1-4.cpp(5) : error C2065: 'b' : undeclared identifier                       │
  │ C:\源程序\1-4.cpp(6) : error C2146: syntax error : missing ';' before identifier 'printf' │ ▼
  ├──────────────────────────────────────────────────────────────────────┤
  │ ◄ ► \ 组建 ╱ 调试 ╲ 在文件1中查找 ╲ 在文件2中查 ◄ ║ ►                    │
  └──────────────────────────────────────────────────────────────────────┘
```

图 1-14　编译错误信息

习　　题

1. 选择题

(1) C 语言程序的基本单位是_____。

    A. 程序行   B. 语句   C. 函数   D. 字符

(2) C 语言程序语句的结束符是_____。

    A. 逗号   B. 句号   C. 分号   D. 括号

(3) C 语言程序的开始执行点是_____。

    A. 程序中第一条可执行语句   B. 程序中第一个函数

    C. 程序中的 main 函数   D. 头文件中的第一个函数

(4) 完成 C 源程序编辑后，到生成执行文件，必须经过的步骤依次为_____。

A. 连接、编译　　　　　B. 编译、连接　　　　　C. 连接、运行　　　　　D. 运行

(5) C 语言源程序连接后，产生文件的扩展名是_____。

A. c　　　　　　　　　B. obj　　　　　　　　C. exe　　　　　　　　D. h

2. 写出以下程序的运行结果

(1)
```
# include <stdio.h>
main()
{ printf("I love China!\n");
  printf("We are students.\n");
}
```

(2)
```
# include <stdio.h>
main()
{ int x;
  x=10;
  printf("%d\n",x+2);
}
```

1.2　算　　法

　　尽管计算机可以完成许多极其复杂的工作，但实质上这些工作都是按照人们事先编好的程序进行的，人们常把程序称为计算机的灵魂。有这样一个著名的公式：

程序 = 算法 + 数据结构

　　这个公式说明：对于面向过程的程序设计语言而言，程序由算法和数据结构两大要素构成。其中，数据结构是指数据的组织和表示形式；而算法就是进行操作的方法和步骤，是程序的灵魂。这里我们重点讨论算法。

1.2.1　算法的定义和特性

1. 算法的定义

算法是为解决一个具体问题而采用的确定、有效的方法和操作步骤。

【例 1-5】　已知圆的半径为 10，求其面积。描述解决该问题的算法。

算法描述如下：

(1) 半径 r=10；

(2) 面积 $s=\pi r^2$；

(3) 输出面积 s，结束。

【例 1-6】　有三只杯子：A 杯中装满酒，B 杯中装满醋，C 杯是空杯。利用 C 杯将 A 杯与 B 杯装的东西对换。描述解决该问题的算法。

算法描述如下：

(1) A 杯倒入 C 杯；

(2) B 杯倒入 A 杯；

(3) C 杯倒入 B 杯，结束。

2. 算法的特性

计算机所能执行的算法必需具备以下五个特性。

(1) 有穷性。计算机按照算法的规定执行有限次数的操作后终止。

(2) 确定性。算法中的每个步骤都应是确定的，不允许有歧义。

(3) 可行性。算法中规定的每个操作都是计算机可以执行的操作。

(4) 0 或多个输入。算法可以无输入，也可以在程序运行时由用户通过输入设备(如键盘)将需要使用到的一组数据输入到计算机中。

(5) 1 或多个输出。算法的实现以得到处理结果为目的，没有输出的算法是没有任何意义的。

1.2.2 算法的描述

进行算法设计时，可以使用不同的算法描述工具，如自然语言、流程图、伪代码、计算机语言等。

1. 自然语言

自然语言就是人们日常生活中使用的语言。自然语言比较符合人们日常的思维习惯，通俗易懂，初学者容易掌握。但其描述文字显得冗长，表达时容易出现疏漏，并引起理解上的歧义，不易直接转化为程序。

2. 流程图

流程图是一种流传很广的描述算法的方法。这种以特定的图形符号加上说明来描述算法的图，称为流程图。

1) 传统的流程图

传统的流程图由一些图框和流程线组成。其中：图框表示各种操作的类型，图框中的文字和符号表示操作的内容，文字可以用中文、英文，也可以用数学上的写法，还可以用计算机命令，但要简洁、明了、易懂，决不能有二义性；流程线表示操作的先后次序、流程走向。常用的符号及其功能如图 1-15 所示。

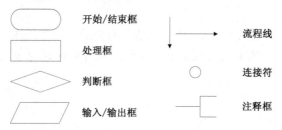

图 1-15　常用的流程图符号

【例 1-7】 画出火车站托运行李按重量 w 计算费用 f 的算法流程图，收费标准如下：

$$f = \begin{cases} 0.2w & w \leq 20 \\ 0.2 \times 20 + 0.5(w - 20) & w > 20 \end{cases}$$

算法描述如图 1-16 所示。

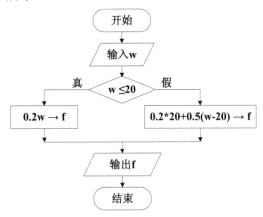

图 1-16　例 1-7 的传统流程图

2) N-S 流程图

传统流程图中灵活的流程线是程序中隐藏问题的祸根。针对这一弊病，美国学者 I.Nassi 和 B.Shneiderman 提出了一种新的流程图形式，称为 N-S 流程图。这种流程图完全去掉了流程线，算法的每一步都用一个矩形框来描述，将一个个矩形框按执行的次序连接起来就是一个完整的算法描述。

例 1-7 的 N-S 流程图如图 1-17 所示。

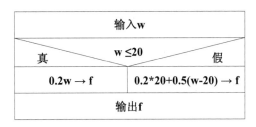

图 1-17　例 1-7 的 N-S 流程图

相对于初学者来说，传统流程图更加直观、清晰、易懂。因此，本书使用流程图描述算法时均采用传统流程图。

3. 伪代码

伪代码是介于自然语言和计算机语言之间的一种伪码，它不受计算机语言严格语法的限制，描述算法灵活方便，易于转化为计算机程序。

4. 计算机语言

用计算机语言描述算法就是计算机程序，在计算机上执行就可得到结果。

1.2.3　常用算法举例

有了正确算法，方能使用计算机编程语言进行程序设计。因此我们在此处先掌握一些最基础的算法，了解程序设计基本思路，为后续学习编写程序打下基础。

无论算法有多复杂，其基本结构只有三种：顺序结构、选择结构、循环结构。

1. 顺序结构

顺序结构的程序算法描述最为简单，只要按照解决问题的顺序写出步骤即可，算法步骤执行次序为自上而下，依次执行。例 1-1 和例 1-2 均为顺序结构。例 1-2 的算法描述如图 1-18 所示。

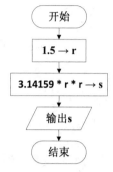

图 1-18　例 1-2 的流程图

2. 选择结构

选择结构对给定的条件进行判断，根据判断的结果来控制程序的流程。例 1-7 为选择结构。

【例 1-8】　输入两个数给变量 a 和 b，输出较大的数值。

算法描述如图 1-19 所示。

可用不同的算法解决同一问题。如例 1-8 的算法还可以用图 1-20 来描述。

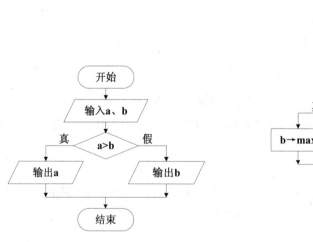

图 1-19　例 1-8 的流程图 1

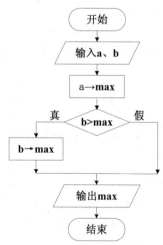

图 1-20　例 1-8 的流程图 2

3. 循环结构

【例 1-9】　求 s = 1 + 2 + 3 + 4 + … + 100。

按照人可以理解的自然语言方式描述算法如下：

(1) 1 + 2 + 3 + 4 + … + 100→s；

(2) 输出 s，结束。

虽然人可以理解步骤(1)中"…"的含义，但计算机是不能理解的，违反了算法的确定性原则，无法转化为计算机程序。

考虑到一个步骤中将算式全部写出不现实，将其拆分成若干步，描述如下：

(1) s=0；

(2) s+1→s；

(3) s+2→s；

(4) s+3→s；

…

(101) s+100→s；

(102) 输出 s，结束。

这样描述每一步骤简练，但步骤太多，同样其中的"…"不能省略。

因此，我们需要考虑的是有没有方法能够自动地完成上面的步骤(2)～步骤(101)。仔细观察步骤(2)～步骤(101)可以发现，这 100 个步骤的内容非常相似，只是加入到 s 中的数值从 1 变化到了 100。是否可以只写 1 个步骤，同时想办法让它重复执行 100 次呢？重复执行某些步骤的结构就是循环结构。上述算法改写为循环算法如下：

(1) s=0，i=1；

(2) s+i→s，i+1→i；

(3) i≤100 转步骤(2)，否则转下一步；

(4) 输出 s，结束。

上面的算法描述只需要 4 个步骤，但实际上步骤(2)会在步骤(3)的控制下重复 100 次，这便是循环结构，即描述一遍，执行若干遍。该算法可用如图 1-21 所示的流程图来描述。

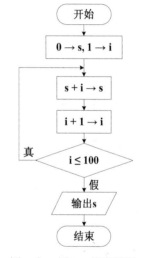

图 1-21　例 1-9 的流程图

下面模拟计算机实现该算法的运行过程，请注意变量的变化。

i 值	s 值	解释
	0	s 为 0，还未开始求和，s 应该为 0
1	1	1→i，i 为 1，第 1 次循环，s+i→s，s 为 1
2	3	i+1→i，i 为 2，第 2 次循环，s+i→s，s 为 3
3	6	i+1→i，i 为 3，第 3 次循环，s+i→s，s 为 6
4	10	i+1→i，i 为 4，第 4 次循环，s+i→s，s 为 10
…	…	…
99	4950	i+1→i，i 为 99，第 99 次循环，s+i→s，s 为 4950
100	5050	i+1→i，i 为 100，第 100 次循环，s+i→s，s 为 5050
101		i+1→i，i 为 101，停止循环，输出 s 值 5050，结束

1.2.4 算法拓展

【例 1-10】 输入三个数给变量 a、b、c，输出最大的数值。

按照例 1-8 的第一种算法思路求解本题，该算法可用如图 1-22 所示的流程图来描述。

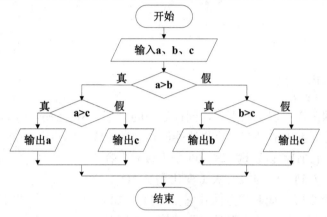

图 1-22 例 1-10 的流程图 1

按照例 1-8 的第二种算法思路求解本题，该算法可用如图 1-23 所示的流程图来描述。

对比图 1-22 及图 1-23 两种算法，都可以求解问题，但第二种算法更简单，且可以拓展到 4 个数、5 个数、…、n 个数，当然若数较多，可使用循环结构。

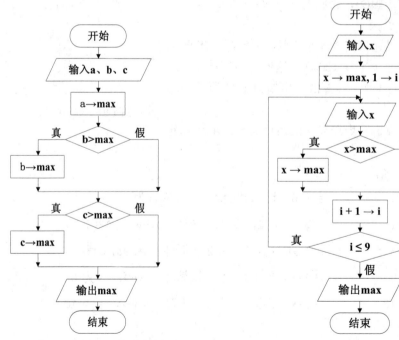

图 1-23 例 1-10 的流程图 2　　　图 1-24 例 1-11 的流程图

【例 1-11】 输入 10 个数，输出最大的数值。

继续按照例 1-10 的第二种算法思路求解本题，但由于是 10 个数，要重复比较 9 次，因此使用循环结构。该算法可用如图 1-24 所示的流程图来描述。

【例 1-12】　设我国 2010 年的人口是 13 亿，若放开计划生育，按 5% 的年增长率，哪一年达到 20 亿?

我们应逐渐适应计算机程序求解问题的思路。计算机求解该题的思路是使用循环结构重复计算，即

年份	人口数值(亿)	
2010	13	13
2011	13*1.05	13.65
2012	13.65*1.05	14.3325
...	...	...
2019	19.206919*1.05	20.167265

即 2019 年将达到 20 亿。可以看出，每一年的人口数都是在上一年人口数的基础上乘以 1.05 得出的。该算法可用如图 1-25 所示的流程图来描述。

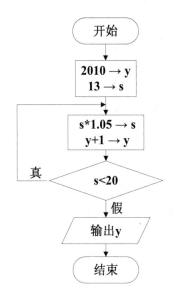

图 1-25　例 1-12 的流程图

这个算法循环的次数我们无需知道，s 每一年(即每循环一次)都在增加，必然会超出 20，s 超出 20 则停止循环，此时的 y 值即问题的答案。

习　　题

描述解决下面问题的算法：

(1) 输入两个数给变量 a、b，将变量 a、b 的值交换后输出 a、b。

(2) 输入两个数，将它们按照从小到大的顺序输出。

(3) 输入 n，使用循环解题思路求 n! 的值。

1.3 程序中的数据

公式"程序 = 算法 + 数据结构"中的数据结构是指数据的组织和表示形式，C 语言的数据结构是以数据类型形式描述的。因此，所有的程序设计语言都必须具有表达数据的能力。在高级语言中，C 语言的数据表达能力是非常强的。

1.3.1 变量与常量

1. 标识符命名规则

在程序中有许多需要命名的对象，如变量、符号常量、函数、自定义类型等，为这些对象所取的名称称为标识符。每种程序设计语言都规定了自己的标识符的命名规则。

C 语言标识符的命名规则如下：

(1) 只能由字母、数字和下划线三种字符组成；

(2) 第一个字符只能为英文字母或下划线"_"；

(3) 标识符不允许与关键字重名。

例如，下面是合法的标识符：

　　　abcd　　x12345　　m_n　　_op　　_123　　for

以下是非法的标识符：

　　　3dmax　　123　　a+b　　x.y　　-123　　for

还需注意的是：

(1) 要考虑标识符的有效长度。标识符的最大长度根据每个 C 编译系统规定有所不同，但组成标识符的字符个数不要太多，一般不要超过 32 个。

(2) 要考虑标识符的易读性。标识符在命名时尽量做到"望名见义"，方能达到提高易读性的目的。如代表总和的变量名用 s 或 sum，代表平均分的变量名用 aver，代表年份的变量名用 y 或 year 等。

2. 变量

计算机程序中的变量用于保存数据，对应计算机硬件内存储器的一个或者多个存储单元。在程序运行过程中，变量的值可以被改变。

1) 变量三要素

变量具有三要素：名称、类型和值。变量的名称用来区分并引用不同的变量；变量的类型表明变量用来存放什么类型的数据；在变量的存储单元中存放的数据称为变量的值。

2) 变量定义

C 语言中的变量遵循"先定义，后使用"的原则，即必须先对将要使用的变量进行变量定义才能使用该变量。

变量定义的一般形式如下：

　类型说明符　变量名 1 [, 变量名 2，…] ；

其中，方括号内的内容为可选项。

例如：

```
int    a,b;       /* 定义 a、b 为整型变量 */
float  x,y;       /* 定义 x、y 为实型变量 */
char   c;         /* 定义 c 为字符型变量 */
```

定义变量时应注意：

(1) 变量定义必须在变量使用之前进行，一般放在函数体的声明部分。

(2) 允许同时定义同一数据类型的多个变量，各变量名之间用逗号分隔。

(3) 最后一个变量名之后必须以 ";" 号结束。

(4) 类型说明符与变量名之间至少要用一个空格分隔。

3) 变量赋初值

C 语言允许在定义变量的同时对变量赋初值，也称变量的初始化。例如：

```
int    a=3,b;               /* a 的初始值为 3，b 没有赋初值 */
float  x,y=2.7;             /* x 没有赋初值，y 的初始值为 2.7 */
char   c1='a',c2='A';       /* c1 的初始值为'a'，c2 的初始值为'A' */
```

注意，以下企图同时对 a、b 变量赋初值为 5 的形式是错误的：

```
        int    a=b=5;
```

正确的形式为

```
        int    a=5, b=5;
```

4) 对变量的基本操作

变量一旦定义后，就可以通过引用变量来进行赋值、取值等操作。所谓引用变量，就是使用变量名来引用变量的内存空间。由于变量是内存空间的一个标识，因此对变量的操作也就是对其内存空间的操作。

有两个对变量的基本操作：一是向变量中存入数据，这个操作被称为给变量赋值，变量中的旧值将被替换为赋予的新值；二是取得变量当前的值，以便在程序运行过程中使用，这个操作被称为"取值"，取值操作不会改变变量中的值。例如：

```
int    a,b;       /* 定义 a、b 为整型变量 */
a=3;              /* 给 a 赋值 */
b=a;              /* 取 a 值并赋值给 b */
```

其中，"="是赋值运算符。"a=3;"是对变量的赋值操作，即将运算符"="右侧的数据 3 存储到左侧变量 a 的内存空间中(赋值操作)。而"b=a;"包括两个过程：先获取 a 的内存空间中存储的值 3(取值操作)，然后将该值 3 存储到 b 的内存空间中(赋值操作)。其操作过程可用图 1-26 来表示。

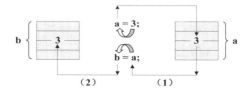

图 1-26　变量赋值、取值操作

3. 常量

常量是在程序运行过程中值保持固定不变的数据。

1) 常量

在 C 程序中，为了能给变量直接赋初值或用数据参与运算，经常需要使用数值、字符、字符串等。这些数据通常能直接从字面形式判别其类型，称为字面常量，或称为直接常量。如 1、−3、0 为整数，1.2、−3.6 为实数，'a'、'B'为字符，"China"为字符串等。

2) 符号常量

在 C 语言中还可为常量命名，称为符号常量。符号常量跟变量一样必须遵循"先定义，后使用"的原则，常量命名遵循标识符命名规则。

C 语言中定义符号常量的一般形式如下：

```
# define   符号常量名   常量
```

其中"# define"是宏定义命令的专用定义符，在后面单元中将讲到。例如：

```
# define   PI    3.14159
# define   MAX   100
```

以上定义符号常量 PI 为常数 3.14159，符号常量 MAX 为常数 100，在该程序中但凡出现"PI"之处，就以数值 3.14159 替换，但凡出现"MAX"之处，就以数值 100 替换。

需要注意的是，符号常量仍是常量，不允许改变符号常量的值，企图对符号常量进行赋值的操作是不合法的。

符号常量名一般采用大写字母，而变量名采用小写字母。

1.3.2　基本数据类型

为了能将程序中指定的数据精确地用相应的内存单元来存储和操作，C 语言内部预定义了一些数据类型，这些类型称为基本数据类型，其名称是预定义的关键字。同时，为了在程序中能直接访问内存单元，C 语言还提供了指针类型。除此之外，C 语言还允许用户根据基本数据类型和指针类型构造出更为复杂的数据类型，如数组、结构体、共用体等用于多个或多项数据的描述。C 语言中的数据类型可分为基本类型、构造类型、指针类型和空类型四类，如图 1-27 所示。

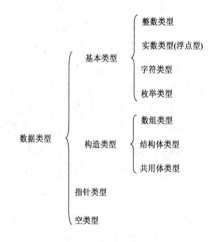

图 1-27　C 语言的数据类型

1. 整数类型

1) 数据类型

C 语言的整数类型有 6 种。其中，有符号类型 3 种：基本整型(int)、短整型(short 或 short int)、长整型(long 或 long int)；无符号类型 3 种：无符号基本整型(unsigned 或 unsigned int)、无符号短整型(unsigned short 或 unsigned short int)、无符号长整型(unsigned long 或 unsigned long int)。

short、int、long 的存储空间大小不同，如图 1-28 所示。

需要注意的是，ANSI C 的 int 类型整数在计算机中是用 2 字节的连续内存单元来存储的，但是 Visual C++ 6.0 所支持的 int 为 4 字节。由于本书的开发环境为 Visual C++ 6.0，因此本书中的 int 及 unsigned int 类型是按照 4 字节存

图 1-28　不同整型的存储空间大小

储的形式讲解的。个别例题有可能在不同的编译系统中，由于 int 及 unsigned int 类型存储为 2 或 4 字节的不同而导致得到不同的运行结果。

有符号整型的最高位是符号位，0 表示数值为正数，1 表示数值为负数，因此有符号整型的数据有正有负。而无符号整型只有正数而没有负数，其全部位均表示数值，包括最高位。

不同的整型数据的取值范围不同、应用场合不同，读者可根据实际需求选取整型数据的类型。整型数据类型如表 1-1 所示。

表 1-1　整型数据类型(Visual C++ 6.0 环境)

类型说明符	数的取值范围	所占字节数
[signed] int	$-2^{31} \sim 2^{31}-1$	4
[signed] short [int]	$-32\,768 \sim 32\,767$	2
[signed] long [int]	$-2^{31} \sim 2^{31}-1$	4
unsigned [int]	$0 \sim 2^{32}-1$	4
unsigned short [int]	$0 \sim 65\,535$	2
unsigned long [int]	$0 \sim 2^{32}-1$	4

2) 整型常量

(1) 整型常量的表示方法。

整型常量就是整数，在 C 语言中，整数可用十进制、八进制和十六进制三种形式表示。

① 十进制形式。十进制形式整数，其数码为 0~9，数值前可以有+、-符号。注意，十进制整数的数值前面不允许加 0，如 0123 不是十进制整数。

以下各数是合法的十进制整型常量：

    135　　　-246　　　67890

以下各数不是合法的十进制整型常量：

    3.　　　0396　　　26D

② 八进制形式。八进制形式整数，其数码为 0~7，必须以 0 开头，即以 0 作为八进制数的前缀。

以下各数是合法的八进制整型常量：

    011　　　0102　　　0177777

以下各数不是合法的八进制整型常量：

    123　　　0129

③ 十六进制形式。十六进制形式整数，其数码为 0~9 及 A~F 或 a~f，必须以 0x 或

0X 开头，即以 0x 或 0X 作为十六进制数的前缀。

以下各数是合法的十六进制整型常量：

    0x11   0XA9   0xabcd

以下各数不是合法的十六进制整型常量：

    23AB   0x5H

(2) 整型常量的类型。

整型常量也有其类型，具体判别方法如下：

① 如不特别指明，一个整型常量被认为是 int 类型。

② 如果一个整型常量加后缀 L 或 l，则被认为是 long 类型，如 123L、-78l。

③ 如果一个整型常量加后缀 U 或 u，则被认为是 unsigned 类型，如 3U、-1u。-1u 被理解为无符号数，即 4294967295。

3) 整型变量

使用整型的六种类型说明符之一对变量进行定义后，就可以使用整型变量了。

【例 1-13】 整型变量的定义与使用。

```
# include <stdio.h>
main()
{    int a,b;
     short c;
     unsigned d;
     a=3;          b=010;       c=32767;          d=-1;
     a=a+1;        b=b+1;       c=c+1;
     printf("%d,%d,%d\n",a,b,c);
     printf("%u\n",d);          /* 将 d 按照无符号整数形式输出 */
}
```

程序运行结果如图 1-29 所示。

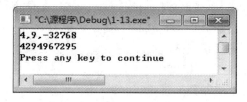

图 1-29　例 1-13 程序运行结果

2. 实数类型

由于计算机中的实型数据是以浮点形式表示的，即小数点的位置可以是浮动的，因此实型数据也称为浮点型数据。

1) 数据类型

C 语言的实数类型有三种：单精度实型(float)、双精度实型(double)、长双精度实型(long double)。但由于 long double 类型在不同的编译系统中存储字节数不同，有的是 8 字节，有的是 10、12 或 16 字节，且该类型使用不多，因此不展开讲解。

float、double、long double 类型数据的存储空间大小不同，如图 1-30 所示。

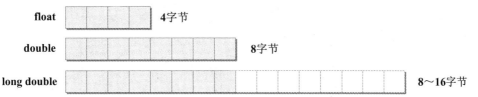

图 1-30　不同实型的存储空间大小

float、double 的存储空间大小不同，两者的取值范围不同，数据的精确程度即精度也不同。实型数据类型如表 1-2 所示。

表 1-2　实型数据类型

类型说明符	数的取值范围	有效位数	所占字节数
float	$-10^{38} \sim 10^{38}$	6～7	4
double	$-10^{308} \sim 10^{308}$	15～16	8

有效数字是指数据在计算机中存储时能够精确表示的数字位数。实型数据的存储形式决定了能提供的有效位数有限，有效数字位数以外的数字是不准确的，因此实型数据的表示可能存在误差。

2) 实型常量

(1) 实型常量的表示方法。

实型常量只采用十进制，有小数和指数两种表示形式。

① 小数形式。小数形式实型常量由数字 0～9 和小数点及数值前的+、−符号组成，注意一定要有小数点。

以下各数是合法的小数形式实型常量：

　　0.0　　　.35　　　12.　　　1.23　　　-45.67

以下各数不是合法的小数形式实型常量：

　　37　　　0x12.3

② 指数形式。指数形式实型常量的一般形式为 a e n 或 a E n，其中 a 为十进制数，n 为十进制整数，其值为 $a*10^n$。

以下各数是合法的指数形式实型常量：

　　3E5　　　1.2E-3　　　−0.123e−1

以下各数不是合法的指数形式实型常量：

　　E2　　　1.2e　　　36E1.5

(2) 实型常量的类型。

实型常量的类型判别方法如下：

① 如不特别指明，一个实型常量被认为是 double 类型。

② 如果一个实型常量加后缀 F 或 f，则被认为是 float 类型，如 12.56F、2.1e5f。

3) 实型变量

使用实型的三种类型说明符之一对变量进行定义后，就可以使用实型变量了。

【例 1-14】 实型变量的定义与使用。

```c
# include <stdio.h>
main( )
{    float    x,y,z;
     x=3333.33333;      y=5555.55555;
     z=x+y;
     printf("%f\n",z);
}
```

程序运行结果如图 1-31 所示。

注意本例的输出结果出现误差，并非预期的
8888.888880 的结果，这是因为单精度实型数据
的有效数字位数只有 6～7 位。

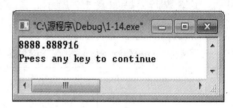

图 1-31　例 1-14 程序运行结果

3. 字符类型

计算机处理的数据不仅有整数、实数，还包
括字符这样的非数值数据。在 C 语言中字符数据
包括字符和字符串两种。

1) 数据类型

C 语言的字符类型关键字为 char，所占存储空间为 1 字节。字符型数据在计算机中存
储，是字符的 ASCII 码值的二进制形式。

2) 字符常量

C 语言中有两种形式的字符常量：普通字符和转义字符。

(1) 普通字符：用单引号括起来的单个字符，如'a'、'Y'、'@'、'5'。

(2) 转义字符：以 "\\" 开头的具有特殊含义的字符。转义字符有其特定的含义，不同
于字符原本的含义，故称其为 "转义" 字符。常用的转义字符及其含义见表 1-3。

表 1-3　常用的转义字符

转义字符	意　　义	ASCII 码值
\n	回车换行，将当前位置移至下一行的开头	10
\t	横向跳格，将当前位置移至下一个 Tab 位置	9
\b	退格	8
\\	反斜杠字符	92
\'	单引号字符	39
\"	双引号字符	34
\0	空字符，在 C 语言中作为字符串结束标志	0
\ddd	ASCII 码值为八进制数 ddd 对应的字符	$(ddd)_8$
\xhh	ASCII 码值为十六进制数 hh 对应的字符	$(hh)_{16}$

【例 1-15】 转义字符的使用。

```
# include <stdio.h>
main( )
{    printf("ab\tc\'d\'\\e\\\n");
     printf("\"\123\"\n");
}
```

程序运行结果如图 1-32 所示。

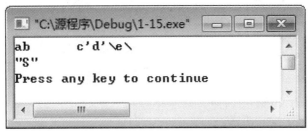

图 1-32　例 1-15 程序运行结果

例 1-15 中，字符'\t'的输出是跳到下一个制表位置，系统默认制表区占 8 列，因此它后面的字符'c'是在第 9 列输出的。字符'\123'是 ASCII 码值为八进制数 0123(即十进制数 83)对应的字符'S'。

3) 字符型变量

使用类型说明符 char 对变量进行定义后，就可以使用字符型变量了。

由于字符型变量在内存中存放的是字符的 ASCII 码值，因此也可以把它们看成是整型量。字符型数据与整型数据之间的转换比较方便。字符数据可以参与算术运算，也可以与整型量相互赋值，还可以按照整数形式输出。

【例 1-16】　字符型变量与整型数据的运算。

```
# include <stdio.h>
main()
{    int c1;
     char c2,c3;
     c1='a';    c2=65;    c3=c2+1;
     printf ("%c,%c,%c\n",c1,c2,c3);
     printf ("%d,%d,%d\n",c1,c2,c3);
}
```

程序运行结果如图 1-33 所示。

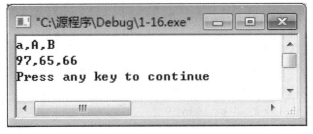

图 1-33　例 1-16 程序运行结果

字符 'a' 的 ASCII 值为 97，字符 'A' 的 ASCII 值为 65。变量的输出形式取决于 printf 函数格式控制字符串中的格式符：当格式符为"%c"时，输出的形式为字符；当格式符为"%d"时，输出的形式为整数。

【例 1-17】 大小写字母的转换。

```
# include <stdio.h>
main()
{    char c1,c2;
     c1='a';    c2='B';
     c1=c1-32;c2=c2+32;
     printf ("%c,%c\n",c1,c2);
}
```

程序运行结果如图 1-34 所示。

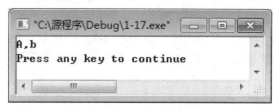

图 1-34 例 1-17 程序运行结果

大写字母的 ASCII 值为 65～90，小写字母的 ASCII 值为 97～122，大写字母转换为相应的小写字母是加上 32，小写字母转换为相应的大写字母是减去 32。

4. 字符串常量

C 语言中的字符串常量是由一对双引号括起的字符序列。以下字符串均为合法的字符串常量：

"How are you"   "12345"   "x"   ""(空串)

字符串中字符的个数称为字符串的长度，以上 4 个字符串的长度分别为 11、5、1、0。

字符串在计算机中存储，是将一个个字符按顺序放在连续的存储单元中，每一个字符占 1 字节存储单元保存其 ASCII 码值，最后还要额外使用 1 字节存储单元保存字符串结束符 '\0'。因此，长度为 n 的字符串需要 n+1 字节的存储单元保存。上面的 4 个字符串在内存中所占的字节数分别为 12、6、2、1。

【例 1-18】 字符串的长度及在内存中所占字节数。

```
# include <stdio.h>
# include <string.h>
main()
{    printf ("%d\n",strlen("Hello"));
     printf ("%d\n",sizeof("Hello"));
     printf ("%d\n",strlen("ab\nc\103de"));
     printf ("%d\n",sizeof("ab\nc\103de"));
}
```

程序运行结果如图 1-35 所示。

图 1-35 例 1-18 程序运行结果

上例中，strlen 函数的功能是求出字符串的长度，而 sizeof 运算符则能求出字符串在内存中所占的字节数。

C 语言中没有专门的字符串类型变量，其实现将在第 4 单元做介绍，此处仅介绍字符串常量。

1.3.3 知识拓展——数据的表示方法

1. 内存单元的概念

为了便于内存管理，通常将 8 位(bit)组成一个基本的内存单元，称为 1 字节(Byte)。为了便于内存单元的访问，计算机系统还为每一个内存单元分配了一个相对固定的编码，该编码就是内存单元的地址。

2. 原码、反码和补码

在计算机内部，所有的信息要用二进制来表示，二进制表示的数值称为机器数。不考虑正、负的机器数称为无符号数，考虑正、负的机器数称为有符号数。为了在计算机中正确地表示有符号数，通常规定最高位为符号位，并用 0 表示正，用 1 表示负，余下各位表示数值。整数常用的表示方式有原码、反码、补码。

1) 原码

原码表示法在数值前面增加了一位符号位，即最高位为符号位：正数的该位为 0，负数的该位为 1(0 有两种表示：+0 和–0)，其余位表示数值的大小。如数值 11 的原码为 00001011，–11 的原码为 10001011。

原码的符号位不能直接参与运算，必须和其他位分开，这就增加了硬件的开销和复杂性。

2) 反码

反码表示法规定：正数的反码与其原码相同；负数的反码是对其原码逐位取反，但符号位除外。如数值 11 的反码为 00001011，–11 的反码为 11110100。

3) 补码

补码表示法规定：正数的补码与其原码相同；负数的补码是在其反码的末位加 1。如数值 11 的补码为 00001011，–11 的补码为 11110101。

对于整数来说，在计算机内部都是用补码来存储的。

(1) 用补码理解整数类型的表示范围。

1 字节(8 位)存储单元存储二进制数补码的有符号数范围是：

00000000～01111111～10000000～11111111

　　　0　　　　　　127　　　　 –128　　　　　 –1

$-128\sim127$ 即 $-2^7\sim2^7-1$。

2 字节(16 位)存储单元存储二进制数补码的有符号数范围是 $-32\ 768\sim32\ 767$，即 $-2^{15}\sim2^{15}-1$。4 字节的有符号数范围则是 $-2^{31}\sim2^{31}-1$。

1 字节(8 位)存储单元存储二进制数补码的无符号数范围是 00000000～11111111，最高位的 0 或 1 不再是符号位而是数值部分，则数据范围为 0～255，即 $0\sim2^8-1$。

2 字节存储单元存储二进制数补码的无符号数范围是 0～65 535，即 $0\sim2^{16}-1$。4 字节的无符号数范围则是 $0\sim2^{32}-1$。

(2) 用补码理解有符号数、无符号数的转换。

【例 1-19】　有符号数、无符号数的转换。

```c
# include <stdio.h>
main()
{    unsigned short a;
     a=-1;
     printf("%u\n",a);
}
```

程序运行结果如图 1-36 所示。

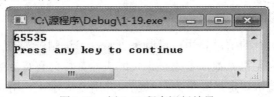

图 1-36　例 1-19 程序运行结果

例 1-19 中变量 a 为 unsigned short 类型，是用 2 字节存储的无符号数。–1 的补码为 1111111111111111，赋值给 a 时，由于 a 是无符号数，最高位的 1 不是符号位而表示数值 2^{15}。$1111111111111111=2^{15}+2^{14}+\cdots+2^1+2^0=2^{16}-1=65\ 535$。

3. 字符数据的表示

计算机中的字符数据也需用二进制编码才能在计算机中存储、传输并进行处理，即字符编码。英文字符包括数字、字母、符号、控制符号等。目前广泛采用美国标准信息交换编码(American Standard Code Information Interchange，ASCII)作为英文字符的编码标准，该编码已被国际标准化组织 ISO 采用，成为一种国际通用的信息交换用标准代码。附录 B 中列出了 ASCII 码字符集。

习　　题

1. 选择题

(1) 以下合法的标识符是_____。

　　　A. sum(20)　　　　　　B. file_open　　　　　C. break　　　　　D. num+10

(2) 下面标识符中，不合法的用户标识符为_____。

　　　A. pad　　　　　　　　B. a_13　　　　　　　C. CHAR　　　　　D. x#y

(3) 以下不是合法的常量的是_____。

　　　A. 35L　　　　　　　　B. 0x33　　　　　　　C. 0349　　　　　　D. 3E-6

(4) 数据 3L 的类型是_____。

　　　A. char　　　　　　　　B. int　　　　　　　C. long　　　　　　D. 非法数据

(5) 数据 1e-6 的类型是_____。

　　　A. double　　　　　　　B. int　　　　　　　C. char　　　　　　D. 非法数据

(6) 在 C 语言中，char 型数据在内存中的存储形式是_____。

　　　A. 原码　　　　　　　　B. 反码　　　　　　　C. 补码　　　　　　D. ASCII 码

(7) 下面 C 语言数据相等的一组是_____。

　　　A. 3 和'3'　　　　　　　B. 51 和'3'　　　　　C. '3'和"3"　　　　D. 51 和"3"

(8) 存储以下数据，占用存储字节最多的是_____。

　　　A. 0.0　　　　　　　　B. '0'　　　　　　　C. "0"　　　　　　　D. 0

(9) 字符串"abc\n"的长度是_____。

　　　A. 4　　　　　　　　　B. 5　　　　　　　　C. 6　　　　　　　　D. 7

(10) 字符串"www.jvtc.jx.cn"在内存中占用的字节数为_____。

　　　A. 13　　　　　　　　　B. 14　　　　　　　　C. 15　　　　　　　D. 随机

2. 写出以下程序的运行结果

```
# include <stdio.h>
main()
{    int x=102,y=012;
     printf("%d\n",x);
     printf("%d\n",y);
}
```

1.4　常用表达式和运算符

1.4.1　表达式、运算符概述

1. 表达式

　　表达式是由运算对象(操作数)、运算符(操作符)按照 C 语言的语法规则构成的符号序列。表达式可以通过运算产生一个结果或完成某种操作。正是由于 C 语言具有丰富的多种类型的表达式，才得以体现出 C 语言所具有的表达能力强、使用灵活、适应性好的特点。

2. 运算符

　　C 语言的运算符很丰富，运算符是 C 语言用于描述对数据进行运算的符号。

　　运算符可按其运算对象的个数分为 3 类：单目运算符、双目运算符、三目运算符。

运算符还可以按其功能分为算术运算符、关系运算符、条件运算符、逻辑运算符、赋值运算符、逗号运算符、位运算符及其他运算符等。

3. 优先级和结合性

当一个表达式中出现多种不同的运算符时，如何进行运算？这涉及运算符的两个重要概念，即优先级和结合性(又称结合方向)。

优先级指不同运算符进行运算时的优先次序。C 语言规定了各个运算符的优先等级，用数值来反映优先等级的高低，数值越小，优先级越高。在同一表达式中出现不同运算符时，优先级较高的运算符将优先进行运算，如数学中四则运算的"先乘除后加减"。C 语言中，通常所有单目运算符的优先级高于双目运算符的优先级。()、[]、->、·的优先级最高，而逗号运算符的优先级最低。

结合性是指同一表达式中相同优先级的多个运算是自左向右还是自右向左进行运算，如数学中的四则运算就是自左向右运算。通常，在 C 语言中，单目运算符的结合方向是自右向左；双目运算符的结合方向大部分是自左向右，只有赋值和复合赋值运算符的结合方向是自右向左；三目运算符的结合方向是自右向左。

关于 C 语言运算符的含义、类型、优先级、结合性等问题见附录 C。

1.4.2　算术运算符及表达式

数值的算术运算是程序中常见的。C 语言中的算术运算符只能实现四则运算等基本功能，没有乘方、开方等运算符，这些功能是通过头文件"math.h"中定义的数学函数来实现的(详见附录 D)。

1. 算术运算符

1) 单目算术运算符

(1) + ：正号运算符，优先级 2 级，具有右结合性，如+3，+1.25。

(2) - ：负号运算符，优先级 2 级，具有右结合性，如-a。

2) 双目算术运算符

(1) * ：乘法运算符，优先级 3 级，具有左结合性，如 3*2，a*b。

(2) / ：除法运算符，优先级 3 级，具有左结合性，如 5 / 2，a/b。

(3) % ：求余运算符，优先级 3 级，具有左结合性，注意要求%两侧运算对象均为整型数据。求余运算结果的符号与被除数(左操作数)的符号相同。

求余运算符也称为求模运算符，它最常用的功能如下：

① 用 a%b 是否等于 0 判断 a 是否能被 b 整除。

② 用 x%10 截取 x 的个位数，用 x%100 截取 x 的低 2 位数等。

(4) + ：加法运算符，优先级 4 级，具有左结合性。

(5) − ：减法运算符，优先级 4 级，具有左结合性。

2. 算术表达式

算术表达式是用算术运算符和括号将运算对象连接起来的、符合 C 语言语法规则的式子。

使用算术表达式时应注意以下几点：

(1) 操作数类型自动转换。

① 双目算术运算对象的数据类型一致。运算对象的数据类型一致时，运算结果的类型也将一致(char、short 类型除外)。如当运算对象均为整数时，运算结果也为整数，故 5 / 2 的结果是 2。

② 双目算术运算对象的数据类型不一致。若运算对象的数据类型不一致，系统自动按规律先将运算对象转换为同一类型，然后再进行运算。C 语言编译器会自动将低类型的操作数向高类型进行转换，称为类型的自动转换。转换的规则如图 1-37 所示。

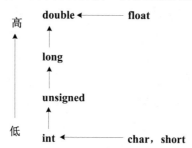

图 1-37　标准类型数据参与算术运算的转换规则

图中：横向箭头表示必须的转换，如两个 char 类型数据参与算术运算，尽管类型相同，但两者仍要先转换为 int 类型再进行算术运算，运算结果也为 int 类型。纵向箭头表示当算术运算符两侧的运算对象为不同类型时的转换方向，如一个 double 型数据与一个 int 型数据一起运算，需要由低向高先将 int 型数据转换为 double 型，然后再进行运算，运算结果为 double 型。这些转换由系统自动进行，使用时只需要了解这种转换、知道结果的类型即可。

注意：在 Visual C++ 6.0 中，float 类型数据无需转换为 double 类型即可参与算术运算。

(2) 代数式与表达式。

为了能让 C 程序进行数值计算，还必须将代数式写成 C 语言合法的表达式。例如，若有代数式：

$$\frac{c-d}{a+b}$$

则相应的 C 语言表达式应为(c-d)/(a+b)。

需要注意以下几点：

① 书写规范。C 表达式中的所有字符都是写在同一行上，没有分式，也没有上下标。有些代数式无法直接写出，可以调用数学函数来完成，如 $\sqrt{b^2-4ac}$ ，应该写成 sqrt(b*b-4*a*c)，sqrt 是平方根函数。注意 b^2、$4ac$ 应写为乘法表达式。

② 适当加上圆括号。使用圆括号可以改变表达式的运算顺序，还应有意识地加上一些圆括号来增强程序可读性，多层括号均使用圆括号 "()"，注意左右括号必须成对出现。事实上，()也是运算符，它的优先级最高，所以先求解括号内的子表达式。

③ 数据类型。由于算术表达式运算时操作数的数据类型对结果的数据类型是有影响的，因此在书写表达式时要注意。如：

$$\frac{1}{2}abc$$

若将表达式写成 1/2*a*b*c，则无论 a、b、c 的值是多少，表达式的结果均为 0。这是因为按照算术表达式的运算规则，首先计算 1/2，其结果为 0，再乘以其他数据结果也必然为 0 了。为了保证计算结果的正确性，应尽可能将操作数的类型写成表达式中的最高类型，即上述表达式应写成 1.0/2.0*a*b*c。

【例 1-20】 算术运算符、表达式的使用。

```
# include <stdio.h>
main()
{    int i=256,a,b,c,d;
     float f1=2.0,f2;
     a=i/100;      b=i/10%10;      c=i%10;
     printf ("%d,%d,%d\n",a,b,c);
     d=c*100+b*10+a;
     printf ("%d\n",d);
     f2=9/2*f1;
     printf ("%f\n",f2);
}
```

程序运行结果如图 1-38 所示。

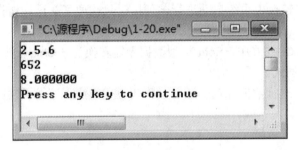

图 1-38　例 1-20 程序运行结果

例 1-20 中，表达式 i/100 可截取变量 i 百位以上的数据，结果为 2；表达式 i%10 可获取 i 个位上的数值，结果为 6；表达式 i/10%10 先截取变量 i 十位以上的数据 25，再由 %10 获取个位上的数值，结果为 5；a、b、c 分别获取了 i(变量 i 当前的数值为一个 3 位数 256) 的百、十、个位数。

表达式 9/2*f1，先计算 9/2，结果为 4，4*f1 为 8.0，故 f2 的值为 8.0。

1.4.3　赋值运算符及表达式

赋值运算符用来构成赋值表达式给变量进行赋值操作。

1. 普通赋值运算符及表达式

1) 赋值运算符

赋值运算符用赋值符号 "=" 表示，其功能为将赋值运算符右侧的数据赋给赋值运算符左侧的变量。

赋值运算符的优先级很低，仅高于逗号运算符，具有右结合性。

2) 赋值表达式

由赋值运算符将一个变量和一个表达式连接起来的表达式称做赋值表达式。它的一般形式如下：

> 变量名 = 表达式

赋值表达式将赋值运算符右侧的表达式的运算结果赋给赋值运算符左侧的变量。注意：赋值表达式中，赋值运算符的左侧必须是变量。

【例 1-21】　赋值运算符及表达式的使用。

```c
# include <stdio.h>
main( )
{
    int x,y,z,a,b;
    char c;
    float f1,f2;
    x=27;    y=5;    z=x%y;
    a=b=8;   c='a'+1;
    f1=38.0/3;    f2=f1*3;
    printf ("%d,%d,%d\n%d,%d\n%c\n%f,%f\n",x,y,z,a,b,c,f1,f2);
}
```

程序运行结果如图 1-39 所示。

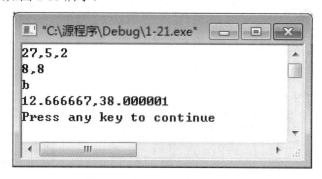

图 1-39　例 1-21 程序运行结果

例 1-21 中，表达式 a=b=8 是合法的，在表达式中出现了 2 个赋值运算符，优先级相同，由于赋值运算符具有右结合性，因此先求解子表达式 b=8，b 赋值为 8，然后再求解子表达式 a=b，a 赋值为 8。

3) 赋值表达式的类型转换

当赋值运算符两侧运算对象的数据类型不同时，系统也将进行自动类型转换，但该自动转换的规则不同于算术运算的由低向高的转换规则。

赋值运算的类型转换规则为：将赋值运算符右侧表达式的类型转换为左侧变量的类型。因为左侧的变量一经定义，其数据类型不再改变，当中存放的数据自然是此数据类型。

2. 复合赋值运算符及表达式

1) 复合赋值运算符

C 语言还允许赋值运算符"="与算术运算符和位运算符联合使用,构成复合赋值运算符,使得表达式更加精练。

复合赋值运算符有:

+=、-=、*=、/=、%=、|=、&=、^=、<<=、>>=

所有赋值运算符的优先级全部相同,为 14 级,均具右结合性。

2) 复合赋值表达式

复合赋值表达式的一般形式如下:

变量名　复合赋值运算符　表达式

复合赋值表达式的作用等价于:

变量名 = 变量名 运算符 (表达式)

【例 1-22】　复合赋值运算符的使用。

```c
# include <stdio.h>
main()
{    int a,n;
     a=12;    n=5;
     a+=3;                /*  等价于 a=a+3 */
     printf("%d\n",a);
     a*=2+3;              /*  等价于 a=a*(2+3) */
     printf("%d\n",a);
     a%=(n%=3);           /*  等价于 n=n%3 a=a%n */
     printf("%d,%d\n",n,a);
}
```

程序运行结果如图 1-40 所示。

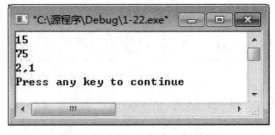

图 1-40　例 1-22 程序运行结果

1.4.4　自增、自减运算符及表达式

自增、自减运算符为变量加 1、减 1 提供了简单有效的方法。

1. 一般使用方法

(1) ++:自增运算符,使变量的值增加 1。

(2) --: 自减运算符，使变量的值减少 1。

两者均为单目运算符，优先级 2 级，具有右结合性。

当自增表达式单独形成语句使用时，无论是其前置运算形式"++变量"，还是其后置运算形式"变量++"，都是仅对变量自增 1，两种形式没有区别。自减表达式亦然。

【例 1-23】　自增、自减运算符的一般用法。

```c
# include <stdio.h>
main()
{    int a,b;
     a=3;     b=3;
     a++;     b--;
     printf("%d,%d\n",a,b);
     ++a;     --b;
     printf("%d,%d\n",a,b);
}
```

程序运行结果如图 1-41 所示。

图 1-41　例 1-23 程序运行结果

2. 前置、后置运算应用于表达式的区别

自增、自减的前置、后置表达式单独使用时是没有区别的，但当它们作为子表达式出现在其他表达式内部时就有着明显的区别。

1) 前置运算

前置运算：将 ++ 或 -- 运算符置于变量之前，一般形式如下：

```
++变量
--变量
```

其功能是使变量的值增、减 1，然后再以变化后的变量值参与表达式中的其他运算，即先增减、后运算。

2) 后置运算

后置运算：将 ++ 或 -- 运算符置于变量之后，一般形式如下：

```
变量++
变量--
```

其功能是变量先参与表达式中的其他运算，然后再使变量的值增、减 1，即先运算、后增减。

【例 1-24】　自增、自减运算符的前置、后置形式的使用。

```c
# include <stdio.h>
```

```
main()
{    int x1,x2,y1,y2;
     x1=5;
     y1=++x1; /*等价于 x1=x1+1; y1=x1; */
     x2=5;
     y2=x2++; /*等价于 y2=x2; x2=x2+1; */
     printf("%d,%d\n",x1,y1);
     printf("%d,%d\n",x2,y2);
}
```

程序运行结果如图 1-42 所示。

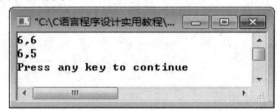

图 1-42　例 1-24 程序运行结果

3. 关于自增、自减运算符及表达式的说明

(1) 自增、自减运算符实际上也是做赋值运算，因此不能应用于常量和表达式，其操作对象只能是变量。如 6--、(a+3)++是非法的表达式。

(2) 一般自增、自减表达式或是以表达式语句的形式出现，或是出现在 for 循环语句中使循环控制变量加、减 1，或应用于指针变量，使指针指向下、上一个地址。将自增、自减表达式应用于另一个表达式内部的形式，初学者在尚未熟练掌握时尽量不要使用。

(3) 尽量不要使用诸如 i+++j、(i++)+(i++)此类容易产生歧义的形式。

1.4.5　逗号运算符及表达式

逗号运算符 "," 用于将多个表达式连接起来，构成一个逗号表达式。逗号运算符又称顺序求值运算符。

逗号运算符为双目运算符，其优先级是 C 中所有运算符中最低的，为 15 级，具有左结合性。

逗号运算符可以扩展为 n 元运算的形式：

表达式 1，表达式 2，…，表达式 n

逗号表达式的求值过程是自左向右，依次计算各子表达式的值，最右侧子表达式 "表达式 n" 的值即为整个逗号表达式的值。

注意：并非任何地方出现的逗号都是逗号运算符。很多情况下，逗号仅用作分隔符。例如，"printf("%d,%d,%d\n",a,b,c);"当中的 "a,b,c" 并非逗号表达式，其中的逗号为分隔符。

【例 1-25】　逗号表达式的运算过程。

include <stdio.h>

```
main()
{    int a,b,c;
     c=(a=5,b=10,a+10,b*=b+3);
     printf("a=%d,b=%d,c=%d\n",a,b,c);
}
```

程序运行结果如图 1-43 所示。

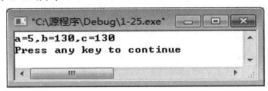

图 1-43　例 1-25 程序运行结果

例 1-25 中，逗号表达式 a=5,b=10,a+10,b*=b+3 由 4 个子表达式组成，顺序求值。先执行 a=5，使 a 值为 5；然后执行 b=10，使 b 值为 10；再执行 a+10，得到 15(该子表达式值为 15 但没有什么意义)；最后执行 b*=b+3，即 b= b*(b+3)，得到 b 的值为 130。由于逗号表达式的值取其最右侧子表达式的值，因此逗号表达式 a=5,b=10,a+10,b*=b+3 的值为 130。而赋值表达式 c=(a=5,b=10,a+10,b*=b+3)是将逗号表达式的值 130 赋给 c。因此，输出 a、b、c 的值为 5、130、130。

1.4.6　其他运算符及表达式

除了上述运算符外，还有其他运算符将在后续单元中陆续讲解。本节讲解强制类型转换及 sizeof 运算符、表达式。

1. 强制类型转换运算符及表达式

除了在进行算术、赋值等运算时系统会对不同类型的操作数进行自动类型转换外，C 语言还提供了以显式的形式强制转换类型的机制，可通过类型转换运算符来实现。其一般形式如下：

(类型说明符)　操作数
(类型说明符)　(表达式)

(类型说明符)：类型转换运算符，单目运算，优先级 2 级，具有右结合性。其功能是将类型说明符右侧操作数的值或表达式的结果强制转换成类型说明符所指定的数据类型。

需要注意以下几点：

(1) 类型说明符两侧必须加上圆括号。

(2) 类型转换运算符右侧的表达式除非是一个量(单个变量、单个常量或一个函数调用)，否则也应该加括号。如(int)(a+b)与(int)a+b 是不同的，后者相当于(int)(a)+b。

(3) 无论是对变量的值进行自动类型转换还是强制类型转换，都只是将变量的值临时性转换为另一种数据类型，不会改变该变量的数据类型。

【例 1-26】　强制类型转换运算符的使用。

```
# include <stdio.h>
```

```
main()
{    int a,b,c;
    float x,y,z;
    a=10;    b=4;
    x=3.2+(float)a/b;
    printf("%f\n",x);
    y=5;      z=2;
    c=(int)y%(int)z;
    printf("%d\n",c);
}
```

程序运行结果如图 1-44 所示。

例 1-26 中，"x=3.2+(float)a/b；"首先对 a 的值 10 进行数据类型转换，将其转换为 float 类型；再用 10.0 除以整数 b 值 4，得到的结果为 2.5；最后 x 被赋值为 5.7。

例 1-26 中若为"c=y%z；"，将会报错，因为求余运算要求"%"两侧均为整型数据。而

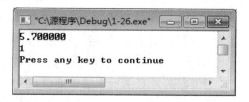

图 1-44　例 1-26 程序运行结果

"c=(int)y%(int)z；"将 y 值 5.0 转换为整数 5，将 z 值 2.0 转换为整数 2，就能够进行求余运算了，c 值为 1。

2. sizeof 运算符及表达式

sizeof 的使用形式像函数调用，但它并非函数，而是运算符，其一般应用形式如下：

```
sizeof(数据类型说明符)
sizeof(表达式)
sizeof  变量
sizeof  常量
```

sizeof 是单目运算符，优先级 2 级，具有右结合性。其功能是求出运算对象所占的内存空间的字节数。

当 sizeof 的操作数为单个变量或常量时，圆括号可以省略。但建议不要省略 sizeof 后面的圆括号。

【例 1-27】　sizeof 运算符的使用。

```
# include <stdio.h>
main( )
{    int a,b,c,d,e;
    float x=1.23;
    a=sizeof(int);
    b=sizeof(x+3);
    c=sizeof x+3;          /*  等价于 c=sizeof(x)+3; */
    d=sizeof 3.5;          /*  等价于 d=sizeof(3.5); */
```

```
        e=sizeof("a\nb\\c");
        printf ("%d,%d,%d,%d,%d\n",a,b,c,d,e);
}
```

程序运行结果如图 1-45 所示。

例 1-27 中，int 数据在内存中占 4 字节，因此 a 值为 4；x+3 为 float 类型，在内存中占 4 字节，因此 b 值为 4；sizeof x 为 4，加上 3 为 7，因此 c 值为 7；3.5 为 double 类型，在内存中占 8 字节，因此 d 值为 8；字符串 "a\nb\\c"的长度为 5，在内存中占 6 字节(还有 '\0' 字符串结束标志)，因此 e 值为 6。

图 1-45　例 1-27 程序运行结果

习　　题

1. 选择题

(1) C 语言中运算对象必须是整型的运算符是＿＿＿＿。

    A. !　　　　　　B. *　　　　　　C. %　　　　　　D. /

(2) 设有定义"char a;int b; double c"，则表达式 a+b+c 计算结果的数据类型为＿＿＿＿。

    A. char　　　　　B. int　　　　　C. float　　　　　D. double

(3) 设 n=10，i=4，则赋值运算 "n%=i+1" 执行后的 n 值是＿＿＿＿。

    A. 0　　　　　　B. 1　　　　　　C. 2　　　　　　D. 3

(4) 下面求梯形面积的 C 语句中，变量 a、b、h、s 是 float 型，不正确的是＿＿＿＿。

    A. s=1/2*(a+b)*h　　　　　　　　B. s=1.0/2*(a+b)*h

    C. s=1/2.0*(a+b)*h　　　　　　　D. s=(a+b)*h/2

(5) 下列各组语句作用不相同的是＿＿＿＿。

    A. a++与 a=a+1　　　　　　　　B. ++a 与 a=a+1

    C. a+=1 与 a=a+1　　　　　　　　D. a++与 a+1

(6) 下面写法在 C 程序中不正确的是＿＿＿＿。

    A. a=b=5;　　　B. a=5=b;　　　C. a=5,b=5;　　　D. a=5;b=5;

(7) 下面运算符优先级最高的是＿＿＿＿。

    A. 赋值=　　　　B. 加+　　　　C. 逗号,　　　　D. 求余数%

(8) 设有 "int a=3,b;"，则执行语句 "b=a++;" 后，变量 a,b 的值为＿＿＿＿。

    A. a=3,b=3　　　B. a=4,b=4;　　　C. a=3,b=4　　　D. a=4,b=3

(9) 若 "int x=5,y;　y=2.6+(float)x/2;"，则 y 的值为＿＿＿＿。

    A. 5　　　　　　B. 5.0　　　　　C. 5.1　　　　　D. 6

(10) sizeof(double)的值为＿＿＿＿。

    A. 1　　　　　　B. 2　　　　　　C. 4　　　　　　D. 8

2. 写出以下程序的运行结果

(1)
```
# include <stdio.h>
main()
{   int a=023;
    printf("%d\n",--a);
}
```

(2)
```
# include <stdio.h>
main()
{   int a=12;
    a+=a-=a*a;
    printf("%d\n",a);
}
```

单 元 小 结

程序 = 数据结构 + 算法。算法是使用计算机解决问题的思路，没有解题思路，程序无法设计出来。而有数据、运算符方能构成表达式，表达式语句是最基础、最常用的语句，因此变量、常量、运算符、表达式是 C 语言中最基础的知识。理解了本单元的内容，才能开始着手进行程序设计。

本单元主要介绍了算法、C 语言程序的基本结构、Visual C++ 6.0 集成开发环境的应用、基本数据类型、常用运算符与表达式的应用。

本单元的内容比较琐碎，不必过于纠结语法细节，更无需强行记忆，常用语法在今后使用的过程当中自然能够掌握。

单 元 练 习

1. 填空题

(1) 下面叙述中不正确的是_____。
    A. C 程序一行可以写多条语句   B. C 程序一条语句可以分多行写
    C. C 程序从 main 函数开始运行   D. C 程序中大小写字母没有差别

(2) C 语言源程序编译后，产生目标文件的扩展名是_____。
    A. c   B. obj   C. exe   D. h

(3) 正确的 C 语言标识符是_____。
    A. _buy_2   B. 2_buy   C. ?_buy   D. buy?

(4) 下列选项中，合法的实型常数是_____。
    A. 5E2.0   B. E-3   C. 2E0   D. 1.3E

(5) 说明 float x 后，变量 x 对应存储单元的字节数是_____。

　　　　A. 1　　　　　　　B. 2　　　　　　　C. 4　　　　　　　D. 8

(6) 字符串"ab\nab\103ab"的长度是_____。

　　　　A. 12　　　　　　B. 11　　　　　　C. 9　　　　　　　D. 8

(7) 已知"char a;int b;float c;double d;"，执行"c=a+b+c+d;"后，c 的数据类型是_____。

　　　　A. int　　　　　　B. char　　　　　　C. float　　　　　D. double

(8) 设有定义"int n=2,i=3;"，执行语句"n*=i+1;"后，n 的取值为_____。

　　　　A. 4　　　　　　　B. 6　　　　　　　C. 7　　　　　　　D. 8

(9) 以下不合法的赋值表达式是_____。

　　　　A. y=10　　　　　B. y=a+b　　　　　C. y++　　　　　　D. y+x=10

(10) 设有以下定义：

　　　# define d 2

　　　int a=0; double b=1.25; char c='A' ;

则下面语句中错误的是_____。

　　　　A. a++;　　　　　B. b++;　　　　　　C. c++;　　　　　　D. d++;

2. 写出以下程序的运行结果

(1) # include <stdio.h>

```
main()
{ int ab,Ab;
    ab=3;    Ab=ab++;
    ++ab;    ++Ab;
    printf("ab=%d\n",ab);
}
```

(2) # include <stdio.h>

```
main()
{ int a,b;
    float x,y;
    a=12,a*=2+3;
    b=sizeof("\"Hello\"\n");
    x=2.8+7%3*11%2;
    y=(int)5.3/2;
    printf("%d,%d,%f,%f\n",a,b,x,y); }
```

3. 描述解决下面问题的算法

(1) 输入 1 个 4 位数，输出其千、百、十、个位上的数字。

(2) 输入 3 个数，将它们按照从小到大的顺序输出。

(3) 求一个班 50 人某门课程的平均分。

第 2 单元　顺序和选择结构程序设计

📢 单元描述

顺序与选择结构是三种基本结构化程序设计中较为简单的两种结构。其中，顺序结构是最简单的一种，其特点就是按照语句出现的先后顺序逐条执行；而选择结构则是根据条件做出相应的判断，使程序能根据判断的结果选择性地进行分支处理问题，这在实际问题中解决了不少具有分支性的处理操作。本单元的学习为后续单元复杂结构程序设计知识的掌握奠定了基础。

在前面已经掌握的知识基础上，本单元主要介绍 C 语言的语句，顺序结构程序设计，构成选择结构的两种语句：if 语句和 switch 语句，及使用这些语句进行选择结构程序设计。

📢 学习目标

通过本单元学习，你将能够
- 掌握顺序和选择的概念
- 掌握关系、逻辑运算符及表达式
- 熟练掌握输入输出函数(printf 和 scanf)、选择结构语句 if、switch 语句的语法、执行过程及应用它们实现选择结构的过程和方法
- 编写顺序和选择结构的程序

2.1　顺序结构程序设计

前面读者已经掌握了函数说明部分的编写，本单元开始学习函数执行部分的编写。函数的执行部分是由一条一条 C 语句组成的，程序功能的实现也是由执行语句实现的。具体的 C 语句的类型可分为 5 大类，分别是表达式语句、函数调用语句、空语句、复合语句和控制语句。

2.1.1　表达式语句、空语句、复合语句和控制语句

1. 表达式语句

表达式语句即由表达式加上分号 ";" 构成的语句，执行表达式语句就是计算表达式的值，其一般格式为

表达式;

格式中需要注意的是：

(1) 表达式可以是任意合法的表达式。

(2) 表达式后面的";"分号不能缺少，否则就不能构成语句。

例如："3+5*8; "，执行时计算表达式"3+5*8"，值为 43。不过该表达式语句没有实际意义，因为并没有将结果保存或输出。

最典型的表达式语句是赋值语句，即在赋值表达式加上分号";"。

例如："a=5; "，将 5 赋值给变量 a，即变量 a 所对应的存储单元值为 5。

2. 空语句

任何内容不写，只写一个分号就构成一条空语句，其一般格式为：

```
;
```

此类型的语句什么都不执行。

3. 复合语句

把多条语句用一对大括号{}括起来组成的一条语句称为复合语句。在程序中应把复合语句看成一个整体，即单条语句，而不是多条语句，其一般格式为

```
{
    语句 1;
    语句 2;
    ...
    语句 n;
}
```

例如：

```
{   t=x;
    x=y;
    y=t;
}
```

以上是复合语句，请注意是一条语句，而不是三条语句。

4. 控制语句

控制语句是 C 语言程序中用来控制程序流程的语句。在 C 语言中可具体划分为 9 种程序流程控制语句。

条件判断语句：if，switch。

循环语句：do…while，while，for。

转向语句：break，continue，goto，return。

以上 9 种控制语句具体的应用将在后续单元中进行详细讲解。

2.1.2 输出语句 printf 函数

对于一个有意义的程序来说，应该有一个或多个输出，也就是至少要有一个输出，将程序的结果进行输出。所谓输出，是指从计算机向外部输出设备(显示器、打印机、磁盘等)

输出数据。一般默认的标准输出设备是显示器。

C 语言本身并不提供专门的输入输出语句，C 语言中的输入输出操作是调用专门的输入输出函数来完成的。输入输出函数的有关信息存放在文件"stdio.h"中，"stdio.h"是标准输入输出库的头文件，其中包含了所有的标准输入输出函数的有关信息。因此，在使用这些函数前，必须有"# include <stdio.h>"编译预处理命令，否则系统会提示出错信息"error C2065："printf"：undeclared identifier"。

1. printf 函数的一般格式

printf 函数是格式化输出函数，其功能是按照指定的格式，将需要输出的数据项在标准的输出设备上输出。

格式化输出函数 printf 的一般格式为

printf("格式控制字符串",输出项列表);

圆括号内包含两部分：格式控制字符串和输出项列表。

1) 格式控制字符串

格式控制字符串是用双引号括起来的字符串，是用于指定数据的输出格式。它包括两种信息：普通字符和格式说明。

(1) 普通字符，即按原样输出的字符。

【例 2-1】 试分析以下程序，写出程序的执行结果。

```
# include <stdio.h>
main()
{    printf("This is a C program.");
}
```

程序运行过程分析：这是一个没有输出项的输出函数调用，是将格式字符串的内容原样输出。

程序运行结果如图 2-1 所示。

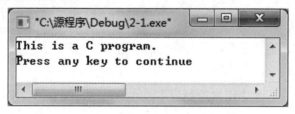

图 2-1 例 2-1 程序运行结果

类似的 printf 函数调用常与输入函数配合使用，在要求用户输入数据前先给出一些提示信息，如数据的类型、个数、意义等。

printf (" sum is：%d \n" ,1+2+3+4+5);

上面输出函数中的"sum is："、"\n"均为原样输出的普通字符。"sum is："是输出的提示信息；"\n"是回车换行。该函数的输出结果为：

sum is：15

(2) 格式说明，由"%"和格式字符组成，如"%d"、"%f"、"%c"等。一般每个格式说明都应该有一个输出项与它对应，表示将输出项的值按格式说明中指定的格式输出。格式说明总是由"%"字符开始的。

请注意，由于字符"%"作为格式说明的引导符号，若要输出字符"%"本身，则应该在格式控制字符串中连续使用两个"%"，即"%%"。

【例 2-2】 试分析以下程序，写出程序的执行结果。

```c
# include <stdio.h>
main()
{    int i=3;
     long j=12345678;
     printf("%d,%ld\n",i,j);
}
```

程序运行过程分析：该程序出现两个格式说明，即"%d"和"%ld"。"%d"表示按有符号十进制整型格式输出，输出为正数时符号省略；"%ld"表示按有符号十进制整型格式输出一个长整型数据。

程序运行结果如图 2-2 所示。

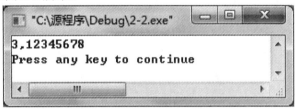

图 2-2 例 2-2 程序运行结果

2) 输出项列表

输出项列表可以是 0 个或多个输出项，若有多个输出项，则之间应该用","作为分隔符。输出项可以没有，也可以是常量、变量、表达式或函数返回值。

【例 2-3】 试分析以下程序，写出程序的执行结果。

```c
# include <stdio.h>
main()
{    printf ("How do you do! \n" );
}
```

程序运行过程分析：此时，printf 函数中没有输出项，只有格式控制字符串，且只含有普通字符，无格式说明，则按字符原样输出结果。

程序运行结果如图 2-3 所示。

图 2-3 例 2-3 程序运行结果

如：printf (" %d \n",3);

将常量 3 的值按照十进制整型格式输出。

再如：printf (" %d\n",2+3);

将表达式 2+3 的计算结果 5 按十进制整型格式输出。

【例 2-4】　试分析以下程序，写出程序的执行结果。

```
# include <stdio.h>
main()
{    int a = 3,b = 5;
     printf(" %d    %d    %d \n",a, b,a*b );
}
```

程序运行过程分析：定义 a 变量的同时给 a 一个初始值 3，定义 b 变量的同时给 b 一个初始值 5；根据 printf 函数中格式控制字符串的格式输出对应输出项列表的结果。

程序运行结果如图 2-4 所示。

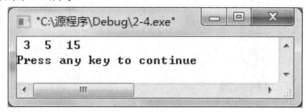

图 2-4　例 2-4 程序运行结果

2. 常用格式字符

针对不同数据类型需使用不同的格式字符。常用以下几种格式字符：

1) d 格式符

d 格式符是按照十进制整型的格式输出数据。有以下几种用法：

(1) %d：按照实际宽度输出整型数据。

(2) %md：m 是整数，规定数据输出的宽度。m 为正数时，数据输出右对齐，若数据的位数小于 m，则在左侧补相应数目的空格，若大于 m，则按照数据实际的位数输出。m 为负数时，数据输出左对齐，若需要补空格，则在右侧补充，若大于 m，则按照数据实际的位数输出。

【例 2-5】　试分析以下程序，写出程序的执行结果。

```
# include <stdio.h>
main()
{    int a=3, b=20000;
     printf("a=%3d,a=%-3d,b=%3d\n",a,a,b);
}
```

程序运行过程分析：变量 a 按照 "%3d" 的格式输出，输出 3 个宽度的数值，且数据输出右对齐，输出结果为 "_ _3"（由于空格符不可见，因此以 "_" 表示空格符）；变量 a 继续按照 "%-3d" 格式输出，输出 3 个宽度的数值，且数据输出左对齐，输出结果为 "3_ _"；变量 b 按照 "%3d" 格式输出，但变量 b 数值的宽度为 5，超出 3，则按照实际位数输出数据，其输出结果为"20000"。

程序运行结果如图 2-5 所示。

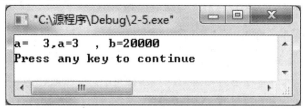

图 2-5　例 2-5 程序运行结果

(3) %ld、%Ld：输出长整型数据。

【例 2-6】　试分析以下程序，写出程序的执行结果。

```
# include <stdio.h>
main()
{   long   x=2147483645;
    printf("%d,%ld\n",x,x);
}
```

程序运行结果如图 2-6 所示。

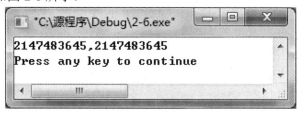

图 2-6　例 2-6 程序运行结果

注意，长整型的数据输出使用"%ld"或"%Ld"，在 Visual C++ 6.0 系统中，"%d"、"%ld"控制结果一样，但在 Turbo C 中则要严格区分。

(4) %mld：按照指定宽度输出长整型数据。

2) f 格式符

f 格式符是按照小数形式输出数据，单精度与双精度的实数输出均使用 f 格式符。有如下几种用法：

(1) %f：整数部分按实际位数输出，小数部分显示 6 位。

注意：由于实数的有效数字的限制，并非输出的数字均准确，可能存在误差。

(2) %m.nf：规定输出的数据总宽度为 m，其中小数位数 n 位，整个数据右对齐。若数据的输出宽度小于 m，则在左侧补充相应数目的空格以达到总宽度为 m；若数据的输出宽度大于 m，则按照数据实际所占宽度输出。

(3) %-m.nf：类似于%m.nf，整个数据左对齐输出，若需要补空格，则在右侧补充。

【例 2-7】　试分析以下程序，写出程序的执行结果。

```
# include <stdio.h>
main()
{   float   f;
```

```
f = 123.4567;
printf ("%f,%12f,%10.3f \n",f,f,f );
printf ("%.2f,%.0f,%5.2f \n",f,f,f );
printf ("%-10.3f,%-12f \n" ,f,f );
}
```

程序运行过程分析：整个程序在输出结果时，由于浮点数在内存中存储的误差，在限制小数位数时，会做四舍五入处理。

程序运行结果如图 2-7 所示。

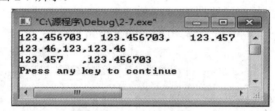

图 2-7　例 2-7 程序运行结果

3) c 格式符

c 格式符用来输出字符型数据。有如下几种用法：

(1) %c：按照字符的形式输出数据，输出宽度为 1 位。注意，字符数据输出显示时是不带单引号的。

(2) %mc、%-mc：指定输出的数据总宽度为 m，含义与前面所介绍的数值输出是相同的。

【例 2-8】　试分析以下程序，写出程序的执行结果。

```
# include <stdio.h>
main()
{    char   c;
     int   a;
     c = 'A';     a = 97;
     printf ("%3c,%c \n ",c,a );
}
```

程序运行过程分析：声明字符型变量 c 和整型变量 a，并分别赋值'A'、97；分别输出 3 个宽度和 1 个宽度的字符型数据。

程序运行结果如图 2-8 所示。

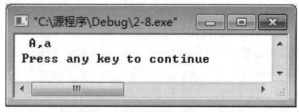

图 2-8　例 2-8 程序运行结果

4) s 格式符

s 格式符用来输出一个字符串。有如下几种用法：

(1) %s：输出字符串。例如：

```
printf("%s" , "CHINA");
```

(2) %ms：指定输出字符串所占的宽度，若字符串本身的长度不到 m，则在左侧补充空格；若字符串长度超过 m，则输出不受 m 的宽度限制。

【例 2-9】　试分析以下程序，写出程序的执行结果。

```
# include <stdio.h>
main()
{
    printf("%4s,%7s\n","CHINA","CHINA");
}
```

程序运行结果如图 2-9 所示。

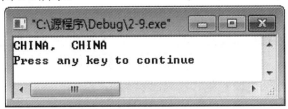

图 2-9　例 2-9 程序运行结果

以上介绍了常用的几种格式符，归纳如表 2-1 所示。

表 2-1　printf 格式字符及其说明

格式字符	说　　明
d	有符号十进制整数形式输出整数
f	小数形式输出单精度、双精度浮点数
c	以字符形式输出，只输出一个字符
s	以字符串形式输出

在格式说明中，在%和上述格式字符之间可以插入附加格式说明符，归纳如表 2-2 所示。

表 2-2　printf 附加格式说明符及说明

附加格式说明符	说　　明
字母 l，L	加在 d 前表示长整型
m(正整数)	表示数据的输出最小宽度
n(正整数)	应用于实数，表示输出 n 位小数
-	输出的数据位数小于规定宽度时，在右侧补充空格

3. 应用举例

【例 2-10】　已知一个电路中电压 u 为 220，电阻 r 为 20，求电流 i。

```
# include <stdio.h>
main()
```

```
{
    int u,r,i;
    u=220;
    r=20;
    i=u/r;
    printf("%d\n",i);
}
```

程序运行结果如图 2-10 所示。

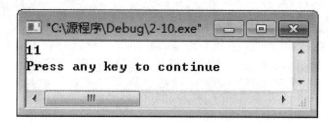

图 2-10 例 2-10 程序运行结果

【例 2-11】 已知圆半径 r 为 10，求面积 s 和周长 c。

```
# include <stdio.h>
main()
{   float r,s,c;
    r=10;
    s=3.14159*r*r;
    c=2*3.14159*r;
    printf("%f%f\n",s,c);
}
```

程序运行结果如图 2-11 所示。

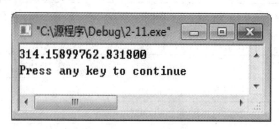

图 2-11 例 2-11 程序运行结果 1

上述运行结果虽然正确，但输出的数值连接在一起，无法区分，可修改格式控制字符串，使得输出的信息更加清晰。

如将输出改为：

```
printf("面积=%f\n 周长=%f\n",s,c);
```

则运行结果如图 2-12 所示。

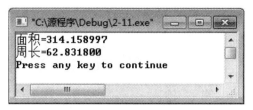

图 2-12　例 2-11 程序运行结果 2

如将输出改为：

printf("s=%7.2f\nc=%7.2f\n",s,c);

则运行结果如图 2-13 所示。

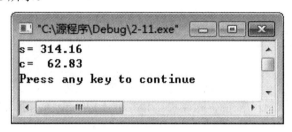

图 2-13　例 2-11 程序运行结果 3

2.1.3　输入语句 scanf 函数

一个程序有 0 个或多个输入，应根据实际情况来决定输入的有或无，若有，又应该做哪些输入。输入是指从外部设备向计算机输入数据。一般默认的标准输入设备是键盘。在程序设计期间无法预先知道值的量，而在程序运行的过程中必须获取其值，程序才能得以继续运行，且每次在运行程序时，这个量的值是不固定的，这时就需要在程序中安排输入函数调用，以在程序运行到该函数调用时，能够从键盘输入数据给这个变量。输入能够增强程序的灵活性和通用性。

C 语言中使用 scanf 函数调用来进行数据的输入。

1. scanf 函数的一般格式

scanf 函数是格式化输入函数，其功能是按照指定的格式，将需要输入的变量从标准的输入设备上进行输入。

格式化输入函数 scanf 的一般格式为

scanf("格式控制字符串",变量地址列表);

圆括号内包含两部分：

1) 格式控制字符串

普通字符和格式说明格式控制字符串用于指定输入格式，它同 printf 函数一样包括两种信息：

(1) 普通字符：即按原样输入的字符。输入函数的格式控制字符串当中的普通字符按原样输入，通常仅仅是用来规定输入的数据之间的分隔符号。

若格式控制字符串中含有普通字符，则从键盘输入时一定要输入该字符，且与格式控制字符串的格式保持一致，如：

```
scanf ("a = %d",&a );
```

则输入时必须按照以下格式输入：

       a = 3 ↙

如果直接输入：

       3 ↙

是无法将 3 的值输入给变量 a 的。

```
scanf ("%d,%d",&a,&b );
```

输入时必须按照以下格式输入：

       3,5 ↙

如果输入：

       3 5↙或3↙5↙

都不能正确输入值。

在输入多个数值时，可以不规定分隔符，那么在输入时，数据之间也一定要进行分隔，此时系统取默认的分隔符：空格、回车键、Tab 键。但字符输入情况有所不同，这将在后面详细介绍。例如：

```
scanf ("%d%d%d ", &a,&b,&c );
```

以下输入均合法：(以 "_" 表示空格符)

       3_4_5 ↙

       3   4   5 ↙ (Tab 键分隔)

       3 ↙
       4 ↙
       5 ↙

       3_4 ↙
       5 ↙

而以下输入不合法：

       3,4,5 ↙

一般在输入格式控制字符串中不写除分隔符之外的普通字符，包括转义字符。

(2) 格式说明：与 printf 函数中的格式说明类似，也是由 "%" 和格式字符组成。但在 scanf 函数中每个格式说明一一对应的是输入地址项，表示数据按格式说明中指定的格式输入。

2) 变量地址列表

变量地址列表是 1 个或多个变量的地址，变量地址之间用 "," 分隔。变量的地址是在变量进行定义时由系统自动分配的，用户不知道也无需知道一个变量的地址。而 scanf 函数的格式要求必须提供待输入的变量的地址，故使用 "&变量名" 的形式来取变量的地址。"&" 是取地址的运算符，"&变量名" 则是一个表达式，表达式的结果就是该变量的地址值。如：

```
int   a,b;
scanf ("%d%d",&a,&b );
```

注意，是变量的地址而不是变量。以下语句是错误的，无法将输入的数据存入变量 a 与 b 中，但程序运行时并不提示语法错误：

```
scanf ("%d%d",a,b );
```

【例 2-12】 试分析以下程序，写出程序的执行结果。

```
# include <stdio.h>
main()
{    int a,b,c;
     scanf("%d%d%d",&a,&b,&c);
     printf("%d,%d,%d\n",a,b,c);
}
```

程序运行过程分析如下：

① 程序中 scanf 函数的作用是将 a、b、c 的数值存放至地址为&a、&b、&c 的存储空间中。

② scanf 函数中的"%d%d%d"表示按照十进制整数形式输入数据，且输入数据时在两个数据之间要加上一个或多个空格进行隔开，也可以用回车键或 Tab 键分隔。

程序运行结果如图 2-14 所示。

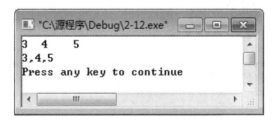

图 2-14 例 2-12 程序运行结果

2. 格式字符

与 printf 函数中的格式字符应用类似，针对不同类型的数据就需要使用不同的输入格式字符。常用以下几种格式字符：

1) d 格式符

d 格式符是指按照十进制整型的格式输入数据。有以下几种用法：

(1) %d：按照实际宽度输入整型数据。

(2) %ld、%Ld：按照实际宽度输入长整型数据。在 Visual C++ 6.0 系统中，"%d"与"%ld"、"%Ld"控制结果一样，但在 Turbo C 中则要严格区分。

(3) %md：m 是整数，用来指定输入数据所占最大宽度。

(4) %*d：表示输入的数据不存入到对应的变量中。

例如：

```
scanf("%d", &a);
```

从键盘输入：

15↙

将 15 赋值给变量 a。

```
scanf("%3d", &a);
```

从键盘输入：

3578↙

将 357 赋值给变量 a，系统将截取输入数据的前 3 位为数据赋给变量。

```
scanf ("%3d%3d",&a,&b);
```

从键盘输入：

1234567 ↙

系统将 123 赋值给变量 a，456 赋值给变量 b。

```
scanf ("%d%*d%d ",&a,&b);
```

从键盘输入：

3　4　5↙

将 3 赋值给变量 a，5 赋值给变量 b，输入的数据 4 被跳过。

2) f 格式符

f 格式符是指以小数形式或指数形式输入单精度实数。有以下几种用法：

(1) %f：输入单精度实数。

(2) %lf、%Lf：输入双精度实数。

(3) %mf：m 是整数，用来指定输入数据所占最大宽度。

例如：

```
scanf("%f",&a);
```

从键盘输入：

1.2 ↙

系统会自动转换成单精度实数 1.200000 赋给变量 a。

```
scanf("%4f",&a);
```

从键盘输入：

1.234 ↙

系统会将输入的数值截取 4 个宽度变为 1.23 并转换成单精度实数 1.230000 赋给变量 a。

请注意，输入浮点数据时不允许规定精度。如：

```
scanf ("%5.2f",&f );        /* 不合法！ */
```

输入多个浮点数据时，如果未在输入格式控制字符串中加入分隔符，同样在输入时要使用空格、回车键、Tab 键将多个数值分隔开。

3) c 格式符

c 格式符是指输入的数据以字符形式赋值给对应的字符型变量。有如下两种用法：

(1) %c：字符形式的输入。注意，一个字符输入时所占的宽度只有 1 位，固定不变，不像数值数据的输入宽度是不固定的。所以，在执行连续多个字符(即格式控制字符串中没有规定分隔符)的输入时，不需要人为地加入分隔符，只需连续输入，否则人为加入的分隔符会作为输入的数据输入到变量中。输入字符时，转义字符如回车换行符等会作为有效字符输入。

(2) %mc：指定输入数据的宽度为 m，由于一个字符的宽度就是 1 位，所以这种形式是没有什么意义的。

【例 2-13】　试分析以下程序，写出程序的执行结果。

```
# include <stdio.h>
main()
{    char    c1,c2,c3;
     scanf ("%c%c%c",&c1,&c2,&c3 );
     printf ("%c%c%c\n ",c1,c2,c3 );
}
```

程序运行过程分析如下：

输入：xyz↙

运行结果：xyz

输入：x_y_z↙(_代表空格符)

运行结果：x_y，字符'x'输入给变量 c1，空格字符输入给变量 c2，字符'y'输入给变量 c3，后面的"_z"被舍去。

该程序第一种情况的运行结果如图 2-15 所示。

数据输入的格式字符与数据输出的格式字符相似，其归纳如表 2-3 所示。

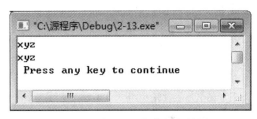

图 2-15　例 2-13 程序运行结果

表 2-3　scanf 格式字符及其说明

格式字符	说　　明
d	输入有符号十进制整数
f	输入小数形式或指数形式的单精度实数
c	输入单个字符
s	输入字符串

在格式说明中，在%和上述格式字符之间可以插入附加格式说明符，归纳如表 2-4 所示。

表 2-4　scanf 附加格式说明符及说明

附加格式说明符	说　　明
字母 l，L	加在 d 前表示输入长整型整数，在 f 前表示输入双精度实数
m(正整数)	表示输入数据所占的最大宽度
*	表示对应的输入数据不赋给相应的变量

2.1.4　知识拓展——不常用的格式字符

1. o 格式符

o 格式符按照八进制整型的格式输入输出数据。注意，输出的数据按照无符号数据看待，最高位不被视作符号位。

注意，数据按照八进制形式输出时，不输出前导 0，表面上看与十进制无异。

可以使用"%lo"、"%mo"、"%mlo"格式说明。

2. x 格式符、X 格式符

x 格式符、X 格式符按照十六进制整型的格式输入输出数据，同样输出的数据为无符号数据。

注意，数据按照十六进制形式输出时，不带前导 0x 或 0X。

可以使用"%lx"、"%mx"、"%mlx"格式说明。%x 中的 x 允许使用大写的 X。

3. u 格式符

u 格式符按照无符号整型的格式输入输出数据，为十进制形式。

可以使用"%lu"、"%mu"、"%mlu"格式说明。

4. e 格式符、E 格式符

e 格式符、E 格式符按照指数形式输出数据，单精度与双精度的浮点数都可使用。有如下几种用法：

(1) %e 或%E：不指定输出的宽度，具体输出格式由编译系统决定。

(2) %m.ne 或%m.nE ，%-m.ne 或%-m.nE：m，n，-的含义与前面介绍的 f 格式符相同。

5. g 格式符、G 格式符

g 格式符、G 格式符输出实型数据，根据数值输出所占的宽度大小，自动选择宽度小的 f 格式或 e/E 格式，并且不输出无意义的零。

2.1.5　字符类型输入、输出函数

除了可以使用 printf、scanf 函数对字符类型数据输入输出之外，C 语言还提供了 getchar 和 putchar 函数以及 gets 和 puts 函数，专门用来对字符类型的数据进行输入输出。

1. putchar 函数

putchar 函数的功能是向标准输出设备输出一个字符。

函数调用格式：

```
putchar(字符表达式)
```

putchar 函数有一个参数，参数是一个字符型常量、字符型变量或是字符型表达式，由于字符型量与整型量可以通用，该参数也可以是一个整型量。

【例 2-14】　试分析以下程序，写出程序的执行结果。

```
# include <stdio.h>
main()
{    char   c;
```

```
    c ='a';
    putchar(c);
    putchar(c-32);
    putchar(67);
    putchar('\n');
}
```

程序运行过程分析："putchar(c);"输出字符变量 c 的值,即为字符'a';"putchar(c-32);"
输出字符型表达式"c-32"的值,即为字符'A';

"putchar(67);"输出整型常量 67 对应的字符,
即为字符'C';"putchar('\n');"输出字符常量'\n',
即换行符。

程序运行结果如图 2-16 所示。

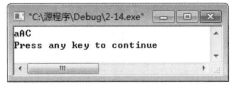

图 2-16　例 2-14 程序运行结果

2. getchar 函数

getchar 函数的功能是从标准输入设备上接收一个字符。

函数调用格式:

```
getchar( )
```

注意:getchar 函数是一个无参函数,但进行调用时括号还一定要写。

从输入设备接收到的字符所对应的 ASCII 码值作为函数的结果,即函数的返回值。所以
getchar 的函数调用应该出现在一个表达式中才有意义,通常是将 getchar 赋值给一个字符
变量,如:

```
char    c;
c = getchar( );
```

也可以出现在其他的表达式或是函数参数中,例如:

```
c = getchar( ) + 32;
putchar(getchar( )) ;
```

【例 2-15】　试分析以下程序,写出程序的执行结果。

```
# include <stdio.h>
main()
{    char    c;
     c = getchar( );
     putchar(c);
     putchar(getchar( )-32);
     putchar('\n');
}
```

程序运行过程分析:"c=getchar();"从键盘输入一个字符赋给变量 c,"putchar(c);"输
出变量 c 值,即刚刚从键盘输入的字符;"putchar(getchar( )-32);"将从键盘输入的字符所
对应的整型常量值减去 32,再输出其值对应的字符。

程序运行结果如图 2-17 所示。

注意：输入数据是以回车键作为输入结束的标志，输入多个字符时，在按回车键后系统才将输入的多个字符一起送入内存的输入缓冲区，然后每遇到一个 getchar 函数再从输入缓冲区中取一个字符。所以在例 2-15 中，不用分两次去输入单个字符，而是一次性将两个字符输入再以回车键结束。

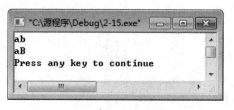

图 2-17　例 2-15 程序运行结果

上述 2 个字符类型输入输出函数都是头文件"stdio.h"中的库函数。要在程序中使用它们，必须在程序的最前面加包含头文件的"# include <stdio.h>"命令。

习　题

1. 选择题

(1) 输出一个 float 实型变量，要求整数 4 位小数 3 位，正确的格式是_____。

    A. %4.3f   B. %8.3f   C. %7.3f   D. %3.4f

(2) 字符型变量输入、输出的格式是_____。

    A. %d   B. %f   C. %c   D. %s

(3) 以下程序段的输出结果是_____。

```
int a=1234 ;
printf ("%2d\n",a);
```

    A. 12   B. 34   C. 1234   D. 提示出错

2. 写出以下程序的运行结果

(1)
```
# include <stdio.h>
main()
{ int a=65;
  float x=1234.567;
  printf("%d\n" ,a);
  printf("%c\n" ,a);
  printf("%f\n" ,x);
  printf("%10.2f\n" ,x);
}
```

(2)
```
# include <stdio.h>
main()
{ int c1,c2;
  c1=97;
  c2=98;
  printf("%c%c\n",c1 ,c2);
```

```
    printf("%d%d\n",c1 ,c2);
}
```

3. 编写程序

(1) 编写程序：按公式 $v=\pi r^2 h$ 求圆柱体体积。

(2) 编写程序：输入一个矩形的长和宽，计算矩形的面积。

2.2　if 语 句

2.2.1　简单的选择结构程序设计

选择结构在大多数程序中都广泛应用，其作用是根据指定的条件是否成立，来选择不同的处理操作流程。在 C 语言中，if 语句则是选择结构中最常用的形式。

1. if 条件语句

if 条件语句具有下列一般格式：

```
if(表达式)
    语句 1;
else
    语句 2;
```

格式中需要注意的是：

(1) if 和 else 是 C 语言的关键字，必须小写。

(2) 括号中的表达式可以是任意合法的表达式，一般用来描述判断的条件。若表达式值为 0，则表示假，若表达式值为非 0，则表示真。

(3) 语句 1 和语句 2 只能是一条语句或是一个复合语句。

2. if 条件语句执行流程

if 条件语句执行流程如图 2-18 所示。

if 条件语句的执行过程如下：

(1) 计算表达式的值。若表达式的值非 0，即为真，则执行语句 1；若表达式的值为 0，即为假，则执行语句 2。

(2) if 条件语句执行结束，再执行 if 语句之后的语句。

【例 2-16】　试分析以下程序，写出程序的执行结果。

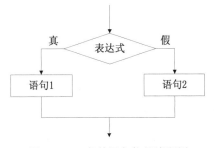

图 2-18　if 条件语句执行流程图

```
# include <stdio.h>
main()
{    int x=3,y=5;
     if(y<x)
```

```
        y=x+y;
    else
        x=x+y;
    printf("%d,%d\n",x,y);
}
```

程序执行流程图如图 2-19 所示。

程序运行过程分析：变量 x 赋值为 3，y 赋值为 5；执行 if 条件语句，判断表达式 y<x 的值为假，则执行 x=x+y 语句，将 x+y 的和赋给变量 x，即为 8；执行 if 条件语句的下一条语句，即输出 x、y 的值，输出 8、5。结束程序。程序运行结果如图 2-20 所示。

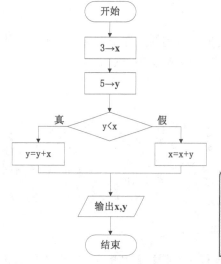

图 2-19　例 2-16 流程图　　　　　　图 2-20　例 2-16 程序运行结果

3. 应用举例

【例 2-17】　编写火车站按重量 w 计算收费 f 的程序，收费标准如下：

$$f = \begin{cases} 0.2w & w \le 20 \\ 0.2 \times 20 + 0.5(w - 20) & w > 20 \end{cases}$$

此实例的流程图见 1.2.2 节中的图 1-16，相应程序的编写如下：

```
# include <stdio.h>
main()
{
    float w,f;
    printf("weight=");
    scanf("%f",&w);
    if (w<=20)
        f=0.2*w;
    else
        f=0.2*20+0.5*(w-20);
```

```
        printf("fault=%6.2f\n",f);
    }
```

程序运行过程分析：程序输出"weight="，等待用户从键盘输入数值赋给变量 w；判断表达式"w<=20"的值，如果为真，则执行语句"f=0.2*w;"，如果为假，则执行语句"f=0.2*20+0.5*(w-20);"；if 条件语句结束，执行下一条输出语句，输出 f 的值。

程序运行结果如图 2-21 所示。

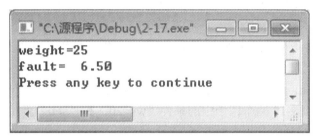

图 2-21　例 2-17 程序运行结果

【例 2-18】　输入两个整数 a 和 b，输出较大数。

此实例的流程图见 1.2.3 节中的图 1-19，相应程序的编写如下：

```
# include <stdio.h>
main()
{
    int a,b;
    printf("a,b=");
    scanf("%d%d",&a,&b);
    if (a>b)    printf("%d\n",a);
    else        printf("%d\n",b);
}
```

程序运行结果如图 2-22 所示。

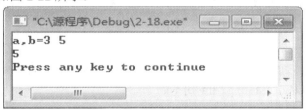

图 2-22　例 2-18 程序运行结果

程序运行过程分析：程序输出普通字符"a，b="，等待用户从键盘输入数值赋给变量 a，b；判断表达式 a>b 的值，如果为"真"，则执行语句"printf("%d\n"，a)；"，输出变量 a 的值，如果为"假"，则执行语句"printf("%d\n"，b)；"，输出变量 b 的值。

2.2.2　C 语言的条件

if 语句括号中的表达式可以为任意合法的表达式，但更多时候是表示条件判断的表达式。在 C 语言中通常使用关系表达式及逻辑表达式表示条件判断。

1. 关系表达式

1) 关系运算符

关系运算符用于比较两个操作数是否符合某种关系。C 语言中关系运算符有以下 6 种：

>(大于)、<(小于)、>=(大于等于)、<=(小于等于)、==(等于)、!=(不等于)

6 个关系运算符均为双目运算符，且均具左结合性，其中>、<、>=、<=的优先级为 6 级，==、!=的优先级为 7 级。

2) 关系表达式

用关系运算符将两个表达式连接起来的式子，就称之为关系表达式。例如，下面都是合法的关系表达式：

a>b，b>=c，c<=d，x==y，x!=y，(a=3)>(b=5)，'a'<'b'

前面例 2-17 和例 2-18 两个例子中的条件 "w<=20" 和 "a>b" 就是关系表达式。

3) 关系表达式的值

C 语言中关系运算的含义与数学一样，可表示现实意义的条件，成立与否很容易理解；但与数学不同的是，C 会将关系表达式计算出结果，条件成立则结果为 1，条件不成立则结果为 0。

例如：

15<=20　　条件成立结果为 1

50<=20　　条件不成立结果为 0

7>5>3　　条件不成立结果为 0。此关系表达式的运算顺序是计算机先执行 7>5，条件成立结果为 1，再执行 1>3，条件不成立结果则为 0。

2. 逻辑表达式

1) 逻辑运算符

C 语言有三种逻辑运算符：

!(非)、&&(与)、 ||(或)

! 为单目运算符，优先级为 2 级，具右结合性；&&为双目运算符，优先级为 11 级，具左结合性；||为双目运算符，优先级为 12 级，具左结合性。

2) 逻辑表达式

用逻辑运算符连接的表达式就称之为逻辑表达式，合法的表达式如下：

(a>b)&&(x>y)　(x+y)||(a+b)　!(a+b)

逻辑运算的运算规则如表 2-5 所示。

表 2-5　逻辑运算规则

x	y	!x	!y	x&&y	x||y
0	0	1	1	0	0
0	非 0	1	0	0	1
非 0	0	0	1	0	1
非 0	非 0	0	0	1	1

3. 知识拓展——逻辑运算中的短路现象

在逻辑表达式求解过程中，很多是不需要执行完该逻辑表达式中所有的表达式，就能快速地求解出整个逻辑表达式的值。例如：

(1) x&&y&&z，此逻辑表达式中，只有 x 值为真时，才需要判断下一个 y 的值，只有 x 和 y 都为真时，才需要最后判断 z 的值。若一开始 x 的值就为假，则有 0&&y&&z，根据逻辑运算规则，无论 y 和 z 是真值还是假值，结果仍为 0，因此不会判断 y 和 z 的值，不会执行表达式 y、表达式 z，整个逻辑表达式的值即为假。

(2) x||y||z，此逻辑表达式中，只有 x 值为假时，才需要判断下一个 y 的值，只有 x 和 y 都为假时，才需要最后判断 z 的值。若一开始 x 的值就为真，则有 1||y||z，根据逻辑运算规则，无论 y 和 z 是真值还是假值，结果仍为 1，因此不会判断 y 和 z 的值，不会执行表达式 y、表达式 z，整个逻辑表达式的值即为真。

具体举例如下：

(1) 当 a=1，b=2，c=3，d=4 时，(a>b)&&(c>d)，先判断表达式 "a>b" 的值，结果值为假，则有 "0&&(c>d)" 结果仍为 0。因此，后面的表达式 "c>d" 不被执行，整个逻辑表达式的值即为 0。

(2) 当 a=4，b=3，c=2 时，(a++<6)||(b++>0)，同样，先判断表达式 "a++<6" 的值，结合自增运算符的规律，先计算 "a<6"，再进行变量 a 自增，变量 a 的值变为 5，因此||左边表达式的值为真，则有 "1||(b++>0)"，再根据逻辑运算的规则，此时无论表达式 "b++>0" 是真值还是假值，整个逻辑表达式值为 1，不执行||右边的表达式 "b++>0"，因此变量 b 值不变，仍然为 3。

2.2.3　if 语句的缺省格式

在前面 if 语句一般格式中，若条件表达式的值为假，则执行 else 后面的语句 2。但有时在条件不成立时并不需要做什么，此时可以使用 if 语句的缺省格式。

1. if 语句缺省格式

if 条件语句缺省格式具有下列一般格式：

```
if(表达式)
    语句;
```

2. if 语句缺省格式执行流程

if 条件语句缺省格式执行流程如图 2-23 所示。

if 语句缺省格式的执行过程如下：

(1) 计算表达式的值。若表达式的值非 0，即为真，则执行语句；若表达式的值为 0，即为假，则什么也不做。

(2) if 语句执行结束，执行下一条语句。

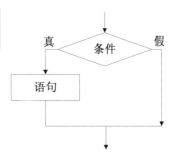

图 2-23　if 缺省格式执行流程图

【例 2-19】　试分析以下程序，写出程序的执行结果。

```
# include <stdio.h>
main()
{    int x=3,y=5;
```

```
    if(y<x)
        y=x+y;
    x=x+y;
    printf("%d,%d\n",x,y);
}
```

程序运行过程分析：执行 if 语句，判断表达式"y<x"的值为假，if 语句直接结束，执行下一条语句"x=x+y;"，变量 x 值为 8。输出 x，y 的值，输出"8,5"。该程序运行结果如图 2-24 所示。

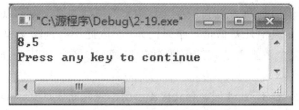

图 2-24 例 2-19 程序运行结果

3. 应用举例

【例 2-20】 输入一个字母，若为小写字母，则将其改为大写字母，输出该字符。

输入一个字母，可能是小写字母，也可能是大写字母，如果是小写字母，就要变为相应的大写字母，如果就是大写字母，则不用转换。该例算法描述如图 2-25 所示。

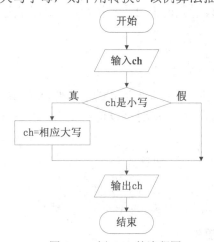

图 2-25 例 2-20 的流程图

判断 ch 为小写字母：查 ASCII 码表可知小写字母'a'～'z'的编码是 97～122，因此 ch 是小写字母的条件是：ch>=97&&ch<=122 或 ch>='a'&&ch<='z'。

将小写字母变成大写字母的内容在 1.3.2 节例 1-17 中已经叙述过，只需将 ch-32 并赋值给 ch 即可。

编写程序如下：

```
# include <stdio.h>
main()
{    char ch;
```

```
    printf("ch=");
    scanf("%c",&ch);
    if (ch>='a' && ch<='z')
        ch=ch-32;
    printf("%c\n",ch);
}
```

程序运行结果如图 2-26 所示。

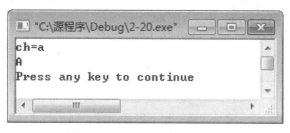

图 2-26　例 2-20 程序运行结果

2.2.4　if 语句应用举例

【例 2-21】　输入两个实数，由大到小输出。

方法 1：判断如 a>b 条件成立，则按先 a 后 b 的次序输出，否则按先 b 后 a 的次序输出。算法描述如图 2-27 所示。

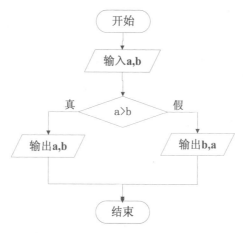

图 2-27　例 2-21 方法 1 流程图

程序如下：

```
# include <stdio.h>
main()
{   float a,b;
    printf("a,b=");
    scanf("%f%f",&a,&b);
    if (a>b)
```

```
        printf("%f     %f\n",a,b);
    else
        printf("%f     %f\n",b,a);
}
```

程序运行结果如图 2-28 所示。

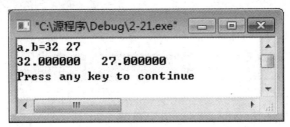

图 2-28 例 2-21 方法 1 程序运行结果

方法 2：想办法使得 a 一定是大值，b 一定是小值，然后按先 a 后 b 的次序输出。如果输入时 a 的值小于 b，则就需要交换 a、b 的值，否则就不用交换。算法描述如图 2-29 所示。

程序如下：

```
# include <stdio.h>
main()
{    float a,b,t;
    printf("a,b=");
    scanf("%f%f",&a,&b);
    if (a<b)
    {   t=a;   a=b;   b=t;   }
    printf("%f     %f\n",a,b);
}
```

程序运行结果如图 2-30 所示。

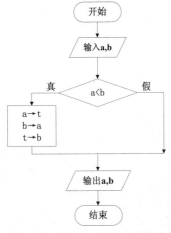

图 2-29 例 2-21 方法 2 流程图

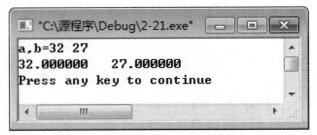

图 2-30 例 2-21 方法 2 程序运行结果

【例 2-22】 输入三个实数，由大到小输出。

设三个实数为 a、b、c，用交换的办法让 a 值最大，b 值中间，c 值最小，最后按 a、b、c 的次序输出。如果 a<b 成立，则交换 a、b 的值，使得 a 大 b 小；如果 a<c 成立，则交换 a、c 的值，使得 a 大 c 小，此时已经确保 a 为最大值；如果 b<c 成立，则交换 b、c 的值，使得 b 大 c 小。算法描述如图 2-31 所示。

程序如下：

```c
# include <stdio.h>
main()
{
    float a,b,c,t;
    printf("a,b,c=");
    scanf("%f%f%f",&a,&b,&c);
    if (a<b)
    {   t=a;    a=b;    b=t;   }
    if (a<c)
    {   t=a;    a=c;    c=t;   }
    if (b<c)
    {   t=b;    b=c;    c=t;   }
    printf("%f     %f     %f\n",a,b,c);
}
```

程序运行结果如图 2-32 所示。

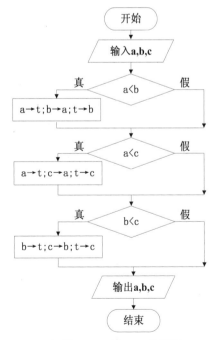

图 2-31　例 2-22 流程图

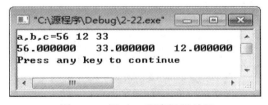

图 2-32　例 2-22 程序运行结果

【例 2-23】 编写程序求解一元二次方程 $ax^2+bx+c=0$。

一元二次方程的求解公式为

$$d=b^2-4ac$$

当 d≥0 时：$x = \dfrac{-b \pm \sqrt{d}}{2a}$

当 d<0 时：$x = \dfrac{-b}{2a} \pm \dfrac{\sqrt{-d}}{2a}i$

算法描述如图 2-33 所示。

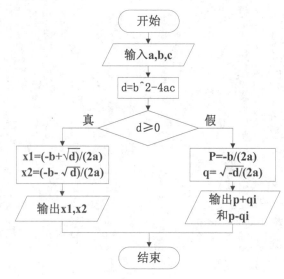

图 2-33　例 2-23 流程图

平方根可由头文件"math.h"中的 sqrt 函数进行计算。复数或称虚数的表示可定义两个实型变量 p 和 q，用 p 表示实部，q 表示虚部，输出 p+qi 及 p-qi 的形式拼成一个复数。

程序如下：

```
# include <stdio.h>
#include<math.h>
main()
{    float a,b,c,d,x1,x2,p,q;
     printf("a,b,c=");
     scanf("%f%f%f",&a,&b,&c);
     d=b*b-4*a*c;
   if (d>=0)
   {    x1=(-b+sqrt(d))/(2*a);
        x2=(-b-sqrt(d))/(2*a);
        printf("x1=%5.2f\nx2=%5.2f\n",x1,x2);
   }
   else
   {    p=-b/(2*a);
```

```
        q=sqrt(-d)/(2*a);
        printf("x1=%5.2f+%5.2fi\nx2=%5.2f-%5.2fi\n",p,q,p,q);
    }
}
```

程序运行结果如图 2-34 所示。

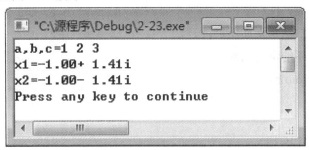

图 2-34　例 2-23 程序运行结果

习　题

1. 选择题

(1) 若有定义 int x=0;，执行语句 if(x) x=x+3;else x=x-3; 后，变量 x 的值为_____。

　　A．-3　　　　　　　　　　　　　　B．3

　　C．0　　　　　　　　　　　　　　D．语句有语法错误

(2) 条件 -1<=x<=1 正确的 C 语言写法是_____。

　　A．-1<=x<=1　　　　　　　　　B．1>=x>=-1

　　C．-1<=x&&x<=1　　　　　　　D．-1<=x||x<=1

(3) 表达式 10!=9 的值是_____。

　　A．true　　　　B．非零值　　　　C．0　　　　D．1

(4) 设有 int x=10，y=10;，表达式 x&&x-y || y 的结果为_____。

　　A．20　　　　　B．10　　　　　　C．0　　　　D．1

(5) putchar 函数可以向终端输出一个_____。

　　A．整型变量表达式值　　　　　　B．字符串

　　C．实型变量值　　　　　　　　　D．字符或字符型变量值

(6) 语句 printf("%c",ch)和 scanf("%c",&ch)相当于_____。

　　A．putchar(ch)和 getchar(ch)

　　B．ch=putchar()和 ch=getchar()

　　C．putchar(ch)和 ch=getchar()

　　D．ch=putchar()和 getchar(ch)

(7) 有以下程序，运行后的输出结果是_____。

　　# include <stdio.h>

　　main()

```
{     int a=5,b=6,t=7;
      if(a>b)
      t=a; a=b; b=t;
      printf("a=%d,b=%d,t=%d\n",a,b,t);
}
```

A. a=5，b=6，t=7   B. a=7，b=6，t=5

C. 程序有语法错误而不能运行   D. a=6，b=7，t=7

2. 写出以下程序的运行结果

(1) # include <stdio.h>

```
main()
{
    int a=-1,b=1,k;
    if((++a<0)&&!(b--<=0))
        printf("%d,%d\n",a,b);
    else
        printf("%d,%d\n",a,b);
}
```

(2) # include <stdio.h>

```
main()
{
   int x=3,y=0,z=0;
   if(x=y+z)
      printf("****");
   else
      printf("####");
}
```

(3) # include <stdio.h>

```
main()
{  int i=1,j=1,k=2;
   if ((j++||k++)&&i++)
      printf("%d,%d,%d\n",i,j,k);
}
```

(4) 执行以下程序时从键盘上输入 9：

```
# include <stdio.h>
main()
{  int n;
   scanf("%d",&n);
   if(n++<10)     printf("%d\n",n);
```

```
    else          printf("%d\n",n--);
    }
```

3. 根据图 2-35 所示流程图编写程序

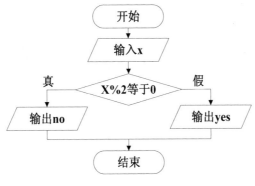

图 2-35　流程图

4. 程序填空

(1) 输入任意整型数值，并输出其绝对值。

```
# include <stdio.h>
main()
{
        int a;
        _____
        if(_____)
            printf("A=%d\n",a);
        else
            printf("A=%d\n",_____);
    }
```

(2) 以下程序的功能是判断一个 5 位数是不是回文数。回文数是指个位数字与万位数字相同，十位数字与千位数字相同，例如 12321 是回文数。

```
# include <stdio.h>
main()
{   long wan,qian,shi,ge,num;
    scanf("%ld",&num);
    wan=_____;
    qian=_____;
    shi=_____;
    ge=num%10;
    if(_____)    printf("%d is huiwen.\n",num);
    else    printf("%d is not huiwen.\n",num);
    }
```

5. 编写程序

(1) 判断两数之和是否大于 100。

(2) 输入整数 y，判断 y 是否为闰年。闰年的判断标准为：被 4 整除但不被 100 整除的年份是闰年，被 400 整除的年份也是闰年。

(3) 输入一个数据，判断该数据是否是一个同构数。同构数是指该数出现在其平方数的右边，例如 5 和 25 是同构数。

2.3 if 的 嵌 套

2.3.1 if 嵌套

在一个 if 语句中又包含一个或多个 if 语句的形式称之为 if 语句的嵌套。在 2.2 节中学习的 if 语句一般格式和缺省格式中的语句 1 和语句 2 都可以是另一个 if 语句，这就是 if 的嵌套。

if 语句的嵌套可表现为多种形式，一般形式如下：
if (表达式 1)
  if (表达式 2) 语句 1;   } 内嵌 if 语句
  else   语句 2;
else
  if (表达式 3) 语句 3;   } 内嵌 if 语句
  else   语句 4;

在 if 语句的嵌套结构中，应当注意 if 与 else 的配对关系。C 语言中规定，if 与 else 的配对原则是：else 总是与它上面最近的一个能够匹配的 if 配对。例如一个 if 语句的嵌套结构写成：

```
if(表达式 1)
    if(表达式 2)      语句 1;
else
    if(表达式 3)      语句 2;
    else             语句 3;
```

此时，大多数初学者很容易被程序的缩进书写格式误导，都认为第 1 个 else 与第 1 个 if 配对，其实在这个 if 语句的嵌套结构中，按照 C 语言规定的 if 与 else 之间的配对原则，第 1 个 else 其实是与第 2 个 if 配对。因此，为了避免这类现象发生，要养成规范的编程书写习惯，要严格按照程序处理流程进行编写程序，否则错误的书写格式会严重误导读者，将上面的结构用正确的格式书写应是：

```
if(表达式 1)
    if(表达式 2)      语句 1;
    else
```

```
    if(表达式 3)          语句 2;
    else                  语句 3;
```

若想实现第 1 个 if 与第 1 个 else 配对，可以使用花括号"{}"来改变 if 与 else 之间的配对关系，例如：

```
if(表达式 1)
    {   if(表达式 2)      语句 1;  }
else
    if(表达式 3)          语句 2;
    else                  语句 3;
```

由于花括号"{}"括起来的是一条复合语句，因此限定了第 2 个 if 语句的范围，使第 2 个 if 语句变成第 1 个 if 语句的真语句了，这样，与第 1 个 else 最近的 if 就变成了第 1 个 if 了，因此，第 1 个 else 与第 1 个 if 配对。

【例 2-24】　写出第 1 单元例 1-10 的程序，即输入三个整数 a、b、c，输出最大数。

流程图见第 1 单元图 1-22 所示。

编写程序如下：

```
# include <stdio.h>
main()
{
    int a,b,c;
    printf("a,b,c=");
    scanf("%d%d%d",&a,&b,&c);
    if (a>b)
        if (a>c)
            printf("%d\n",a);
        else printf("%d\n",c);
    else if (b>c)
            printf("%d\n",b);
        else printf("%d\n",c);
}
```

程序运行过程分析如下：第 2 个 if 语句是第 1 个 if 语句的语句 1，第 3 个 if 语句是第 1 个 if 语句的语句 2，也就是第 1 个 if 语句内嵌了第 2 个和第 3 个 if 语句。

根据输入数值的不同，程序运行的流程和结果也不同。

① 从键盘输入数值 18、37、24 分别赋给变量 a、b、c，if 嵌套的执行过程则是先执行第 1 个 if 语句，条件"a>b"不成立执行第 2 个 else 处的第 3 个 if 语句，条件"b>c"成立，输出 b 的值 37。

② 从键盘输入数值 35、28、59 分别赋给变量 a、b、c，if 嵌套的执行过程则是先执行第 1 个 if 语句，条件"a>b"成立执行第 2 个 if 语句，条件"a>c"不成立执行第 1 个 else，输出 c 的值 59。

该程序第一种情况运行结果如图 2-36 所示。

图 2-36 例 2-24 程序运行结果

【例 2-25】 输入一个整数 x，按下列情况求 y 并输出。

$$y = \begin{cases} -1 & x < 0 \\ 0 & x = 0 \\ 1 & x > 0 \end{cases}$$

方法 1：先判断 x<0 条件表达式的真假，再判断 x=0 条件表达式的真假，流程图如图 2-37 所示。

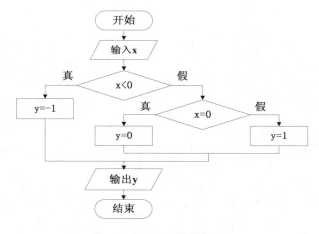

图 2-37 例 2-25 的流程图 1

程序如下：

```c
# include <stdio.h>
main()
{    int x,y;
    printf("x=");        scanf("%d",&x);
    if (x<0)
        y=-1;
    else if (x==0)
            y=0;
        else y=1;
    printf("y=%d\n",y);
}
```

方法 2：先判断是否为后两种情况，再判断是第二种还是第三种情况，流程图如图 2-38 所示。

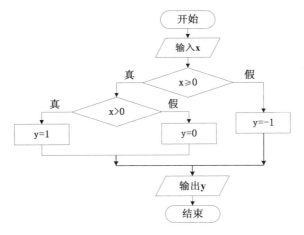

图 2-38　例 2-25 的流程图 2

程序如下：

```
# include <stdio.h>
main()
{    int x,y;
     printf("x=");          scanf("%d",&x);
     if (x>=0)
          if (x>0)
               y=1;
          else y=0;
     else y=-1;
     printf("y=%d\n",y);
}
```

从上面例子可以看出，针对同一问题可以用不同的思路和方法加以解决，其结果完全一样，充分体现了 C 语言程序设计的灵活性。

程序运行结果如图 2-39 所示。

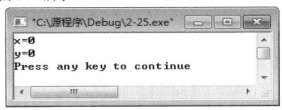

图 2-39　例 2-25 程序运行结果

【例 2-26】　试分析如下程序，解决 else 与 if 的配对问题。

```
# include <stdio.h>
main()
```

```
{    int x;
    printf("x=");         scanf("%d",&x);
    if (x>5)
        if (x>10)
            printf("$$$$\n");
    else printf("????\n");
}
```

程序运行过程分析：根据 if 和 else 配对关系，分析程序得出 else 与第 2 个 if 配对，第 1 个 if 没有与之对应的 else。

程序运行结果如图 2-40 所示。

如果一定要让 else 与第 1 个 if 配对，只需要添加花括号，把第 2 个 if 用一对 "{ }" 括起来就能实现，则将上面程序修改如下：

图 2-40　例 2-26 程序 1 运行结果

```
# include <stdio.h>
main()
{    int x;
    printf("x=");         scanf("%d",&x);
    if (x>5)
        {if (x>10)
            printf("$$$$\n");
        }
    else printf("????\n");
}
```

程序运行过程分析：程序中用一对 "{ }" 括起来是复合语句，在语法上是一条语句，则第 2 个 if 整体作为第 1 个 if 语句的左半支，else 只能与第 1 个 if 配对作为其右半支。

程序运行结果如图 2-41 所示。

图 2-41　例 2-26 程序 2 运行结果

2.3.2　条件运算表达式

在 if 语句中，当无论判断表达式为真或假时都只是执行一个赋值语句为同一个变量赋值，那么可以使用简单的条件运算表达式加以解决，使程序设计变得更为简洁。例如有如下 if 语句：

```
if(x>y)
    max=x;
```

```
else
    max=y;
```

就可以用下面的条件运算表达式来处理：

```
max=(x>y)?x:y;
```

上面的"(x>y)?x:y"就是一个条件运算表达式，其中的"?:"是条件运算符，具体的执行过程是判断条件"x>y"的真、假值，如果为真，则将变量 x 的值赋给 max，若为假，则将变量 y 的值赋给 max。

1. 条件运算表达式

条件运算符"?:"是 C 语言中唯一的一个三目运算符，优先级为 13 级，具右结合性。条件运算表达式的一般形式为

```
表达式 1?表达式 2:表达式 3
```

其中的表达式 1、表示式 2、表达式 3 可以是任意合法的表达式。

2. 条件运算表达式执行流程

条件运算表达式执行流程如图 2-42 所示。

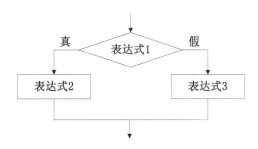

图 2-42　条件运算表达式执行流程

条件运算表达式执行过程：先求解表达式 1 的值，判断其真、假值，若表达式 1 的值为真，则求解表达式 2，此时表达式 2 的值就是整个条件运算表达式的值；若表达式 1 的值为假，则求解表达式 3，此时表达式 3 的值就是整个条件运算表达式的值。

【**例 2-27**】　使用条件运算表达式改写 2.2.3 节中例 2-20，输入一个字母，若为小写字母，改为大写字母。改写程序如下：

```
# include <stdio.h>
main()
{   char ch;
    printf("ch=");
    scanf("%c",&ch);
    ch=(ch>='a' && ch<='z')?ch-32:ch;
    printf("%c\n",ch);
}
```

程序运行过程分析：语句"ch=(ch>='a' && ch<='z')?ch-32:ch;"功能为，如果条件"ch>='a' && ch<='z'"成立，则执行表达式"ch-32"并将其赋值给 ch，也就是说，若 ch 为小写字母，

执行 ch-32 转换为相应的大写字母再赋值给变量 ch；若条件不成立，则执行表达式 ch 并将其赋值给 ch，也就是说若 ch 不是小写字母，则直接将表达式 ch 的值赋值给变量 ch，即变量 ch 值不变。

程序运行结果如图 2-43 所示。

图 2-43　例 2-27 程序运行结果

习　　题

1. 选择题

(1) 设有定义 int a=3，b，执行语句 b=a>3?2：1;后变量 b 的值为_____。

　　A. 0　　　　　　　　B. 1　　　　　　　　C. 2　　　　　　　　D. 3

(2) 执行以下程序后 x 的值是_____。

```
int a=2,b=5,c=3,d=2,x;
if(a%3>b)
        if(c>d)
            if(b<d)   x=++b;
            else   x=++d;
        else   x=--c;
    else   x=++b;
```

　　A. 6　　　　　　　　B. 3　　　　　　　　C. 2　　　　　　　　D. 7

(3) 以下程序运行后，若输入 5　5<回车>，则程序的输出结果是_____。

```
# include <stdio.h>
main()
{   int a,b;
    scanf("%d%d",&a,&b);
    if(a>6)
        if(a<10)   a++;
        else   a--;
    if(b>6)
        { if(b<10)   b++;}
    else   b--;
    printf("%d，%d\n",a,b);
}
```

　　A. 5，6　　　　　　B. 5，5　　　　　　C. 6，5　　　　　　D. 5，4

2. 程序运行结果

(1) # include <stdio.h>

```
    main()
    {    int a=5,b=4,c=3,d=2;
        if(a>b>c)
            printf("%d\n",d);
        else
            if((c-1>=d)==1)
                printf("%d\n",d+1);
            else
                printf("%d\n",d+2);
    }
```

(2) # include <stdio.h>

```
    main()
    {    int a,b,c,x;
        a=b=c=0;
        x=35;
        if(!a) x--;
        else    if(b);
        if(c)    x=3;
        else    x=4;
        printf("%d\n",x);
    }
```

3. 根据图 4-44 所示流程图编写程序

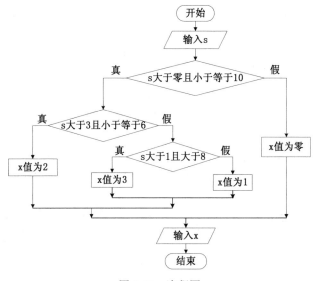

图 4-44　流程图

4. 程序填空

从键盘输入一个字符：若为大写字母，则输出"A"，若为小写，则输出"a"，若为数字符号，则输出"0"。

```
#include <stdio.h>
main()
{    char c;
     scanf("%c"，&c);
     if(_____)
          printf("A\n");
     else       if(_____)
                     printf("a\n");
               else       if(_____)
                              printf("0\n");
}
```

5. 编写程序

从键盘输入学习成绩(score)，成绩≥80 分的输出优良，60≤score≤79 分的输出及格，60 分以下的输出不及格。

2.4 switch 开关语句

2.4.1 switch 语句格式与运行过程

1. if 语句与 switch 语句的比较

前面学习的 if 语句常常用来解决分支问题，但 if 语句只有两个分支可供选择，要想实现多个分支的选择，则需要用 if 语句的嵌套来解决多个分支的选择。若分支越多，嵌套的 if 语句层次也就越多，加大了程序的复杂度和可读性。因此，C 语言提供了 switch 语句，能便捷地处理和实现多分支的选择结构问题。从下面的这个例子就能清晰地反映出 if 语句和 switch 语句在多分支选择问题上是怎样处理的。

【例 2-28】 输入一个整数 week(0～6)，代表星期天、星期一、……、星期六，按 week 的值输出相应的星期几。

用 if 语句嵌套形式编写的程序如下：

```
# include <stdio.h>
main()
{    int week;
     printf("week=");
     scanf("%d",&week);
     if (week==0)
          printf("星期天");
     else if (week==1)
```

```
                printf("星期一");
        else if (week==2)
                printf("星期二");
        else if (week==3)
                printf("星期三");
                else if (week==4)
                        printf("星期四");
                        else if (week==5)
                                printf("星期五");
                                else if (week==6)
                                        printf("星期六");
                                        else printf("输入错误");
}
```

从上面程序看出，变量 week 的值为 0～6 七种情况，再加上输入错误值共有八种情况，这样的选择结构称为多路分支。使用 if 语句来实现这个程序较长且嵌套过多，结构不够清晰。如果改用 switch 语句来实现多路分支会简单得多，程序可改写如下：

```
# include <stdio.h>
main()
{    int week;
    printf("week=");
    scanf("%d",&week);
    switch (week)
        {
                case   0: printf("星期天"); break;
                case   1: printf("星期一"); break;
                case   2: printf("星期二"); break;
                case   3: printf("星期三"); break;
                case   4: printf("星期四"); break;
                case   5: printf("星期五"); break;
                case   6: printf("星期六"); break;
                default :printf("输入错误");
        }
    printf("\n");
}
```

用 switch 语句编写的这个程序在作用和执行过程上完全与 if 语句编写的程序一样，但八种情况一目了然。

程序运行结果如图 2-45 所示。

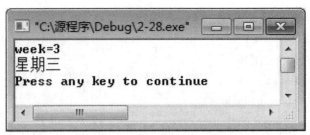

图 2-45　例 2-28 程序运行结果

2. switch 语句的格式

switch 语句能便捷地解决多分支的选择问题。其一般格式如下：

```
switch (表达式)
{   case   常量表达式 1: 语句 1;
    case   常量表达式 2: 语句 2;
    case   常量表达式 3: 语句 3;
    …
    case   常量表达式 n: 语句 n;
    default: 语句 n+1;
}
```

格式中需要注意的是：

(1) switch 后的括号中表达式应为序数类型表达式，如整型、字符型等，不允许为实型表达式。

(2) case 后必须为常量表达式。

(3) case 与各个常量表达式之间至少有一个空格或【Tab】键。

(4) case 后的各个常量表达式的值不能相同，否则会出现错误。

(5) 在 case 后允许有多个语句，可以不用一对 "{ }" 括起来。

(6) default 子句可以省略不写。

(7) 各 case 和 default 子句的先后顺序可以变动。

(8) 可以让多个 case 共用一组执行语句。

(9) 往往需要在 case 后的语句中使用 break 语句来实现多分支结构。

switch 语句的执行过程为：首先计算 switch 后括号内表达式的值，然后自上而下依次与 case 后的常量表达式的值进行匹配，若与某个 case 后的常量表达式值相匹配，则选择该处开始依次执行后续所有语句；若不存在匹配的常量表达式，则选择 default 处开始依次执行后续所有语句，若无 default，则直接结束 switch 语句。

【例 2-29】　试分析以下程序执行过程。

```
# include <stdio.h>
main()
{   int a=2;
    switch(a+1)
    {   case   2: printf("一");
```

```
        case    5: printf("二");
        case    3: printf("三");
        case    6: printf("四");
        case    1:
        case    4: printf("五");
        default : printf("六");
        }
    printf("\n");
}
```

由于 a 值为 2，表达式"a+1"值为 3，与"case　3"的常量表达式"3"匹配，因此
从此处依次开始执行"printf("三");"、"printf("四");"、"printf("五");"、"printf("六");"，
至此 switch 语句执行结束，输出换行程序结束。

程序运行结果如图 2-46 所示。

图 2-46　例 2-29 程序 1 运行结果

由以上程序可见，该 switch 语句并未实现多分支结构。若需要实现多分支结构，在 switch
语句中应使用 break 语句来实现跳出 switch 语句，终止 switch 语句的执行。将上程序改写
如下：

```
# include <stdio.h>
main()
{    int a=2;
    switch(a+1)
    {    case    2: printf("一"); break;
        case    5: printf("二"); break;
        case    3: printf("三"); break;
        case    6: printf("四"); break;
        case    1:
        case    4: printf("五"); break;
        default :printf("六");
        }
    printf("\n");
}
```

同样是表达式"a+1"值 3 与"case　3"的常量表达式值 3 匹配，因此从此处依次开
始执行"printf("三");"，但由于随后为"break;"语句，将 switch 语句提前终止，因此不
会输出后续的"四"、"五"、"六"。

程序运行结果如图 2-47 所示。

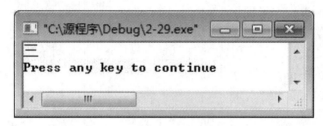

图 2-47　例 2-29 程序 2 运行结果

2.4.2　switch 语句应用举例

【例 2-30】　编写程序输入一个任意 "+"、"-"、"*"、"/" 算术式，输出其结果。例如输入 "13+25"，程序输出结果 "=38"，输入 "10.5/2"，输出结果 "=5.25"。

算术式可分解成三个部分，数 1、运算符、数 2，分别定义变量 x 表示第一个数、变量 op 表示运算符、变量 y 表示第二个数；变量 z 代表算术式结果。根据 op 的值为 '+' 或 '-' 或 '*' 或 '/' 来决定 z 的计算方法。

程序如下：

```c
# include <stdio.h>
main()
{    float x,y,z;
     char op;
     printf("x op y=");
     scanf("%f%c%f",&x,&op,&y);
     switch (op)
     {
         case   '+': z=x+y; break;
         case   '-': z=x-y; break;
         case   '*': z=x*y; break;
         case   '/': z=x/y; break;
         default: printf("输入错误\n");
     }
     printf("=%6.2f\n",z);
}
```

程序运行结果如图 2-48 所示。

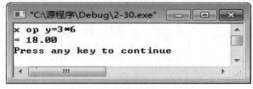

图 2-48　例 2-30 程序运行结果

【例 2-31】　编写程序输入某年某月，输出该年月有多少天。

一年中 1、3、5、7、8、10、12 七个月份是大月，31 天；4、6、9、11 四个月份是小月，30 天；2 月份是平月，如果是闰年，为 29 天，否则为 28 天。定义变量 year、month 分别表示年、月，变量 days 表示该年月的天数。根据 month 的值决定 days 的值，但在 month 的值为 2 时需要根据 year 判断闰年与否来决定 days 的值为 28 或 29。

程序如下：

```c
# include <stdio.h>
main()
{    int year,month,days;
     printf("year,month=");
     scanf("%d,%d",&year,&month);
     switch (month)
     {    case   1:   case   3:   case   5:
          case   7:   case   8:   case   10:
          case   12:    days=31;break;
          case   4:   case   6:   case   9:
          case   11:    days=30;break;
          case   2:   if (year % 400==0 || year % 4==0 && year % 100!=0)
                              days=29;
                       else    days=28;
                       break;
     }
     printf("days=%d\n",days);
}
```

程序运行结果如图 2-49 所示。

图 2-49　例 2-31 程序运行结果

【例 2-32】　输入一个分数 x(0～100)，按下列情况输出其属于哪个级别。

　　　x≥90　　　　　优秀
　　　80≤x<90　　　良好
　　　70≤x<80　　　中等
　　　60≤x<70　　　及格
　　　x<60　　　　　不及格

由于 x 是 0～100 的分数值，若代码写为"switch(x)…"，则需要在随后的 case 中列举出

x 的所有可能性，即写出 101 个 "case…"，这显然是不现实的。因此需要进行相应的处理，观察 x 的级别范围是有规律的，因此将 switch 后的括号中表达式描述为 "x/10"，这样只需在随后的 case 中列举出 10、9、8、7、6 及其他这六种情况。

程序如下：

```
# include <stdio.h>
main()
{    int x;
     printf("x=");
     scanf("%d",&x);
     switch (x/10)
     {    case   10:
          case    9:    printf("优秀\n");    break;
          case    8:    printf("良好\n ");    break;
          case    7:    printf("中等\n ");    break;
          case    6:    printf("及格\n ");    break;
          default:       printf("不及格\n "); break;
     }
}
```

程序运行结果如图 2-50 所示。

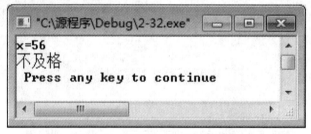

图 2-50　例 2-32 程序运行结果

习　　题

1. 选择题

(1) 下列程序段的输出结果是_____。

```
int n='c';
switch(n++)
{    default: printf("error");break;
     case 'a': case 'A': case 'b': case 'B':printf("good");break;
     case 'c': case 'C':printf("pass");
     case 'd': case 'D':printf("warn");
}
```

　　　A. error　　　　　　　B. warn　　　　　　C. pass　　　　　　D. passwarn

(2) 若有定义：float w; int a,b;，则合法的 switch 语句是_____。

　　A. switch(w)　　　　　　　　　　　　B. switch(a)

　　　{ case　1.0:　printf("*\n");　　　　{ case 1　printf("*\n");

　　　　case　2.0:　printf("** \n");　　　　　case 2　printf("**\n");

　　　}　　　　　　　　　　　　　　　　}

　　C. switch(b)　　　　　　　　　　　　D. switch(a+b) ;

　　　{ case 1:　　printf("*\n");　　　　{ case 1: printf("*\n");

　　　default:　printf("\n ");　　　　　　case 2: printf("**\n");

　　　case 1+2: printf("** \n");　　　　　default: print f("\n");

　　　}　　　　　　　　　　　　　　　　}

2. 程序运行结果

(1) # include <stdio.h>

```
    main()
    {    int k=2;
        switch(k)
        {    case 1: k++;
            case 2: k++;
            case 3: k++;
            case 4: k++;break;
            default: printf("Full!\n");
        }
        printf("%d\n",k);
    }
```

(2) # include <stdio.h>

```
    main( )
    {    int a=1,b=6,c=4,d=2;
        switch(a++)
        {    case 1:c++;d++;
            case 2:    switch(++b)
                        {    case 7:c++;
                            case 8:d++;
                        }
            case 3: c++;d++;break;
            case 4:c++;d++;
        }
        printf("%d,%d\n",c,d);
    }
```

3. 程序填空

有以下程序，程序运行后的输出结果是 a=2,b=1。

```
# include <stdio.h>
main()
{    int x=1,a=0,b =0;
     switch(x)
     {    case 0:b++;
          case 1:a++;
          case 2: _____
     }
     printf("a=%d,b=%d\n",a,b);
}
```

4. 编写程序

银行对整存整取存款实行不同期限的储蓄利率，根据存款期限，银行将提供不同的储蓄利率。编写程序，由用户存入的本金和存款期限计算输出到期时的利息及利息与本金的总和。假定目前整存整取的年利率为：一年：3.03%；二年：3.43%；三年：4.70%；五年：5.00%。

单 元 小 结

本章具体介绍了 C 语句和标准输入、输出函数的功能、格式及应用，以及字符输入输出函数功能、格式及应用，另介绍了关系运算符、逻辑运算符和条件运算符的功能及应用，最后详细介绍了选择结构语句的各种用法。

单 元 练 习

1. 写出以下程序的运行结果

```
(1) # include <stdio.h>
    main()
    {    int a=1,b=3,c=5;
         if (c=a+b) printf("yes\n");
         else      printf("no\n");
    }
(2) # include <stdio.h>
    main()
    {    int p,a=5;
```

```
        if(p=a!=0)
            printf("%d\n",p);
        else
            printf("%d\n",p+2);
    }
```

(3) 若从键盘输入 38<回车>，则以下程序输出的结果是＿＿＿。

```
# include <stdio.h>
main()
{   int a;
    scanf("%d",&a);
    if(a>50) printf("%d",a);
    if(a>40) printf("%d ",++a);
    else     printf("%d ",a--);
    if(a>30) printf("%d ",a++);
    printf("%d ",a);
}
```

(4)
```
# include <stdio.h>
main()
{   int a=16,b=21,m=0;
    switch(a%3)
    {   case 0:   m++;break;
        case 1:   m++;
                  switch(b%2)
                  {   default:m++;
                      case 0:m++;break;
                  }
    }
    printf("%d\n",m);
}
```

(5) 有以下程序，程序运行后输入 2<回车>，程序的输出结果是＿＿＿。

```
#include<stdio.h>
main()
{   int c;
    c=getchar();
    switch(c-'2')
    {   case 0:
        case 1:putchar(c+4);
        case 2:putchar(c+4);break;
        case 3:putchar(c+3);
```

```
        case 4:putchar(c+2);break;
        }
    }
```

2. **程序填空**

(1) 随机产生一个 3 位正整数，判断该数是否是水仙花数。所谓水仙花数，是该数据各位数字的立方之和等于该正整数。

```
# include <stdio.h>
main()
{   int num,bai,shi,ge,sum;
    _____;
    printf("%d\n",num);
    ge=num%10;
    _____;
    bai=num/100;
    if(_____)printf("%d 水仙花数.\n",num);
    else printf("%d 不是水仙花数.\n",num);
}
```

(2) 输入 x 值，根据下式计算出相应的 y 值。若 x 小于 0，则 y 为 0；若 x 为-1，则 y 为 0；若 x 为 0，则 y 为 0。请填空使程序完整。

$$y = \begin{cases} 0 & x < 0 \\ 1 & x = 0 \\ 2 & x = 1 \\ 0.5x + 10 & x = 2,3 \\ 5 & x > 3 \end{cases}$$

```
# include <stdio.h>
main()
{   int x,c,m;
    float y;
    scanf("%d",&x);
    if(_____) c=-1;
    else c=_____;
    switch(c)
    {   case -1:y=0;break;
        case 0:y=1;break;
        case 1:y=2;break;
        _____  y=0.5*x+10;break;
        default:y=5;
```

```
            }
                printf("y=%f",y);
        }
```

3. 编写程序

(1) 输入一个华氏温度，要求输出摄氏温度。公式为：C=5/9(F-32)。输出摄氏温度，取 2 位小数。

(2) 编程判断输入的正整数是否既是 5 的正倍数又是 7 的正倍数。若是，则输出"yes"，否则输出"no"。

(3) 有一分段函数：

$$y = \begin{cases} \sqrt{x} & x < 1 \\ x^3 & 1 \le x < 10 \\ \dfrac{1}{3x-10} & x \ge 10 \end{cases}$$

输入 x 值，求出 y 值并输出。

(4) 供电公司阶梯收取电费，对每月电费在 100 度以下的普通客户每度电收 0.5 元；超过 100 度低于 300 度，超过部分每度收 0.8 元；超过 300 度，超过部分每度收 1.2 元。编写程序输入客户的用电度数，求应收电费的金额。

(5) 幼儿园中小朋友 1～2 岁上小班，3～4 岁上中班，5～6 岁上大班。输入一个小朋友的年龄，输出应编入什么班。

(6) 运输公司对用户计算运费，路程(s)越远，每公里运费就越低。标准如下：

s ＜ 250 km	没有折扣
250 ≤ s ＜ 500 km	2％折扣
500 ≤ s ＜1000 km	5％折扣
1000≤ s ＜2000 km	8％折扣
2000≤ s ＜3000 km	10％折扣
3000 ≤ s	15％折扣

设每公里每吨货物的基本运费为 p，货物重量为 w，距离为 s，折扣为 d，则总的运费 f 为：f=p*w*s*(1-d)。

第 3 单元　循环结构程序设计

单元描述

　　循环结构是结构化程序三种基本结构之一，是 C 程序中非常重要的结构，几乎所有的实用程序中都包含循环结构，应该牢固掌握。在不少实际问题中有许多具有规律性的重复操作，循环能够在程序中自动地重复执行实现这些操作的语句。

　　在 C 语言中，构成循环结构的形式有 4 种：while、do…while、for 语句以及由 if 和 goto 语句组合的结构。其中，由于 if 和 goto 语句组合而成的循环结构不符合结构化程序设计的原则，故一般不使用。本单元介绍前三种循环语句 while、do…while、for 及循环中常用的两种辅助控制语句 break、continue，学习如何实现循环结构程序设计。

学习目标

　　通过本单元学习，你将能够
　　● 掌握循环的概念及实现机理
　　● 熟练掌握 while、do…while、for 语句的语法、执行过程及它们实现循环的方法，以及 break、continue 语句在循环中的辅助控制作用
　　● 学会使用循环结构进行程序设计

3.1　用 while 语句实现固定次数的循环结构程序设计

3.1.1　while 语句格式与运行流程

　　在 1.2 节中读者已经学习了循环结构算法，对循环结构有初步的了解。循环结构能够使某些语句自动地重复执行，从而减少源程序重复书写的工作量，是程序设计中最能发挥计算机特长的程序结构。

　　while 语句是实现循环结构的常用语句之一，常用于实现"当型"循环。

　　1. while 语句格式

　　while 循环语句具有下列一般格式：

```
while(表达式)
    循环体语句
```

格式中需要注意的是：

(1) while 是 C 语言的关键字，必须小写。

(2) 括号中的表达式可以是任意合法的表达式，但一般为控制循环执行的条件。

(3) 循环体语句构成循环体，只能是一条语句，多数情况是一个复合语句。

2. while 语句执行流程

while 语句执行流程如图 3-1 所示。

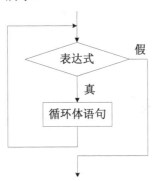

图 3-1　while 语句执行流程图

while 语句的执行过程如下：

(1) 计算表达式的值。若表达式的值"非 0"，即"真"，则转步骤(2)执行；若表达式的值为"0"，即"假"，则转步骤(4)。

(2) 执行循环体语句。

(3) 转步骤(1)。

(4) 结束循环，执行 while 之后的语句。

请注意，设计循环结构程序时，务必要让循环体执行若干次后能够结束循环，以避免出现死循环。所谓死循环是指由于循环控制不当，循环条件永为"真"，使得循环不能结束。在程序执行过程中若出现了死循环现象，可以通过按【Ctrl】+【C】组合键的方法中断程序的执行。

【例 3-1】　试分析以下程序，写出程序的执行结果。

```c
# include <stdio.h>
main()
{    int x=2,y=5,z=0;
     while(x<y)
     {    x=x+3;
          y++;
          z++;
     }
     printf("%d\n",z);
}
```

程序运行过程分析如下：

(1) 循环前初始化赋值：x 赋值为 2，y 赋值为 5，z 赋值为 0。

(2) 执行 while 语句：

① 第 1 次判断循环条件，x 为 2，y 为 5，循环表达式 x<y 为真，符合循环条件，执行循环体。x+3 赋值给 x 值为 5，y 自增 1 为 6，z 自增 1 为 1。

② 第 2 次判断循环条件，x 为 5，y 为 6，循环表达式 x<y 为真，符合循环条件，执行循环体。x+3 赋值给 x 值为 8，y 自增 1 为 7，z 自增 1 为 2。

③ 第 3 次判断循环条件，x 为 8，y 为 7，循环表达式 x<y 为假，不符合循环条件，结束循环。

(3) 执行 while 语句的下一条语句，即输出 z 值，输出 2。结束程序。

程序运行结果如图 3-2 所示。

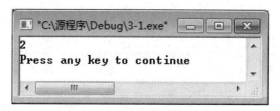

图 3-2　例 3-1 程序运行结果

3.1.2　用 while 语句实现固定次数循环

1. 应用举例

【例 3-2】　求 s = 1+2+3+4+…+100。

该例的算法已在 1.2.3 中介绍过，并画出图 1-21 的流程图。但图 1-21 中判断框在循环体之后，无法依据图 1-21 用 while 直接写出相应程序，需要将图 1-21 进行相应修改，将判断框提前，见图 3-3。

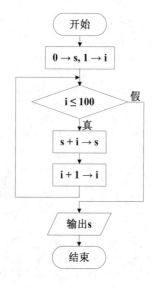

图 3-3　例 3-2 流程图

按照图 3-3 用 while 语句编写程序如下：

```
# include <stdio.h>
main()
{    int s,i;
     s=0;    i=1;
     while (i<=100)
{      s=s+i;
       i++;    /* 也可写 i=i+1; */
}
     printf("s=%d\n",s);
}
```

程序运行结果如图 3-4 所示。

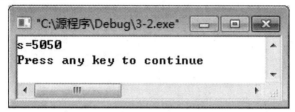

图 3-4　例 3-2 程序运行结果

程序运行过程分析如下：

i 值	s 值	解释
	0	执行 s=0，s 被赋值为 0；
1	1	执行 i=1，i 值为 1，再执行 while 语句，循环条件 i<=100 为真，执行第 1 次循环，s=s+i，s 值为 1；
2	3	执行 i++，i 值为 2，循环条件 i<=100 为真，执行第 2 次循环，s=s+i，s 值为 3；
3	6	执行 i++，i 值为 3，循环条件 i<=100 为真，执行第 3 次循环，s=s+i，s 值为 6；
4	10	执行 i++，i 值为 4，循环条件 i<=100 为真，执行第 4 次循环，s=s+i，s 值为 10；
…	…	…
100	5050	执行 i++，i 值为 100，循环条件 i<=100 为真，执行第 100 次循环，s=s+i，s 值为 5050；
101		执行 i++，i 值为 101，循环条件 i<=100 为假，结束循环，执行 while 语句的下一条语句，屏幕输出 s=5050。

【例 3-3】　输入 6 人某门课程的成绩，求平均分。

该例的算法描述见图 3-5 的流程图。

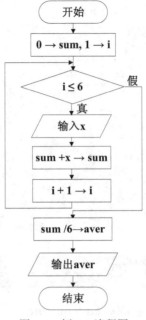

图 3-5 例 3-3 流程图

按照图 3-5 编写程序如下：

```c
# include <stdio.h>
main()
{    float x,sum,aver;
     int i;
     sum=0;     i=1;
     while (i<=6)
     {    printf("x=");     scanf("%f",&x);
          sum=sum+x;
          i++;
     }
     aver=sum/6;
     printf("aver=%5.2f\n",aver);
}
```

程序运行结果如图 3-6 所示。

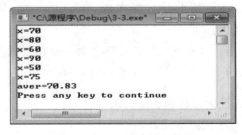

图 3-6 例 3-3 程序运行结果

【**例 3-4**】　输入 5 个数，求其中最大数的数值。

找最大值的算法可以使用"打擂台"的方式。将输入的第一个数作擂主(max)，余下的其他数依次作为挑战者(x)向擂主挑战，擂主与挑战者之间要进行 4 次较量，若挑战者胜利，则成为新任擂主。需要重复 4 次执行的是：输入 x 值作为挑战者去打擂；若 x>max 即挑战者胜利，则 max=x 即挑战者成为新擂主。这样经过 4 次较量之后的擂主就是这 5 个数中的最大值。

该例的算法描述见图 3-7 的流程图。

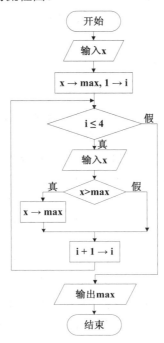

图 3-7　例 3-4 流程图

按照图 3-7 编写程序如下：

```c
# include <stdio.h>
main()
{    int x,max,i;
     printf("x=");    scanf("%d",&x);
     max=x;
     i=1;
     while (i<=4)
     {    printf("x=");    scanf("%d",&x);
          if (x>max)    max=x;
          i++;
     }
     printf("max=%d\n",max);
}
```

程序运行结果如图 3-8 所示。

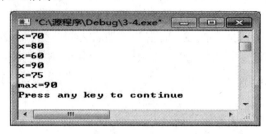

图 3-8　例 3-4 程序运行结果

程序运行过程分析如下：

i 值	x 值	max 值	解释
	70	70	首先输出 "x="，输入 70 给 x，执行 max=x，max 值为 70；
1	80	80	执行 i=1，i 值为 1，再执行 while 语句，循环条件 i<=4 为真，执行第 1 次循环，输出 "x="，再输入 80 给 x，if 条件 x>max 为真，则执行 max=x，max 值为 80；
2	60	80	i++，i 值为 2，循环条件 i<=4 为真，执行第 2 次循环，输入 60 给 x，if 条件 x>max 为假，　max 不变，依然为 80；
3	90	90	i++，i 值为 3，循环条件 i<=4 为真，执行第 3 次循环，输入 90 给 x，if 条件 x>max 为真，执行 max=x，max 值为 90；
4	75	90	i++，i 值为 4，循环条件 i<=4 为真，执行第 4 次循环，输入 75 给 x，if 条件 x>max 为假，　max 不变，依然为 90；
5			i++，i 值为 5，循环条件 i<=4 为假，结束循环，执行 while 语句后面的语句，屏幕输出 max=90

2. 循环编程小技巧

1) 循环三构件

无论一个循环结构有多复杂，都可从以下三个方面来构成：

(1) 初始状态：所有参与循环的变量在循环之前都必须有一个确定的初始值，以便第一次循环时能够正确执行循环体。

(2) 循环条件：循环条件控制循环继续执行与否。当循环条件满足时，循环继续；否则循环终止。若问题的叙述中给出的是循环终止的条件，只需要将该条件取反即可得到循环条件。

(3) 循环体：每次循环要重复执行的语句。由于循环是使得某些操作自动地反复执行，因此这些需要反复执行的操作要在循环体中体现出来。另外，循环体中往往还包含控制循环起止的变量(也称为循环控制变量或循环变量)的变化语句，如前面 3 个例子中的 "i++"。

如例 3-2 中的三构件如下：

(1) 初始状态：

s=0：尚未开始求和，和 s 应该为 0。

i=1：第一次执行循环时往 s 中加入的数值应该为 1。

(2) 循环条件：

i<=100：加入到 s 中的 i 取值依次为 1、2、3、4、…、100，到了 101 应该终止循环。分析应该继续执行循环的 i 取值 1、2、3、…、100，及应该终止循环的 i 取值 101，可以得到循环条件应为 i<=100。

(3) 循环体：

s=s+i：该循环执行的次数应该为 100 次，则求和也应该执行 100 次，将这 100 次求和描述为：s=0+1、s=(0+1)+2、s=(0+1+2)+3、s=(0+1+2+3)+4、…、s=(0+1+2+3…+99)+100，则不难看出实际上每次执行的都是 s=s+i。

i++：为下一次循环的正确执行做预备工作。若本次循环加入到 s 中的数值为 5，则下一次循环加入到 s 中的数值应为 6，应该增加 1，每一次循环与下一次循环相比 i 的值都应该增加 1。

这就是循环结构的三构件，三构件确定下来，循环语句就能够轻松写出。用 while 语句来实现循环三构件描述的循环结构，其程序如下：

```
初始状态语句
while (循环条件)
{
        循环体语句
}
```

2) 实现固定次数循环的算法

以上 3 个例子具有共同的特征，它们都属于固定次数的循环。控制循环执行 n 次均可以定义变量 i 作为循环次数的计数变量，i 从 1 开始，每循环一次 i 增加 1，直到 i 增加到 n，代表这是第 n 次循环也即最后一次循环，i 再增加 1 变成 n+1，则停止循环。用 while 语句实现固定次数循环的典型算法如下：

```
i=1;
while (i<=n)
{
        循环体语句
        i++;
}
```

后面学习到 for 语句时会发现，使用 for 语句实现固定次数循环更加方便。

3) 累加、累积的算法

连续若干个数据相加通常称之为"累加"，设若干个数据都存放于 x 中，则累加的典型算法如下：

```
s=0;
while (...)
{    ...
     s=s+x;
     ...
}
```

而连续若干个数据相乘通常称之为"累积"，设若干个数据都存放于 x 中，则累积的典型算法如下：

```
s=1;
while (...)
{    ...
     s=s*x;
     ...
}
```

后续将讲到的 do…while、for 语句与 while 语句是相通的，均可以实现这些典型算法，后面再描述典型算法时不再赘述。

习　题

1. 选择题

(1) 有定义 int x=3;，执行语句 while(x>=1)　x-- ; 后，变量 x 的值为_____。

    A. 3　　　　　　B. 0　　　　　　　　C. -1　　　　　　D. 2

(2) 对于以下程序段，其运行输出结果为_____。

    int x=2;

    while (x=1) printf("%2d",x--);

    A. 2　　　　　　　　　　　　　　　B. 2,1

    C. 反复输出 1 的死循环　　　　　　D. 不显示任何内容

(3) 语句 while(!E);中的条件!E 为真等价于_____。

    A. E= =0　　　　B. E!=0　　　　　　C. E!=1　　　　　D. ~E

(4) 下列程序段的循环次数为_____。

    x=10;

    while(x>=0)

    {   printf("*");   x--;   }

    A. 11　　　　　　B. 10　　　　　　　C. 9　　　　　　　D. 0

(5) 若使得下列程序段的循环次数为 10 次，则 while 后括号中下划线处填写内容叙述最准确的是_____。

    int x=10;

    while(_____)

    {   x++;   }

    A. x<=20　　B. x<20　　　　　　C. x<=19　　　　D. B、C 均可

2. 写出以下程序的运行结果

    # include <stdio.h>

    main()

    {   int x=3,y=5;

```
    while(x<y)
    {    x=x+2;
         y--;
    }
    printf("%d,%d\n",x,y);
}
```

3. 程序填空

s=1+2+4+8+16+…，计算前 15 项之和。

```
# include <stdio.h>
main()
{    int i,x,s;
     s=0;      i=1;
     _____
     while (i<=15)
     {    s=s+x;
          i++;
          _____
     }
          printf("%d\n",s);
}
```

4. 根据流程图编写程序

根据图 3-9 所示的流程图编写程序。

5. 编写程序

(1) 编程输出所有的大写字母。

(2) 编程计算 $s=1+\dfrac{1}{2}+\dfrac{1}{3}+\dfrac{1}{4}+\dfrac{1}{5}+...+\dfrac{1}{50}$。

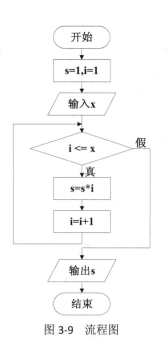

图 3-9　流程图

3.2　用 while 语句实现不固定次数的循环结构程序设计

3.2.1　设定条件的循环结构程序设计

1. 设定条件的循环结构

在上一节中，我们使用 while 语句实现固定次数的循环，但并非所有问题的重复次数都是固定的，不固定次数的循环只要能够描述出循环条件，也可以用 while 语句来实现。应分析问题中描述的条件，若条件是使得循环继续的条件，则在 while 中直接描述该条件即可，若条件是使循环终止的条件，则在 while 中将该条件反过来进行描述。

请分析下例的循环条件。

【例 3-5】 若 2014 年存入银行 10 万元，假设银行定期存款一年期的利率为 4%，到期自动转存，哪一年连本带息能达到 15 万元？

年份	数额(万元)	
2014 年	10	1*10
2015 年	10.4	(1*10)*1.04
2016 年	10.816	((1*10)*1.04)*1.04
…	…	…

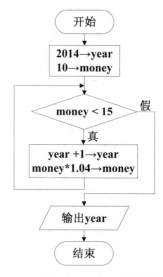

可以看出这是累乘积的形式，可以用循环结构来解决该问题。但是本例中看不出循环的次数，无法使用上节提到的固定循环次数的程序框架。需要求解的是哪一年连本带息能够达到 15 万元，从前面的分析可以看出钱的数值是逐年增长的，按照这个趋势增长，某一年必将达到 15 万元，而达到 15 万元的那一年就是问题的答案，无需再继续重复，也即钱的数值达到 15 万元是循环结束的条件。while 的括号中填写的条件是循环继续的条件，因此循环条件是钱的数值尚未达到 15 万元。算法描述见图 3-10 的流程图。

图 3-10　例 3-5 流程图

按照图 3-10 编写程序如下：

```c
# include <stdio.h>
main()
{    int year;
    float money;
    year=2014;
    money=10;
    while (money<15)
    {    year++;
        money=money*1.04;
    }
    printf("year=%d,money=%f\n",year,money);
}
```

程序运行结果如图 3-11 所示。

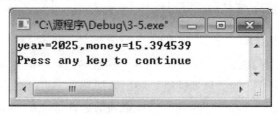

图 3-11　例 3-5 程序运行结果

2. 应用举例

【例 3-6】 输入 2 个正整数，求它们的最大公约数。

求最大公约数的方法很多，程序设计中最常用的方法是辗转相除法。其求解过程可以描述如下(设 2 个正整数为 m、n 且 m≥n)：

(1) 求 m 除以 n 的余数 r；

(2) 若 r≠0，则辗转一次即 n→m、r→n，再转(1)；否则转(3)；

(3) n 即为最大公约数。

例如，m 为 105，n 为 75，则：

m 值	n 值	r 值	解释
105	75	30	求出余数 r 为 30，不为 0，则辗转
75	30	15	辗转后 m 为 75，n 为 30，求余数 r 为 15，不为 0 辗转
30	15	0	辗转后 m 为 30，n 为 15，求余数 r 为 0，此时 n 值 15 即为最大公约数

该循环的循环条件为 r≠0，算法描述见图 3-12 的流程图。

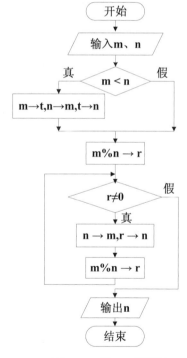

图 3-12 例 3-6 流程图

按照图 3-12 编写程序如下：

```c
# include <stdio.h>
main()
{    int m,n,r,t;
     scanf("%d,%d",&m,&n);
     if(m<n)
```

```
{   t=m;   m=n;   n=t;
}
r=m%n;
while(r!=0)
{   m=n;
    n=r;
    r=m%n;
}
printf("最大公约数为：%d\n",n);
}
```

程序运行结果如图 3-13 所示。

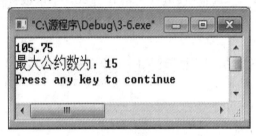

图 3-13 例 3-6 程序运行结果

【例 3-7】 输入一个正整数 x，求 x 的各位数之和 s。例如输入 x 是 1234，各位之和 s 是 10；输入 x 是 32 764，各位之和 s 是 22。

算法是将 x 从其右侧开始依次一位一位加到 s 中。即将 x 的个位加入 s 中，然后将 x 的个位去除，再将新的个位加入 s 中，然后把新的个位去除，直到 x 变为 0 停止，其过程举例如下：

x 值	s 值	解释
1234	0	输入 1234 给 x，s 初始值为 0；
123	4	将 x 的个位数 4 加入 s，s 为 4，去除 x 的个位，x 为 123；
12	7	将 x 的个位数 3 加入 s，s 为 7，去除 x 的个位，x 为 12；
1	9	将 x 的个位数 2 加入 s，s 为 9，去除 x 的个位，x 为 1；
0	10	将 x 的个位数 1 加入 s，s 为 10，去除 x 的个位，x 为 0，终止循环，输出 s 值

获取 x 个位上的数值可以使用表达式 x % 10，而去除 x 的个位则可以使用表达式 x=x/10。该循环的循环条件为 x≠0，算法描述如图 3-14 所示。

按照图 3-14 编写程序如下：

```
# include <stdio.h>
main()
{   int x,s,t;
    scanf("%d",&x);
    s=0;
```

```
    while(x!=0)
    {    t=x%10;
         s=s+t;
         x=x/10;
    }
    printf("各位数之和为：%d\n",s);
}
```

程序运行结果如图 3-15 所示。

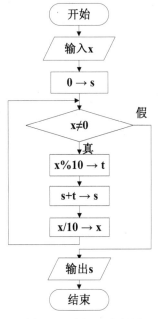

图 3-14　例 3-7 流程图

图 3-15　例 3-7 程序运行结果

3.2.2　结束符的循环结构程序设计

1. 结束符

请分析以下问题的循环条件：

(1) 求一个班某门课程的平均分，成绩录入以−1 结束。

(2) 输入一句话，这句话以字符'.'作为结束标识，统计这个字符串的字符个数。

(3) 将一个字符串中所有大写字母转变为小写字母，该字符串以回车键结束，输出字符串。

以上问题的共同特点为，有一个特定的结束符来结束循环，如(1)中的−1、(2)中的 '.' 及(3)中的回车键 '\n'。因此，此类循环结构的循环条件应为"变量!=结束符"。

2. 应用举例

【例 3-8】　求一个班某门课程的平均分，成绩录入以−1 结束。

本例与例 3-3 相似，所不同的是本例的班级人数未知，预先不知道循环次数。因此以输入−1 作为循环的结束符来控制循环，同时在循环中还要进行班级人数的统计。该例算法描述如图 3-16 所示。

按照图 3-16 编写程序如下：

```
# include <stdio.h>
main()
{    float x,sum,aver;
     int n=0;
     sum=0;
     printf("x=");    scanf("%f",&x);
     while(x!=-1)
   {    sum=sum+x;
        n++;
        printf("x=");    scanf("%f",&x);
   }
     aver=sum/n;
     printf("aver=%5.2f\n",aver);
}
```

程序运行结果如图 3-17 所示。

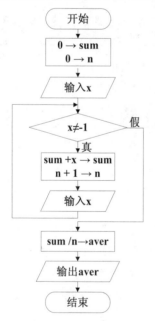

图 3-16　例 3-8 流程图

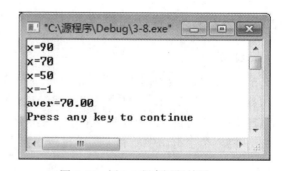

图 3-17　例 3-8 程序运行结果

【例 3-9】　输入一句话，以字符 '.' 作为结束标识，统计该字符串的字符个数。

一句话是由若干个字符构成的，可以定义字符变量 ch 来表示字符串中的每一个字符，如同上例中用变量 x 表示每一个成绩。这样变量 ch 应该反复被输入，每输入一次就计数一次，直至输入的 ch 为 '.' 为止。注意，本例中 '.' 是这句话的结束符，不属于这句话，如同上例中的 –1 作为结束符不属于有效成绩。该例算法描述如图 3-18 所示。

按照图 3-18 编写程序如下：

```
# include <stdio.h>
main()
{    char ch;
     int n=0;
     printf("请输入一句话:\n");
     scanf("%c",&ch);
     while (ch!='.')
     {      n++;
         scanf("%c",&ch); }
     printf("这句话的字符数为：%d\n",n);
}
```

程序运行结果如图 3-19 所示。

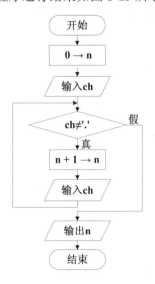

图 3-18　例 3-9 流程图　　　　　　图 3-19　例 3-9 程序运行结果

上例中的两处"scanf("%c",&ch); "均可替换为"ch=getchar(); "。而且 C 语言的语法灵活，while 后的括号内可包含表达式，上面程序还可进一步简化编写如下：

```
# include <stdio.h>
main()
{    char ch;
     int n=0;
     printf("请输入一句话:\n");
     while ((ch=getchar())!='.')
         n++;
     printf("这句话的字符数为：%d\n",n);
}
```

程序中的循环条件为"(ch=getchar())!='.'"，每次判断循环条件时，首先执行括号中的赋值表达式"ch=getchar()"，从键盘缓冲区读入一个字符给 ch，再根据关系表达式"ch!= '.'"的真假决定进入循环与否。

【例 3-10】 将一个字符串中所有大写字母转变为小写字母，字符串以回车键结束，输出转变后的字符串。

更多时候字符串输入的结束是以'\n'来标识的，因此在循环阶段处理字符串最常用的形式为"while ((ch=getchar())!='\n')"。该例算法描述如图 3-20 所示。

按照图 3-20 编写程序如下：

```c
# include <stdio.h>
main()
{
    char ch;
    printf("请输入字符串:\n");
    while ((ch=getchar())!='\n')
    {    if(ch>='A'&&ch<='Z')
                ch=ch+32;
        putchar(ch);
    }
    putchar('\n');
}
```

程序运行结果如图 3-21 所示。

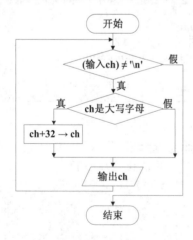

图 3-20 例 3-10 流程图

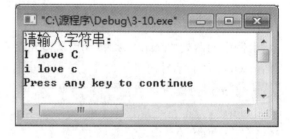

图 3-21 例 3-10 程序运行结果

3. 循环编程小技巧

(1) 不固定次数循环结构的循环条件描述。

仔细分析问题中关于条件的叙述，有时问题中叙述的条件是循环执行的条件，更多时候叙述的是循环终止的条件。前者在 while 后的括号中写出条件的 C 表达式；后者在 while 后的括号中写出与条件相反的 C 表达式，如条件是"直到最后一项小于 10^{-6}"，若每一项由变量 x 表示，则 while 后的括号中填写的表达式为 "x>=1e-6"。

(2) 字符串处理的算法。

在尚未学习数组之前，字符串处理往往使用循环结构将字符串中的每一个字符依次存储在一个字符变量中进行处理，最常用的算法如下：

```
while((ch=getchar())!='\n')
{    ...
}
```

(3) 计数的算法。

在程序设计中经常会遇到需要统计数目，设用变量 n 统计数目，则计数的算法如下：

```
n=0;
while(...)
{    n++;
}
```

(4) 拆数的算法。

设正整数为 x，将 x 由低向高位依次拆出它的每一位上的数值赋值给 t，如正整数为 369，拆出 9、6、3，其典型算法如下：

```
while(x!=0)
{    t=x%10;
     ...
     x=x/10;
}
```

习　　题

1. 选择题

(1) 若有定义 int x=2;，执行语句 while(x<7)　x++ ; 后，变量 x 的值为_____。

    A. 无穷循环　　　　　B. 6　　　　　　　C. 7　　　　　　　D. 8

(2) 执行下列程序段的输出结果是_____。

```
x=9;
while(x>7)
{    printf("*");    x--;    }
```

    A. ****　　　　　　　B. ***　　　　　　　C. **　　　　　　　D. *

(3) 设有 int a=2;，则循环语句 while (a) a--; 的循环次数为_____。

    A. 0　　　　　　　　　B. 1　　　　　　　　C. 2　　　　　　　D. 无穷循环

(4) 下列程序的输出结果为_____。

```
# include <stdio.h>
main()
```

```
{    int n=9;
     while(n>6)
     {   n--;   printf("%d", n);   }
}
```

    A. 9876   B. 987   C. 8765   D. 876

(5) 下列程序运行时从键盘输入 AbcXyz，输出结果为_____。

```
# include <stdio.h>
main()
{    char ch;
     while((ch=getchar())!='\n')
     {    if(ch>='A' && ch<='Z') ch=ch+ 32;
          else   if(ch>='a' && ch<='z') ch=ch-32;
          printf("%c",ch);
     }
}
```

    A. AbcXyz   B. aBCxYZ   C. abcxyz   D. ABCXYZ

2. 写出以下程序的运行结果

```
# include <stdio.h>
main()
{    int s=0,x=316;
     while(x!=0)
     { s=s+x%10;
       x=x/10;
     }
     printf("%d\n",s);
}
```

3. 程序填空

用近似公式 $e \approx 1 + \frac{1}{1!} + \frac{1}{2!} + \frac{1}{3!} + \frac{1}{4!} + ... + \frac{1}{n!}$ 计算 e 的值，直至最后一项的值小于 10^{-6} 为止。

```
# include <stdio.h>
main()
{    int i=1;
     double e=1.0,x=1.0;
     while(_____)
     {    x=_____
          e+=x;
          i++;
```

```
    }
    printf("e=%f\n",e);
}
```

4. 根据流程图编写程序

根据图 3-22 所示的流程图编写程序。

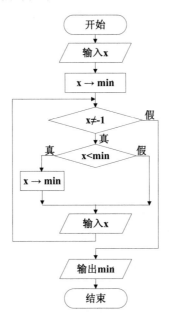

图 3-22　流程图

5. 编写程序

(1) 求 $s=1+\dfrac{1}{2}+\dfrac{1}{4}+\dfrac{1}{8}+\dfrac{1}{16}+\dfrac{1}{32}+\dfrac{1}{64}+\cdots$，直到最后一项小于 10^{-6}。

(2) 输入一行字符，分别统计出其中英文字母、空格、数字和其他字符的个数。

3.3　do...while 与 for 循环语句

3.3.1　do...while 循环语句

专门实现循环结构的循环语句除了 while 语句之外，还有 do...while 和 for 语句，三者之间大同小异。

do...while 常用于实现"直到型"循环结构。

1. do...while 语句格式

do...while 循环语句具有下列一般格式：

```
do
```

　　　　循环体语句
while(表达式)；

格式中需要注意的是：

(1) do 和 while 都是 C 语言的关键字，必须小写。

(2) 循环体语句只能是一条语句。

(3) do… while 语句的 while(表达式)之后必须加分号。

2. do…while 语句执行流程

do…while 语句执行流程如图 3-23 所示。

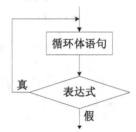

图 3-23　do…while 语句执行流程图

do…while 语句的执行过程如下：

(1) 执行循环体语句。

(2) 计算表达式的值，若表达式的值"非 0"，即"真"，则转步骤(1)执行；若表达式的值为"0"，即"假"，执行步骤(3)。

(3) 结束循环，执行 do…while 之后的语句。

【例 3-11】　试分析以下程序，写出程序的执行结果。

```
# include <stdio.h>
main()
{    int x=2,y=5,z=0;
    do
    {    x=x+3;
        y++;
        z++;
    }while(x<y);
    printf("%d\n",z);
}
```

程序运行过程分析如下：

(1) 循环前初始化赋值：x 赋值为 2，y 赋值为 5，z 赋值为 0。

(2) 执行 do…while 语句：

① 第 1 次执行循环体，x+3 赋值给 x 值为 5，y 自增 1 为 6，z 自增 1 为 1，循环表达式 x<y 为真，符合循环条件，能够进入下一次循环。

② 第 2 次执行循环体，x+3 赋值给 x 值为 8，y 自增 1 为 7，z 自增 1 为 2，循环表达式 x<y 为假，不符合循环条件，结束循环。

(3) 执行 do...while 语句的下一条语句，即输出 z 值，输出 2。结束程序。

程序运行结果如图 3-24 所示。

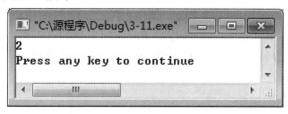

图 3-24　例 3-11 程序运行结果

上例的运行结果与例 3-1 的运行结果是相同的，即用 while 语句实现的循环结构多数情况下也可以用 do...while 语句来实现。

while 与 do...while 语句类似，只是条件判断和循环体语句的前后次序不一样。由于 while 判断条件在前，如果循环条件一开始就不成立，那么循环体一次都不执行；而 do...while 判断条件在后，先执行循环体语句再判断循环条件，如果第一次循环条件不成立，也已经执行了一次循环体。因此在特殊情况下，不能将两个语句互换使用。

3. 应用举例

【例 3-12】　求 s = 1+2+3+4+...+100。

该例的算法已在 1.2.3 节中介绍过，并画出图 1-21 的流程图，用 while 语句编写过该例，现按图 1-21 编写程序如下：

```
# include <stdio.h>
main()
{
    int s=0,i=1;
    do
    {   s=s+i;
        i++;
    } while(i<=100);
    printf("s=%d\n",s);
}
```

程序运行结果如图 3-25 所示。

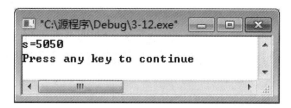

图 3-25　例 3-12 程序运行结果

之前用 while 语句编写的程序均可改由 do...while 语句来编写，其循环的三构件都没有变化。

3.3.2 for 循环语句

for 语句是 C 语言所提供的功能更强，使用更广泛的一种循环语句。它将循环结构中 3 个要点部分即初始化、判断条件、更新作为 for 语句自身的 3 个表达式，从而使循环结构更加紧凑，同时使得循环的设计更着眼于要反复执行的循环体部分。在功能上，for 语句完全可以代替 while 语句。

1. for 语句格式循环结构

for 循环语句具有下列一般格式：

> for(表达式 1;表达式 2;表达式 3)
>   循环体语句

格式中需要注意的是：

(1) for 是 C 语言的关键字，必须小写。

(2) 循环体语句只能是一条语句。特别情况下，for 语句没有循环体语句，此时需要在 for 的括号后加分号，以表示该 for 语句到此为止，没有循环体语句。

(3) for 的括号中 3 个表达式之间用分号进行分隔，无论这 3 个表达式有多复杂或多简洁，括号中都有且仅有 2 个分号。

2. for 语句执行流程

for 语句执行流程如图 3-26 所示。

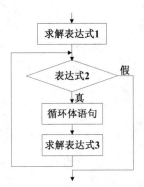

图 3-26 for 语句执行流程图

for 语句的执行过程如下：

(1) 求解表达式 1；

(2) 计算表达式 2 的值，若表达式 2 的值"非 0"，即"真"，则转步骤(3)执行；若表达式的值为"0"，即"假"，执行步骤(5)；

(3) 执行循环体语句；

(4) 求解表达式 3，转步骤(2)；

(5) 结束循环，执行 for 之后的语句。

for 语句括号中的三个表达式使用起来非常灵活，一般起以下作用：

表达式 1：主要用于对循环控制变量赋初值，在循环结构开始之前执行。表达式 1 可以省略，如"for(;i<=10;i++) ..."；有时表达式 1 中也对其他变量在循环开始之前赋初值，如

"for(s=0,i=1;i<=10;i++) …"。

表达式 2：用于表示循环条件。

表达式 3：主要用于对循环控制变量进行更新，是循环结构中循环体的最后一部分。表达式 3 可以省略，如 "for(i=1;i<=10;) …" 有时也会有循环体的其他部分放入到表达式 3 中，如 "for(i=1;i<=10;s=s+i,i++) …"。

【例 3-13】 试分析以下程序，写出程序的执行结果。

```
# include <stdio.h>
main()
{    int i;
     for(i=1;i<=6;i=i+3)
          printf("%d\n",i);
     printf("%d\n",i);
}
```

程序运行过程分析如下：

(1) 执行 for 语句。

① 循环前求解表达式 1，i=1，i 为 1。

② 判断表达式 2，i<=6 为真，执行循环体，输出 i 值，屏幕输出 1，求解表达式 3，i=i+3，i 值为 4。

③ 判断表达式 2，i<=6 为真，执行循环体，输出 i 值，屏幕输出 4，求解表达式 3，i=i+3，i 值为 7。

④ 判断表达式 2，i<=6 为假，终止循环。

(2) 执行 for 语句后面的语句，输出 i，屏幕输出 7。结束程序。

程序运行结果如图 3-27 所示。

图 3-27 例 3-13 程序运行结果

3. 应用举例

【例 3-14】 求 s = 1+2+3+4+…+100。

设循环控制变量为 i，分析如下：

表达式 1：i 赋初值 1。

表达式 2：循环条件 i<=100。

表达式 3：i 值更新，每次增加 1。

循环体语句：s=s+i;

用 for 语句编写的程序如下：

```
# include <stdio.h>
main()
{    int s=0,i;
     for(i=1;i<=100;i++)
          s=s+i;
     printf("s=%d\n",s);
}
```

程序运行结果如图 3-28 所示。

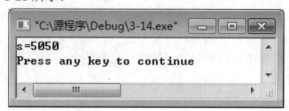

图 3-28　例 3-14 程序运行结果

【**例 3-15**】　按字母顺序输出 26 个小写英文字母，再将它们逆序输出。

可以使用 for(ch=97;ch<=122;ch++)、for(ch=122;ch>=97;ch--)来控制小写字母的顺序、逆序变化，但更简单的方式是直接使用字符形式。

程序如下：

```
# include <stdio.h>
main()
{    char ch;
     for(ch='a';ch<='z';ch++)
          printf("%c",ch);
     printf("\n");
     for(ch='z';ch>='a';ch--)
          printf("%c",ch);
     printf("\n");
}
```

程序运行结果如图 3-29 所示。

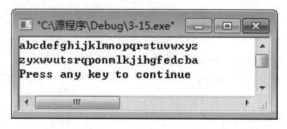

图 3-29　例 3-15 程序运行结果

【**例 3-16**】　输出所有的"水仙花数"。"水仙花数"是指一个三位数，其各位数字立方和等于该数本身。例如，153 是一水仙花数，因为 $153=1^3+5^3+3^3$。

由于水仙花数是一个三位数，因此 100～999 的每一个数都有可能是水仙花数，在此范围内进行它的各位数字立方和是否等于该数本身的判断，若等于则输出。

程序如下：

```
# include <stdio.h>
main()
{    int x,a,b,c;
     printf("水仙花数为：");
     for(x=100;x<=999;x++)
     {    a=x/100;        /*求出 x 的百位数字*/
          b=x/10%10;      /*求出 x 的十位数字*/
          c=x%10;         /*求出 x 的个位数字*/
          if(a*a*a+b*b*b+c*c*c==x)    printf("%5d",x);    }
     printf("\n");
}
```

程序运行结果如图 3-30 所示。

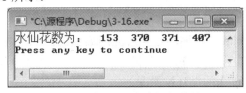

图 3-30　例 3-16 程序运行结果

4. 循环编程小技巧

(1) 三种循环语句。

实现循环结构的三种语句 while、do…while、for 一般可以相互替代，不能说哪种更加优越。具体使用哪一种结构依赖于程序的可读性和程序设计者个人程序设计的风格。

(2) 使用 for 语句实现固定次数循环更加简洁。

设已知循环次数为 n，i 为循环控制变量，则使用 for 语句实现固定次数循环的程序段如下：

```
for (i=1;i<=n;i++)
     循环体;
```

(3) 找出指定范围内符合特定条件的数的算法。

很多程序中需要在指定的范围内对符合特定条件的数进行处理，设指定的范围为 m～n，特定条件为 e，x 为循环控制变量，其典型算法如下：

```
for (x=m;x<=n;x++)
     if(e)
            …
```

如，将 m～n 范围内符合条件 e 的数输出，算法如下：

```
for (x=m;x<=n;x++)
     if(e)    printf("%d\n",x);
```

又如，统计 m～n 范围内符合条件 e 的数的个数 k，算法如下：

```
k=0;
for (x=m;x<=n;x++)
    if(e)    k++;
```

再如，统计 m～n 范围内符合条件 e 的数之和 s，算法如下：

```
s=0;
for (x=m;x<=n;x++)
    if(e)    s=s+x;
```

由此可以看出，很多问题的解决算法是由一些基础的典型算法迭加起来实现的，如上面两个算法实际上是将"m～n 范围内符合条件 e 的数"算法分别与"计数"、"累加"算法进行了迭加。

习　题

1. 选择题

(1) while 和 do…while 二种循环语句可能的最少的循环次数分别是_____。

    A. 0 次和 0 次　　　　B. 0 次和 1 次　　　C. 1 次和 0 次　　　D. 1 次和 1 次

(2) 语句 for(i=3;i>0;i--);的循环次数是_____。

    A. 2 次　　　　　　　B. 3 次　　　　　　　C. 4 次　　　　　　　D. 不确定

(3) 若有定义 int x=-3,y;，执行语句 for(y=3;y>0;y--) x=x+3;后，x 的值为_____。

    A. 3　　　　　　　　B. 6　　　　　　　　C. 9　　　　　　　　D. -3

(4) 以下程序段_____。

    x=-1;

    do {x=x*x;}

    while(!x);

    A. 循环执行 1 次　　B. 循环执行 2 次　C. 是死循环　　　D. 有语法错误

(5) 下列程序输出结果为_____。

```
# include <stdio.h>
main()
{    int x=3;
     do
     {    printf("%d",x--);        }
     while(x);
}
```

    A. 321　　　　　　　B. 333　　　　　　　C. 3210　　　　　　D. 不输出

2. 写出以下程序的运行结果

    # include <stdio.h>

```
main()
{    int i,a=0;
     for(i=2;i<=3;i++)
         switch(i)
         {    case 1:a+=1;
              case 2:a+=2;break;
              case 3:a+=3;
              default:a+=4;}
     printf("%d\n",a); }
```

3. 程序填空

统计 1000～2000 之间的个位数为 7 且能被 3 整除的数的个数。

```
# include <stdio.h>
main()
{    int i;
     int count;
     _____
     for(_____;i>=1000; _____)
         if(_____) count++;
     printf("count=%d\n",count);    }
```

4. 根据流程图编写程序

根据图 3-31 所示的流程图编写程序。

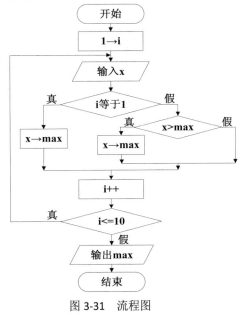

图 3-31　流程图

5. 编写程序

(1) 人口增长问题：设我国现有人口为 13 亿，若按年增长 2%计算，请问多少年后人口将达到 15 亿？请使用 do...while 语句编写程序。

(2) 使用 for 语句编程计算 $s=\dfrac{1}{2}+\dfrac{3}{4}+\dfrac{5}{6}+\dfrac{7}{8}+\dfrac{9}{10}+\cdots$，求前 30 项之和。

3.4 较复杂的循环程序设计

3.4.1 影响循环运行的语句

在循环程序执行过程中，有时需要改变循环的流程。在 C 语言中提供了两个改变循环流程的控制语句：break 语句和 continue 语句。break 语句终止循环，continue 语句是提前结束本轮循环继续执行下一轮循环。

1. break 语句

break 语句可以出现在 switch 语句中，其功能是终止 switch 语句。同样 break 语句也可在 while、do...while、for 三条循环语句中的循环体出现，其功能是中断并跳出循环，继续执行循环语句的下一条语句。

break 语句具有下列一般格式：

```
break;
```

通常 break 会出现在循环体中 if 语句内部，以 while 循环为例，常见形式为如下：

```
while (循环条件)
{    循环体语句 1
     if (e)
          break;
     循环体语句 2
}
```

其执行流程如图 3-32 所示。

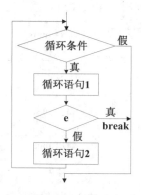

图 3-32　break 语句在循环结构中执行流程图

【例 3-17】　试分析以下程序，写出程序的执行结果。

```
# include <stdio.h>
```

```
main()
{    int i=1;
     while (i<=6)
   { if (i % 3==0)     break;
         printf("%d    ",i);
         i++;      }
     printf("\n");
}
```

程序运行过程分析如下：

i 值　　解释

1　　i 值为 1，执行 while 语句，循环条件 i<=6 为真，执行循环体，if 条件 i％3==0
　　　为假，执行 if 后语句输出 i，屏幕输出 1；

2　　执行 i++，i 值为 2，i<=6 为真，执行循环体，i％3==0 为假输出 i，屏幕输出 2；

3　　执行 i++，i 值为 3，i<=6 为真，执行循环体，i％3==0 为真，执行 break 语句
　　　终止循环，输出换行后程序结束。

程序运行结果如图 3-33 所示。

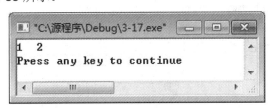

图 3-33　例 3-17 程序运行结果

2. continue 语句

continue 语句只能出现在 while、do…while、for 三条循环语句中。continue 语句的功能
是提前结束本轮循环，跳过其后面的循环体语句，转而进行下一轮循环过程，并不终止整
个循环的执行。

continue 语句具有下列一般格式：

```
continue;
```

通常 continue 也出现在循环体中 if 语句内部，以 while 循环为例，常见形式如下：

```
while (循环条件)
{
     循环体语句 1
     if (e)
          continue;
     循环体语句 2
}
```

其执行流程如图 3-34 所示。

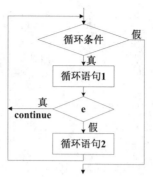

图 3-34   continue 语句在循环结构中执行流程图

【例 3-18】   试分析以下程序，写出程序的执行结果。

```c
# include <stdio.h>
main()
{    int i=1;
     while (i<=6)
     {    if (i % 3==0)
          {    i++;
               continue;
          }
          printf("%d    ",i);
          i++;
     }
     printf("\n");
}
```

程序运行过程分析如下：

i 值   解释

1   i 值为 1，执行 while 语句，循环条件 i<=6 为真，执行循环，if 条件 i % 3==0 为假，执行 if 后语句输出 i，屏幕输出 1；

2   i++，i 值为 2，i<=6 为真，执行循环，i % 3==0 为假，屏幕输出 2；

3   i++，i 值为 3，i<=6 为真，执行循环，i % 3==0 为真；

4   执行 if 中的 i++，i 值为 4，执行 continue，结束本轮循环(跳过了输出 i 的语句，没有输出 3)，继续判断 i<=6 为真，进入循环，i % 3==0 为假，屏幕输出 4；

5   i++，i 值为 5，i<=6 为真，执行循环，i % 3==0 为假，屏幕输出 5；

6   i++，i 值为 6，i<=6 为真，执行循环，i % 3==0 为真；

7   执行 if 中的 i++，i 值为 7，执行 continue，结束本轮循环，继续判断 i<=6 为假，终止循环，输出换行后程序结束

程序运行结果如图 3-35 所示。

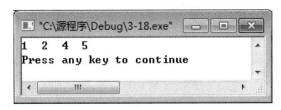

图 3-35　例 3-18 程序运行结果

3. break 与 continue 使用小结

break 用于强行退出循环，而 continue 则跳过循环体中剩余的语句，直接开始新一轮条件判断。

continue 语句在循环中使用相对较少，而 break 语句则使用较多，是重要的循环辅助语句。如果说不满足循环条件是打开了退出循环的大门，那么 break 语句相当于为退出循环开了一扇窗，两种情况都能够终止循环。在循环中使用 break 往往需要在循环终止之后进行循环出口的判断，判断是从不满足循环条件退出循环还是从 break 语句退出循环，这往往代表着两种截然不同的情况。

以 while 循环为例，见如下程序段：

```
while(e1) /*循环出口①：e1 不满足*/
{
    …
    if(e2)      break;    /*循环出口②：e2 满足*/
    …
}
```

通常在循环结束后会使用如下程序段进行循环出口的判定：

```
if(!e1)
    …    /* 由循环出口①退出循环 */
else
    …    /* 由循环出口②退出循环 */
```

3.4.2　递推类型程序设计

递推法是一种不断由变量的旧值递推出新值从而解决问题的方法，一般用于数值计算。其实我们已经使用过递推法的思想解决问题，如累加、累积就是递推算法策略的基础应用。

变量新旧值之间的变化有一定的规律性。因此，递推法的首要问题是寻找到变化规律，即得到递推关系。递推算法把一个复杂问题的求解，分解成了连续的若干步简单运算，因此是循环结构程序设计的重要方法之一。

【例 3-19】　印度国王的奖励。相传古代印度国王要褒奖聪明能干的宰相达依尔，问他要求什么？达依尔回答："陛下，只要在国际象棋棋盘的第一个格子上放一粒麦子，第二个格子上放二粒麦子，以后每个格子的麦子数都按前一格的两倍计算，如果陛下能按此法给我 64 格的麦子，我就感激不尽，其他什么也不要了。"请你为国王算一下共要给达依尔多少麦子？(设 1 立方米小麦约 1.4×10^8 颗)

设 t 为棋盘的格子中的麦子数，由于每个格子的麦子数都是前一格的两倍，则递推关系为"t=t*2;"。

程序如下：

```c
# include <stdio.h>
main()
{    float s,t,v;
     int i;
     s=0;    t=1;          /*   t 等于第 1 个棋格的麦子数   */
     for (i=1;i<=64;i++)
     {    s=s+t;           /*   将第 i 个棋格的麦子数 t 加入 s   */
          t=t*2;           /*   递推，t 变为下一个棋格的麦子数   */
     }
     v=s/1.4e8;
     printf("约%f 立方米\n",v);
}
```

程序运行结果如图 3-36 所示。

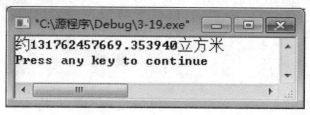

图 3-36   例 3-19 程序运行结果

【例 3-20】   求 s=2+22+222+2222+22222+…前 20 项之和。

设 s 为和，"s=s+t"就是累加的递推关系。设 t 为待加入到 s 中的每一个数，由最初 t 为 2，变为 22，变为 222……递推关系为"t=t*10+2;"。

程序如下：

```c
# include <stdio.h>
main()
{    float s,t;                 /*   s 和 t 的数值很大，需要定义为实型   */
     int i;
     s=0;    t=2;
     for (i=1;i<=20;i++)
     {    s=s+t;                /*   递推，累加 s   */
          t=t*10+2;             /*   递推，t 变为下一个数   */
     }
     printf("s=%f\n",s);
}
```

程序运行结果如图 3-37 所示。

"C:\源程序\Debug\3-20.exe"
s=2469136318905869900.000000
Press any key to continue

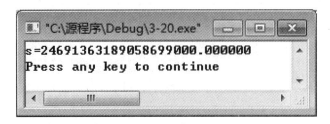

图 3-37　例 3-20 程序运行结果

【例 3-21】　输出 Fibonacci 数列前 20 项，每行输出 5 项。Fibonacci 数列如下：

1　1　2　3　5　8　13　…

Fibonacci 数列前 2 项为 1、1，从第 3 项开始有规律：每 1 项为其前 2 项之和。设 f 为待求项，f1 是 f 前 2 项中的第 1 项，f2 是 f 前 2 项中的第 2 项，则 f 的递推关系为“f=f1+f2; ”。为了使得 f 的这个递推关系在每次循环中成立，f1 和 f2 也要变化，它们也有递推关系“f1=f2; f2=f; ”。

程序如下：

```
# include <stdio.h>
main()
{    int f,f1,f2,i;
     f1=1;    f2=1;
     printf("%10d%10d",f1,f2);              /*  输出宽度固定为 10   */
     for (i=3;i<=20;i++)
     {    f=f1+f2;                          /*  递推，得到新一项 f   */
          printf("%10d",f);
          if (i%5==0)     printf("\n");     /*  每输出 5 项换行   */
          f1=f2;                            /*  递推，得到 f1 新值   */
          f2=f;                             /*  递推，得到 f2 新值   */
     }
}
```

程序运行结果如图 3-38 所示。

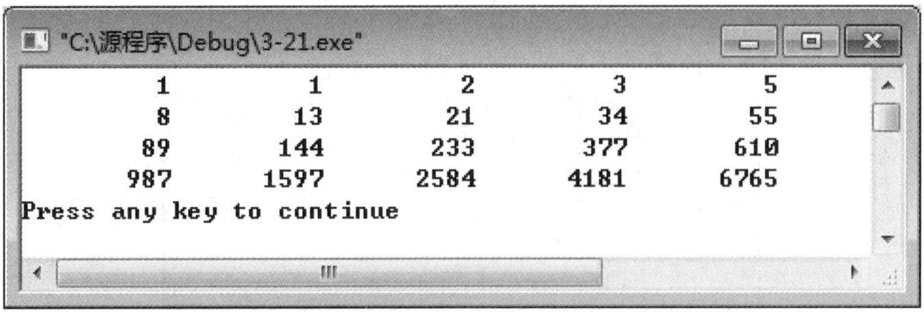

"C:\源程序\Debug\3-21.exe"
1 1 2 3 5
8 13 21 34 55
89 144 233 377 610
987 1597 2584 4181 6765
Press any key to continue

图 3-38　例 3-21 程序运行结果

【例 3-22】 用 $\frac{\pi}{4} \approx 1 - \frac{1}{3} + \frac{1}{5} - \frac{1}{7} + \frac{1}{9} - \frac{1}{11} + \frac{1}{13} - \frac{1}{15} + \cdots$ 公式求 π 的近似值。要求

直到最后一项小于 10^{-6} 为止。

将公式看为：$1 \times \frac{1}{1} + (-1) \times \frac{1}{3} + 1 \times \frac{1}{5} + (-1) \times \frac{1}{7} + 1 \times \frac{1}{9} + (-1) \times \frac{1}{11} + \cdots$，这

是一个累加的公式，只是累加到和中的项要乘以 1 或-1 进行正负控制。设 s 为和，x 为累加的项，n 为 x 的分母，t 为正负控制，则递推关系如下：

s 进行累加：s=s+t*x;

n 递增 2：n=n+2;

x 的分母为 n，分子为 1：x=1/n;

t 乘以-1：t=-t;

按照以上递推关系编写的程序如下：

```
# include <stdio.h>
main()
{
    float pi,s,x;
    int n,t;
    s=0;    t=1;
    x=1;    n=1;
    while (x>=1e-6)
    {
        s=s+t*x;      /*  递推，s 进行累加   */
        n=n+2;        /*  递推，n 递增 2   */
        x=1.0/n;      /*  递推，x 新值为 1.0 除以 n 新值   */
        t=-t;         /*  递推，t 每次正负符号相反   */
    }
    pi=s*4;
    printf("pi=%f\n",pi);
}
```

程序运行结果如图 3-39 所示。

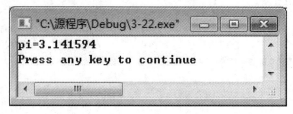

图 3-39 例 3-22 程序运行结果

习　题

1. 选择题

(1) 在循环语句的循环体中，continue 语句的作用是＿＿＿＿。

　　A. 立即终止整个循环　　　　　　　　B. 死循环

　　C. 执行 continue 语句之后的循环体语句　　D. 结束本轮循环

(2) 执行下列程序段后 a 值为＿＿＿＿。

```
a=0;
for(i=0;i<20;i++)
{    if(i%2= =0)   continue;
     if(i%3= =0)   break;
     a++;
}
```

　　A. 1　　　　　　　B. 10　　　　　　　C. 18　　　　　　　D. 20

(3) 下列程序输出结果为＿＿＿＿。

```
#include <stdio.h>
main()
{    int i;
     for(i=1;i<=9;i++)
     {    if(i==3){printf("%d",i);break;}
          printf("%d",i);
     }
}
```

　　A. 123456789　　B. 124578　　　　C. 123　　　　　　D. 369

(4) 下列程序输出结果为＿＿＿＿。

```
# include <stdio.h>
main()
{    int s=0,i=1;
     while (i<=5)
     {    if (i%4==0)    {i++; continue;}
          s=s+i;        i++;
     }
     printf("%d\n",s);
}
```

　　A. 15　　　　　　B. 4　　　　　　　C. 21　　　　　　D. 11

(5) 下列程序输出结果为＿＿＿＿。

```
# include <stdio.h>
```

```
main()
{    int i;
     for(i=1;i<=5;i++)
     {    if(i%2)    printf("*");
          else       continue;
          printf("#");
     }
     printf("$\n");
}
```
A. ***$ B. ##$ C. *#*#*#$ D. *#*#$

2. 写出以下程序的运行结果

```
# include <stdio.h>
main( )
{    int s=0,i;
     i=1;
     while (i<=100)
     {    s=s+i;
          i++;
          if (s>20)
                break;
     }
     printf("%d\n",s);
}
```

3. 程序填空

求数列 $\frac{1}{2}$、 $\frac{2}{3}$、 $\frac{3}{5}$、 $\frac{5}{8}$、 $\frac{8}{13}$、 $\frac{13}{21}$、 ...前 20 项之和。

```
#include <stdio.h>
main()
{    int i, n;    float s,x,y,t;
     s=0;

     _____

     for(i=1; i<=20;i++)
     {    s=s+x/y;

          _____

     }
     printf("%f\n",s);
}
```

4. 编写程序

(1) 求其阶乘值大于 1000 的最小正整数。

(2) 一个百万富翁遇见一个陌生人，达成换钱的协议。陌生人说：每一天我都给你 10 万元，第一天你只需给我 1 分钱；第二天你只需给我 2 分钱；第三天你给我 4 分钱……以后你每天给我的钱是前一天的 2 倍，直到满 30 天。富翁很高兴，欣然同意了。30 天后，每个人各得多少钱？

3.5　多重循环程序设计

从整体来看，C 语言的 while、do…while、for 语句实现的循环结构都可以看做是具有循环功能的单条语句，这样，它们就可以作为其他程序结构中的语句，当然也可以是循环结构中循环体的语句，这样就形成了多重循环，也即循环的嵌套。通常称内嵌的循环为内循环，称外层循环为外循环。

3.5.1　多重循环的运行过程

【例 3-23】　试分析以下程序，写出程序的执行结果。

```
# include <stdio.h>
main()
{    int i,j;
     for (i=1;i<=3;i++)              /*  外循环  */
          for (j=1;j<=2;j++)         /*  内循环(同时也是外循环的循环体) */
          printf("%5d%5d\n",i,j);    /*  内循环的循环体  */
}
```

图 3-40 为本例的流程图，通过流程图能够更清晰地看出本例中双重循环的运行过程。

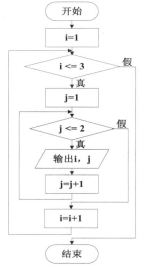

图 3-40　例 3-23 流程图

程序运行过程解释如下：

i 值	j 值	解释
1	1	i=1，i<=3 为真，执行外循环体，j=1，j<=2 为真，执行内循环体，输出 1 1；
	2	j++，j 为 2，j<=2 为真，执行内循环体，输出 1 2；
	3	j++，j 为 3，j<=2 为假，终止内循环，继续执行外循环体；
2	1	i++，i 为 2，i<=3 为真，执行外循环体，j=1，j<=2 为真，执行内循环体，输出 2 1；
	2	j++，j 为 2，j<=2 为真，执行内循环体，输出 2 2；
	3	j++，j 为 3，j<=2 为假，终止内循环，继续执行外循环体；
3	1	i++，i 为 3，i<=3 为真，执行外循环体，j=1，判断 j<=2 为真，执行内循环体，输出 3 1；
	2	j++，j 为 2，j<=2 为真，执行内循环体，输出 3 2；
	3	j++，j 为 3，j<=2 为假，终止内循环，继续执行外循环体；
4		i++，i 为 4，判断 i<=3 为假，终止外循环体，程序结束

程序运行结果如图 3-41 所示。

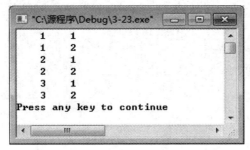

图 3-41 例 3-23 程序运行结果

注意：

(1) 外循环循环一次，内循环要循环多次，直到终止内循环继续外循环。

(2) 上例中输出的结果正好是变量 i 为 1～3，变量 j 为 1～2 的排列组合，即多重循环的多个循环变量变化的规律是排列组合。这个规律很重要，按此规律既可得出多重循环的结果，还可以根据此规律编写某些程序。

【例 3-24】 编写程序在屏幕上输出如下的九九乘法表：

```
1*1=1    1*2= 2    1*3= 3    ……  1*9= 9
2*1=2    2*2= 4    2*3= 6    ……  2*9=18
……
9*1=9    9*2=18    9*3=27    ……  9*9=81
```

可以观察到，若用 i、j 表示乘数，则乘数的变化规律是 i 为 1～9，j 为 1～9 的排列组合，可以根据上例修改内外循环，得到程序如下：

```
# include <stdio.h>
main()
{    int i,j;
    for(i=1;i<=9;i++)
    {    for (j=1;j<=9;j++)
             printf("%d*%d=%2d    ",i,j,i*j);
         printf("\n");              /*  内循环结束代表着一行输出结束，需换行  */
    }
}
```

程序运行结果如图 3-42 所示。

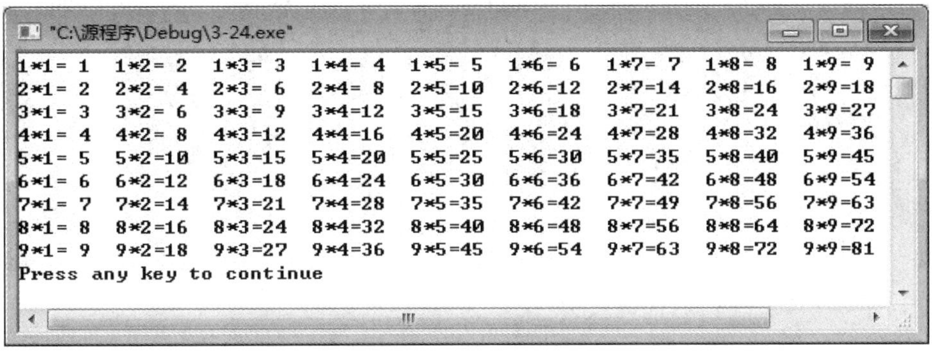

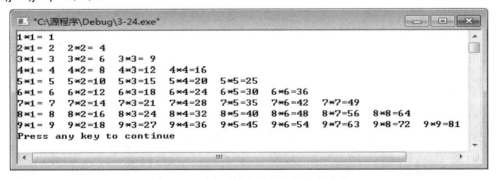

图 3-42　例 3-24 程序运行结果

若想要输出如图 3-43 所示的九九乘法表，第 i 行并非都要输出 9 个式子，而是要输出 i 个式子，因此循环变量 j 每次循环 i 次即可，将程序中"for (j=1;j<=9;j++)"修改为"for (j=1;j<=i;j++)"即可。

图 3-43　九九乘法表的另一种输出形式

3.5.2　逐步求精程序设计

多重循环结构的程序设计相对于单层循环结构来说会复杂一些，不过使用逐步求精的程序设计方法可将复杂程度大大降低。逐步求精程序设计方法可使复杂问题经抽象化处理变为相对比较简单的问题。经若干步精化处理，最后到求解域中只是比较简单的编程问题。

逐步求精程序设计方法写程序不讲究一步到位，先总体后局部、逐步求精一级一级修改迭代，最后才变成可以运行的程序。

【例 3-25】 编写程序打印输出下面"*"号构成的三角形。

```
    *
   ***
  ******
 *******
********
```

该三角形共 5 行，先不考虑细节，循环变量 i 控制循环 5 次，每循环一次输出一行，第 i 次循环输出第 i 行。程序第一级算法如下：

```
# include <stdio.h>
main()
{    int i;
     for(i=1;i<=5;i++)
     {    输出第 i 行;
          printf("\n");
     }
}
```

每一行都是由前面的若干个空格和后面的若干个*号及 1 个换行组成。因此只要推算出第 i 行有多少空格、多少*号即可。推算如下：

行数	空格数	*号数
i	5-i	2*i-1
1	4	1
2	3	3
3	2	5
4	1	7
5	0	9

程序第二级算法如下：

```
# include <stdio.h>
main()
{    int i;
     for(i=1;i<=5;i++)
     {    输出第 i 行前面 5-i 个空格;
          输出第 i 行后面 2*i-1 个*号;
          printf("\n");
     }
}
```

使用循环变量 j 控制循环执行 5-i 次，循环体为输出一个空格，则可以输出 5-i 个空格；再使用循环变量 k 控制循环执行 2*i-1 次，循环体为输出一个*号，则可以输出 2*i-1 个*号。第三级算法也即最终程序如下：

```c
# include <stdio.h>
main()
{    int i,j,k;
     for(i=1;i<=5;i++)
     {    for(j=1;j<=5-i;j++)
               printf(" ");
          for(k=1;k<=2*i-1;k++)
               printf("*");
          printf("\n");
     }
}
```

程序运行结果如图 3-44 所示。

图 3-44　例 3-25 程序运行结果

若想将图形整体向中间挪动，只需要固定地增加每行前面的空格数，如
"for(j=1;j<=15-i;j++)　　printf(" ");"。

习　　题

1. 选择题

(1) 以下程序段中内循环的总执行次数为_____。
```c
for(i=2;i<=4;i++)
     for(j=3;j<=6;j++)    {    ...    }
```
　　A. 9　　　　　　　　B. 12　　　　　　　C. 16　　　　　　　D. 24

(2) 以下程序段中内循环的总执行次数为_____。
```c
for(i=3;i<=6;i++)
```

```
        for(j=3;j<=i;j++)   {    ...   }
```
    A. 10   B. 12   C. 18   D. 24

(3) 执行下面程序段后 k 值为 _____。

```
k=0;
for(i=2;i<=14;i+=4)
        for(j=3;j<=19;j+=4)   k++;
```
    A. 8   B. 16   C. 20   D. 25

(4) 执行下面程序段后 s 值为 _____。

```
for(k=2;k<6;k++,k++)
{    s=1;
     for(j=k;j<6;j++)    s+=j;
}
```
    A. 1   B. 9   C. 10   D. 11

(5) 执行下面程序段后 n 值为 _____。

```
m=n=0;
for(i=0; i<2; i++)
     for(j=0; j<2; j++)
     if (j>=i) m=1; n++;
```
    A. 4   B. 2   C. 1   D. 0

2. 写出以下程序的运行结果

```
# include <stdio.h>
main()
{    int i,j,k;
     for(i=4;i<=6;i++)
     {    for(j=i;j>=4;j--)    printf("%d ",i*j);
          printf("\n");
     }
}
```

3. 程序填空

输出下面 "*" 号构成的三角形。

```
********
 ******
  *****
   ***
    *
```

```
# include <stdio.h>
main()
{    int i,j,k;
     for(i=1;i<=_____;i++)
```

```
{      for(j=1;j<=_____;j++)
           printf(" ");
       for(k=1;k<=_____;k++)
           printf("*");
       printf("\n");
    }
}
```

4. 编写程序

(1) 求 s=1!+2!+3!+4!+5!+…+10!，要求使用逐步求精法编写双重循环结构的程序。

(2) 求 s=1!+2!+3!+4!+5!+…+10!，要求使用递推法编写单循环结构的程序。

3.6　循环综合应用

3.6.1　素数问题

素数就是质数，指除了 1 和此数自身外不能被其他自然数整除的自然数。素数问题是循环结构程序设计中的一类典型问题。

【例 3-26】　判断整数 m 是否素数，是素数输出"yes"，否则输出"no"。

算法是用 2～m-1 之间的每一个数去除 m，按素数的定义只要有 1 个能够整除 m，则 m 就不是素数，如果全部都不能整除 m，则 m 就是素数。

定义变量 i 从 2 开始循环到 m-1，循环体判断 i 是否能够整除 m，若能够整除，则 m 确定不是素数，不必要再循环下去，中断循环即可；若不能整除 m，暂时不能确定是否素数，需要进入下一轮循环继续判断。

循环结束后，若 m 是素数，则 i 从 2～m-1 均不能整除 m，循环是从不满足循环条件的出口终止的；若 m 不是素数，一定被 2～m-1 之间某个数整除，循环是从 break 的中断出口终止的。在 3.4.1 节中已经叙述过该类型循环出口的判断。

程序如下：

```
# include <stdio.h>
main()
{     int m,i;
      scanf("%d",&m);
      for(i=2;i<=m-1;i++)
          if(m%i==0)   break;
      if(i>m-1)   printf("yes\n");   /* 判断 i>=m 或 i==m 均可  */
      else    printf("no\n");
}
```

程序运行输入 5，输出结果如图 3-45 所示。

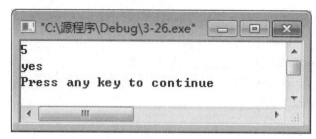

图 3-45　例 3-26 程序运行结果

程序运行输入 9，则输出"no"。

可以改进算法，可以缩小 i 的变化范围。设有正整数 m、a、b 且 a<=b，若 m=a*b，则

a<=$\sqrt{m}$。因此，在判断 m 是否为素数时，只要测试从 2～$\sqrt{m}$ 即可。程序改进如下：

```c
# include <stdio.h>
# include <math.h>
main()
{    int m,i,k;
     scanf("%d",&m);
     k=sqrt(m);
     for(i=2;i<=k;i++)
         if(m%i==0)   break;
     if(i>k)   printf("yes\n");   /* 判断 i>=k+1 或 i==k+1 均可 */
     else    printf("no\n");
}
```

【例 3-27】　输出 100～200 之间的所有素数。

使用逐步求精的方法，第一级算法如下：

```c
# include <stdio.h>
main()
{    int m;
     for(m=100;m<=200;m++)
         if (m 是素数)
             printf("%10d",m);
}
```

if 中条件"m 是素数"将例 3-26 的程序段变化代入即可。第二级算法也即最终程序如下：

```c
# include <stdio.h>
# include <math.h>
main()
{    int m,k,i;
     for(m=100;m<=200;m++)
     {   k=sqrt(m);
```

```
        for(i=2;i<=k;i++)
            if(m%i==0)   break;
        if(i>k)   printf("%10d",m);
    }
    printf("\n");
}
```

程序运行结果如图 3-46 所示。

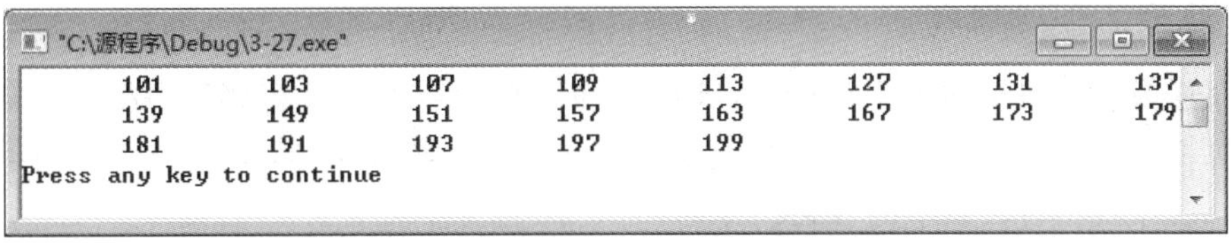

```
"C:\源程序\Debug\3-27.exe"
        101      103      107      109      113      127      131      137
        139      149      151      157      163      167      173      179
        181      191      193      197      199
Press any key to continue
```

图 3-46   例 3-27 程序运行结果

【例 3-28】   以下程序输出 1000 以内的所有完数。完数是自身外所有因子之和等于自身的整数。例如：6 的因子有 1、2、3、6，除自身 6 外，其他因子 1+2+3 又等于自身 6，因此 6 是完数。

使用逐步求精的方法，第一级算法如下：

```
for(m=1;m<=1000;m++)
    if (m 是完数)   printf("%5d",m);
```

m 是否完数的判断算法如下：

```
s=0;
for(i=1;i<m;i++)
        if(m%i==0)   s=s+i;
if(s==m)则 m 为完数
```

将 m 是否完数的判断算法代入一级算法，最终程序如下：

```
# include <stdio.h>
main()
{
    int m,s,i;
    for(m=1;m<=1000;m++)
    {   s=0;
        for(i=1;i<m;i++)
                if(m%i==0)   s=s+i;
        if(s==m)        printf("%5d",m);
    }
    printf("\n");
}
```

程序运行结果如图 3-47 所示。

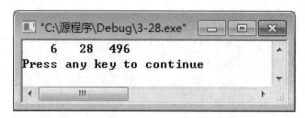

图 3-47　例 3-28 程序运行结果

3.6.2　穷举法程序设计

穷举法是程序设计中使用得最为普遍、读者必须熟练掌握和正确运用的一种算法。它利用计算机运算速度快、精确度高的特点，对要解决问题的所有可能情况，一个不漏地进行检查，从中找出符合要求的答案。

【例 3-29】　兑换零钱：将一元钱兑换成 5 分、2 分、1 分的硬币，输出所有的兑换方法及方法的总数。

设变量 x、y、z 分别表示 5、2、1 分硬币的个数，只能列出一个 5x+2y+z=100 三元一次方程，无法求解，可以使用穷举法求解。先确定 x、y、z 的取值范围，然后将所有可能的取值组合一个个列举出来寻找方程的解。

穷举法主要是变量变化的排列组合，与 3.5.1 节中介绍的多重循环的循环变量变化规律相同，用多重循环编写程序如下：

```c
#include<stdio.h>
main()
{    int x,y,z,n=0;
     for (x=0;x<=20;x++)
         for (y=0;y<=50;y++)
             for (z=0;z<=100;z++)
                 if (5*x+2*y+z==100)
                 {    printf("%d,%d,%d\n",x,y,z);
                      n++;
                 }
     printf("总数为：%d\n",n);
}
```

程序运行结果如图 3-48 所示。

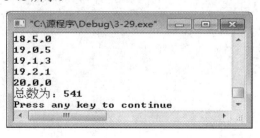

图 3-48　例 3-29 程序运行结果

【例 3-30】　　百钱买百鸡。公元前五世纪，我国古代数学家张丘建在《算经》一书中提出了"百鸡问题"：鸡翁一值钱五，鸡母一值钱三，鸡雏三值钱一。百钱买百鸡，问鸡翁、母、雏各有几何？

定义变量 x、y、z 表示公鸡、母鸡、小鸡的数量。本例可以仅用公鸡 x 和母鸡 y 排列组合穷举，因为有百鸡的限制，当 x、y 确定时，z 为 100-x-y。确定 x 的范围 0~20，y 的范围 0~33。

程序如下：

```
# include <stdio.h>
main()
{    int x,y,z;
     for(x=0;x<=20;x++)
          for(y=0;y<=33;y++)
          {    z=100-x-y;
               if(15*x+9*y+z==300)
                    printf("%d,%d,%d\n",x,y,z);
          }
}
```

将条件描述为"15x+9y+z=300"而非"5x+3y+z/3=100"，是因为整型数据的除法将丢失小数部分引起误差会影响条件判断。

程序运行结果如图 3-49 所示。

图 3-49　例 3-30 程序运行结果

习　　题

1. 写出以下程序的运行结果

```
(1)  # include <stdio.h>
     # include <math.h>
     main( )
     {    int m,k,i,n=0;
          for(m=20;m<=40;m++)
          {    k=sqrt(m);
```

```
            for(i=2;i<=k;i++)    if(m%i==0)    break;
            if(i>=k+1)    printf("%3d",m);
        }
    }
(2) # include <stdio.h>
    # include <math.h>
    main( )
    {
        int m,k,i,s=0;
        for(m=2;m<=20;m++)
        {
            k=sqrt(m);
            for(i=2;i<=k;i++)    if(m%i==0)    break;
            if(i>=k+1)
            {    printf("%3d",m);
                 s=s+m;
            }
            if(s>20)    break;
        }
    }
```

2. 程序填空

36 人搬 36 块砖，男人搬 4 块砖，女人搬 3 块砖，2 个小孩抬 1 块砖，要求一次搬完，问需要男人、女人、小孩各多少？

```
    # include <stdio.h>
    main()
    {
        int m,f,c;
        for(_____)
            for(f=0;f<=12;f++)
            {    c=_____
                 if(_____)
                     printf("m=%d,f=%d,c=%d\n",m,f,c);
            }
    }
```

3. 编写程序

(1) 求 2000～3000 之间所有素数之和。

(2) 从 1 到 100 的自然数中取出两个数，要使得它们的和大于 100，共计多少种取法？

(3) 有 1 张五元币，4 张二元币，8 张一元币，要拿出 8 元，可有哪些拿法？

单 元 小 结

循环结构是程序设计中非常重要的内容，应该熟练掌握。通过本单元的学习，应该理解循环的内部执行机制，熟练掌握 while 语句、do…while 语句及 for 语句的使用，学会使用 break、continue 语句控制循环流程。

本单元还重点介绍了循环程序设计的基本算法：递推法、穷举法。在设计和分析递推程序时，要注意变量的初值、递推关系及循环条件。穷举法变量变化规律与单层循环结构、多重循环结构的循环变量变化规律相同，通常使用多重循环来实现。

本单元还介绍了循环嵌套的概念，读者应重点掌握用 for 语句构成的二重循环的应用。

单 元 练 习

1. 写出以下程序的运行结果

(1)
```c
# include <stdio.h>
main()
{     int s=0,i=1;
      while (i<=10)
      {     if (i%3==0)     s=s+i;
            i++;
      }
      printf("%d\n",s);
}
```

(2)
```c
# include <stdio.h>
main()
{     char c;
      while((c=getchar( ))!='?')     putchar(--c);
}
```
程序运行时，从键盘输入为 XY?Z?

(3)
```c
# include <stdio.h>
main()
{   int s=0,n;
    for(n=0;n<3;n++)
    {     switch(s)
          {     case 0:
                case 1:   s+=1;
                case 2:   s+=2; break;
```

```
              case 3:   s+=3;
              default: s+=4;
          }
          printf("%d\n",s);
      }
    }
```

(4) # include <stdio.h>
```
    main()
    {     int i,j,x=0;
          for(i=0;i<2;i++)
          {   x++;
              for(j=0;j<=3;j++)
              {   if(j%2) continue;
                  x++;
              }
              x++;
          }
          printf("x=%d\n",x);
    }
```

2. 程序填空

(1) 统计 1～100 之间被 7 整除的数的个数。
```
    # include <stdio.h>
    main()
    {   int i,n;
        i=1;
        _____
        while (_____)
        {   if (i%7==0)    _____
            i++;
        }
        printf("%d\n",n);
    }
```

(2) 以下程序的功能是求数列 1，1，1，3，5，9，17，31……的前 15 个数之和，此数列的规律是从第 4 个数开始，每个数等于前 3 个数的和。
```
    # include <stdio.h>
    main()
    {   int sum,i,f1,f2,f3,f;
        f1=f2=f3=1;    sum=3;    i=4;
        while(i<=15)
```

```
    {   f=_____
        sum=_____
        f1=f2;f2=f3;
        _____
        i++;
    }
    printf("%d\n",sum);
}
```

(3) 用辗转相除法求两个正整数 m 和 n 的最大公约数。

```
# include <stdio.h>
main()
{   int m,n,w;
    scanf("%d,%d",&m,&n);
    while(n)
    {   w=_____
        m=_____
        n=w;
    }
    printf("%d\n",_____);
}
```

(4) 输出 1～100 之间每位数的乘积大于每位数的和的数。

```
# include <stdio.h>
main()
{   int n,k=1,s=0,m;
    for(n=1;n<=100;n++)
    {   k=1; s=0; m=n;
        while(_____)
        {   k*=m%10;
            s+=m%10;
            _____
        }
        if(_____)   printf("%d\n",n);
    }
}
```

3. 编写程序

(1) 编程计算 1 到 1000 之间奇数之和及偶数之和。

(2) 一张纸的厚度为 0.1 mm，珠穆朗玛峰的高度为 8848.13 m，假设纸张有足够大，将纸对折多少次后其厚度可以超过珠峰的高度？

(3) 猴子吃桃问题。猴子第一天摘下若干个桃子，当即吃了一半，还不过瘾，又多吃了一个。第二天早上又将剩下的桃子吃掉一半，又多吃了一个。以后每天早上都吃了前一天剩下的一半又多一个。到第 10 天早上想再吃时，就只剩下一个桃子了。求第一天共摘了多少桃子。

(4) 求 100 以内能被 7 或 5 整除的最大自然数。

(5) 一个数恰好等于它的平方数的右端，这个数称为同构数。例如，5 的平方是 25，25 的平方是 625。找出 1～1000 之间的全部同构数。

(6) 爱因斯坦的阶梯问题：设有一阶梯，每步跨 2 阶，最后余 1 阶，每步跨 3 阶，最后余 2 阶，每步跨 5 阶，最后余 4 阶，每步跨 6 阶，最后余 5 阶，只有每步跨 7 阶正好到阶梯顶。问共有多少阶梯？

(7) 已知 xyz+yzz=532，其中 x、y、z 都是数字，求出 x、y、z 分别是多少？

(8) 输出下面"*"号构成的三角形。

```
   *
  ***
 *****
*******
 *****
  ***
   *
```

第4单元 数 组

单元描述

在前面的单元中，我们利用 C 语言中的基本数据类型(整型、字符型和浮点型)变量解决了一些问题。但是，在实际的编程项目中会遇到处理大量相同类型数据的情况，这时再利用前面的知识来解决问题就显得力不从心了，于是在此介绍一种新的数据类型——数组。本单元着重介绍数组的基础知识及其应用。

学习目标

通过本单元学习，你将能够
- 掌握一维数组的定义、初始化、引用、遍历、存储以及应用
- 掌握二维数组的定义、初始化、引用、遍历、存储以及应用
- 掌握字符数组的定义、初始化、引用、遍历、存储以及应用
- 应用数组设计数据量较大的程序
- 应用字符数组处理字符串

4.1 一 维 数 组

数组是构造数据类型中的一种，是为了处理方便，将具有相同类型的若干数据有序组织起来的一种形式。这些按序排列的同类数据元素的集合称为数组，共用一个数组名，用被称为下标的编号进行区分，每一个数据称为数组元素。

在 C 语言中，数组有一维、二维和多维等不同种类，它们应用于不同的场合。

4.1.1 数组的引入

在第 3 单元学习了循环语句后，我们能够编写较为复杂的程序，这些程序中涉及的数据量可能较大。如例 3-3 中求 6 人某门课程的平均分，若求 60 人的平均分也只需对代码做简单修改即可。但某些涉及较大数据量的问题仅用循环结构是无法解决的。

【例 4-1】 求 10 人某门课程的平均分，并将高于平均分的成绩输出。

首先需要求出 10 人成绩的平均分并输出，再依次将 10 人的成绩与平均分进行比较，若高出平均分则输出。

该例的算法可用如图 4-1 所示的流程图来描述。

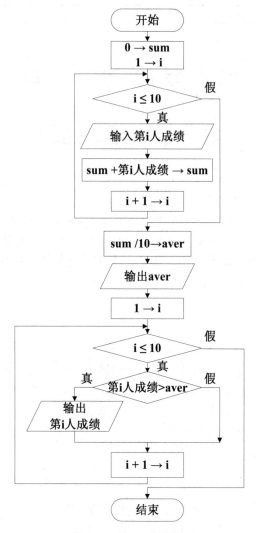

图 4-1 例 4-1 流程图

从流程图中可看出，必须存储 10 人的成绩以便在求出平均分后与其进行比较、输出。如何存储这 10 人的成绩呢？

若如例 3-3 中仅使用一个变量 x 来存储成绩，可使用循环结构来求解平均分，但每输入一个成绩便会覆盖前一个成绩，无法完成程序的后半段成绩与平均分的比较、输出。

若分别使用 10 个变量如 x1、x2、……、x10 来存储 10 人的成绩，将无法使用循环结构进行处理。若需要处理的成绩数达到 100 个、1000 个甚至更多，显然不使用循环结构将无法处理。

因此，以目前所学内容无法解决大量数据既能方便地定义、存储，又能使用循环结构进行处理的需求。

使用数组则可以简便易行地满足上述需求。

```
# include <stdio.h>
main()
```

```
{   float score[10],sum,aver;
    int i;
    printf("请输入 10 人的成绩：\n");
    for(sum=0,i=0;i<10;i++)
    {   scanf("%f",&score[i]);
        sum=sum+score[i];
    }
    aver=sum/10;
    printf("平均分为：%.2f\n",aver);
    printf("高于平均分的成绩为：");
    for(i=0;i<10;i++)
        if(score[i]>aver)
            printf("%6.1f",score[i]);
    printf("\n");
}
```

程序运行结果如图 4-2 所示。

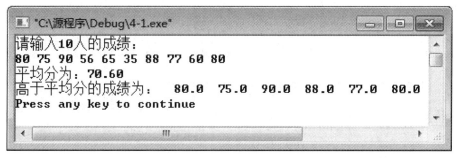

图 4-2 例 4-1 程序运行结果

从例 4-1 中可以看出，使用"float score[10]"便定义了 10 个 float 类型的数据，score[0]、score[1]、…、score[9]为这 10 个数据，还可以使用"for(i=0;i<10;i++) {…score[i]…}"的循环结构方便地处理数据。

4.1.2 一维数组的定义、初始化、引用、遍历

1. 一维数组的定义

在 C 语言中，定义一维数组的一般格式如下：

类型说明符 数组标识符[常量表达式];

其中："类型说明符"可以是任何一种基本数据类型或构造数据类型；"数组标识符"就是数组名，必须是合法标识符；"常量表达式"表示数组的长度，即数组中元素的个数。例如：

```
int    Score[5];            /* 定义了具有 5 个元素的整型数组 */
float  maths[5];            /* 定义了具有 5 个元素的浮点型数组 */
char   name[10];            /* 定义了具有 10 个元素的字符类型数组 */
```

数组一旦定义，编译器就会为其开辟内存空间。如语句"int Score[5]；"是定义一个具有 5 个元素的整型数组，编译器会为这个数组分配一段连续的内存空间；由于 1 个 int 类型的数据默认是分配 4 个字节的空间，那么该数组所分配的连续内存空间是 20 字节，如图 4-3 所示。

图 4-3　一维数组存储示意图

2. 一维数组的初始化

数组可以在定义时赋初值，通常也称之为初始化，常见形式如下：

(1) 对数组所有元素赋初值，此时数组长度可以省略。例如：

```
int    a[5]={1,2,3,4,5};          /* 定义时给数组所有元素赋初值 */
char   n[]={'a', 'b', 'c', 'd', 'e'}; /*全部数组元素赋初值，不用指定数组的长度*/
```

(2) 对数组部分元素赋初值，未赋值的元素值为 0。例如：

```
float   maths[5]={65,75,85};  /* 定义时只给部分元素赋初值，剩余元素值为 0*/
int     a[5] ={0};·           /* 定义时将所有元素赋值为 0 */
```

3. 一维数组元素的引用

数组定义后，可在程序中引用其元素。数组元素的引用形式如下：

数组标识符[下标]

特点：

(1) 下标从 0 开始，其取值范围为 0～(数组元素个数-1)。注意，下标不能越界。

(2) 下标必须是正整数。

例如：

```
int    score[5] ;
score[0]=90;                /* 引用 score 数组的第一个元素 */
score[4]=70;                /* 引用 score 数组的最后一个元素 */
```

4. 一维数组的遍历

对一个数组中元素的遍历通常使用循环结构来完成。由于 C 语言数组中数组元素的个数是确定的，因此常使用 for 循环来完成数组元素的遍历。其一般格式如下：

```
for(i=0 ; i<数组元素个数; i++)
{
     …数组名[i]…
}
```

【例 4-2】　阅读以下程序，若输入 5 个数，分别为 1、5、8、3、6，写出该程序的输出结果。

```c
# include <stdio.h>
main()
{    int a[10]={7,9,2};
    int i;
    for(i=5;i<10;i++)
        scanf("%d",&a[i]);
    a[3]=11;
    for(i=0;i<10;i++)
        a[i]=a[i]+1;
    for(i=0;i<10;i++)
        printf("%5d",a[i]);
    printf("\n");
}
```

数组 a 各元素在程序运行过程中的变化如表 4-1 所示。

表 4-1　数组 a 各元素的变化情况

数组元素 语句	a[0]	a[1]	a[2]	a[3]	a[4]	a[5]	a[6]	a[7]	a[8]	a[9]
int a[10]={7,9,2};	7	9	2	0	0	0	0	0	0	0
for(i=5;i<10;i++) scanf("%d",&a[i]);	7	9	2	0	0	1	5	8	3	6
a[3]=11;	7	9	2	11	0	1	5	8	3	6
for(i=0;i<10;i++) a[i]=a[i]+1;	8	10	3	12	1	2	6	9	4	7

程序运行结果如图 4-4 所示。

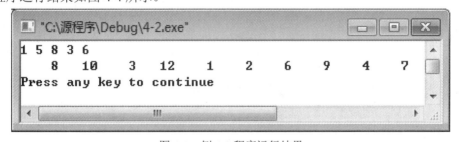

图 4-4　例 4-2 程序运行结果

【例 4-3】　输入 10 人的成绩，求最高分及最低分。

将 10 人的成绩存储在数组 score 中，则擂主初始值默认为 score[0]即可，而随后的挑战者为 score[1]～score[9]。

```c
# include <stdio.h>
main()
```

```
{    int score[10],max,min,i;
     printf("请输入 10 人的成绩：\n");
     for(i=0;i<=9;i++)
         scanf("%d",&score[i]);
     max=score[0];
     min=score[0];
     for(i=1;i<=9;i++)
     {    if(score[i]>max)    max=score[i];
          if(score[i]<min)    min=score[i];
     }
     printf("最高分为：%d\n",max);
     printf("最低分为：%d\n",min);
}
```

程序运行结果如图 4-5 所示。

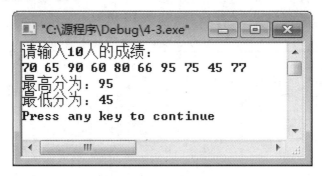

图 4-5 例 4-3 程序运行结果

【例 4-4】 利用数组求 Fibonacci 数列的前 20 项。

定义 fib 数组存储数列的前 20 项。fib 数组的前两个元素即 fib[0]、fib[1] 为 1，随后的每一个元素的值为前两个元素之和。可使 i 从 2 至 19 变化，则 fib[i] 的值应为 fib[i-2]+fib[i-1]。

```
# include <stdio.h>
main()
{    int fib[20]={1,1},i;
     for(i=2;i<20;i++)
         fib[i]=fib[i-2]+fib[i-1];
     for(i=0;i<20;i++)
     {    if(i%5==0)    printf("\n");
          printf("%10d",fib[i]);
     }
     printf("\n");
}
```

程序运行结果如图 4-6 所示。

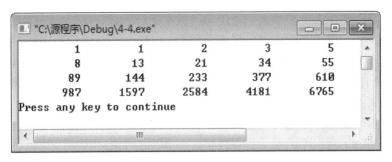

图 4-6　例 4-4 程序运行结果

4.1.3　一维数组的应用

1. 基础应用

【例 4-5】　数组 score 中存储了 10 个人的分数，输入一个分数 x，在数组中查找有没有值为 x 的元素，如果有，则输出 "found!"，否则输出 "not found!"。

本例通过 for 循环来完成指定分数值的查找过程，若判断出某分数与 x 相等，则中断循环。结束循环后通过判断循环变量 i 的值是否大于 10 来断定 x 是否被找到。

```c
# include<stdio.h>
main()
{    int score[10]={70,80,60,90,75,85,65,50,88,72};
     int i,x;
     printf("请输入待查找的成绩：");
     scanf("%d",&x);
     for (i=0;i<10;i++)
         if (score[i]==x)      break;
     if (i<10)
         printf("found!\n");
     else
         printf("not found!\n");
}
```

程序运行结果如图 4-7 所示。

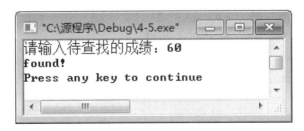

图 4-7　例 4-5 程序运行结果

【例 4-6】　数组 a 中存储了 10 个从小到大排序的整数，输入 x 并将其插入到数组 a

中，使得数组元素仍保持从小到大的顺序，并输出所有元素。

自后向前查找 x 待插入的位置。循环变量 i 从 9 至 0 变化，循环中将 x 与 a[i]比较，若 x<a[i]成立，则 x 的插入位置应在 i 之前，于是 a[i]中的数值向后挪动 1 位为前方待插入的 x 腾出位置，即 a[i+1]=a[i]；否则，若 x>=a[i]，则 x 的插入位置就是 i+1，无需再执行循环，中断循环。结束循环后，将 x 插入到 i+1 位置上，即 a[i+1]=x。

从有序数组的尾部开始进行比较插入，可明显减少现有有序数组中数值的移动量，提高程序效率的同时也使程序的编写得到简化。

```c
# include <stdio.h>
# define   N   11        /* 定义常量 N，提高程序的通用性 */
main()
{    int a[N]={50,55,58,60,64,72,80,85,90,93};
     int x,i;
     printf("请输入待插入的值：");
     scanf("%d",&x);
     for(i=N-2;i>=0;i--)
     {    if(x<a[i])
               a[i+1]=a[i];
          else
               break;
     }
     a[i+1]=x;
     for(i=0;i<N;i++)
          printf("%4d",a[i]);
     printf("\n");
}
```

数组操作时有时会将数组元素的个数定义为常量，这样是为了能够方便地更改数组元素的个数，提高程序的通用性。

程序运行结果如图 4-8 所示。

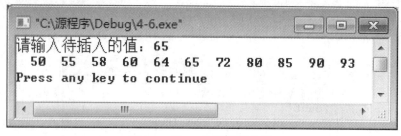

图 4-8　例 4-6 程序运行结果

2. 高级应用

【例 4-7】　从键盘输入 8 个数，采用直接选择排序法将数组元素按照从小到大的顺序排列并输出。

　　直接选择排序法是一轮一轮在指定范围内寻找最小数在数组中的位置(下标)k，由于最小数的正确位置应该是在该范围内的最前面，因此将位置 k 上的最小数与指定范围中最前面位置上的数进行互换。由于已经将指定范围内最小数放置到了该范围的最前方，因此下一轮的指定范围将不包含本轮范围最前方的数，指定范围缩小 1，即范围起始下标增加 1。假设这 8 个数分别为 80、70、60、90、75、65、50、85，则实现过程如表 4-2 所示，一轮排定一个数据。每一轮排序中，灰色底纹为已经排好序的数据，白色底纹为指定范围内待排序的数据，加粗的数据为指定范围内的最小数。8 个数要进行 7 轮(第 0 轮～第 6 轮)，依次类推，n 个元素要进行 n-1 轮。

表 4-2　选择排序法的实现过程

数组元素 排序过程	a[0]	a[1]	a[2]	a[3]	a[4]	a[5]	a[6]	a[7]
起始状态	80	70	60	90	75	65	**50**	85
第 0 轮结束	50	70	**60**	90	75	65	80	85
第 1 轮结束	50	60	70	90	75	**65**	80	85
第 2 轮结束	50	60	65	90	75	**70**	80	85
第 3 轮结束	50	60	65	70	**75**	90	80	85
第 4 轮结束	50	60	65	70	75	90	**80**	85
第 5 轮结束	50	60	65	70	75	80	90	**85**
第 6 轮结束	50	60	65	70	75	80	85	90
排序结果	50	60	65	70	75	80	85	90

程序如下：

```
# include <stdio.h>
#define N 8
main()
{    int a[N],i,j,t,k;
     printf("输入要排序的数据\n");
     for (i=0;i<N;i++)
         scanf("%d",&a[i]);
     /*  从小到大排序 */
     for (i=0;i<N-1;i++)        /* 8个数排序循环 7 次 */
     {    k=i;                  /* 打擂寻找 i～7 范围内最小值所在位置 k */
          for (j=i+1;j<N;j++)   /* 挑战者下标为 j～7 */
              if (a[j]<a[k])     /* 打擂 */
                  k=j;
          if(k!=i)    /*  若最小数不是范围中最前方数据，则将 a[k]与 a[i]互换 */
```

```
        {  t=a[k];   a[k]=a[i];   a[i]=t;   }
    }
    for (i=0;i<N;i++)
        printf("%5d",a[i]);
    printf("\n");
}
```

程序运行结果如图 4-9 所示。

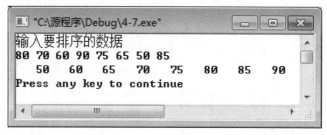

图 4-9   例 4-7 程序运行结果

【例 4-8】   从键盘输入 8 个数，采用冒泡排序法将数组元素按照从小到大的顺序排列并输出。

冒泡排序也是一轮一轮进行排序。每一轮都是将相邻的两个元素作为一对，按小数在前、大数在后的原则一对对排好顺序。如果某一对元素大数在前、小数在后，则将这一对的两个元素数据交换，否则不用交换。就像气泡一般，越来越大，这样越大的数位置越靠后。假设这 8 个数分别为 80、70、60、90、75、65、50、85，第 0 轮排序过程如图 4-10 所示，整个排序过程如表 4-3 所示，一轮排定一个数据。每一轮排序中，灰色底纹为已经排好序的数据，白色底纹为指定范围内待排序的数据。

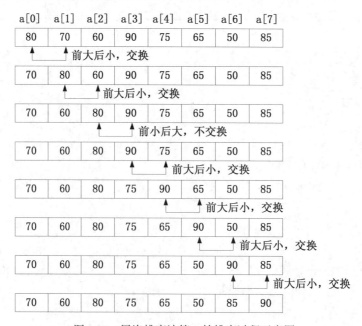

图 4-10   冒泡排序法第 0 轮排序过程示意图

表 4-3 冒泡排序法的实现过程

数组元素 排序过程	a[0]	a[1]	a[2]	a[3]	a[4]	a[5]	a[6]	a[7]
起始状态	80	70	60	90	75	65	50	85
第 0 轮结束	70	60	80	75	65	50	85	90
第 1 轮结束	60	70	75	65	50	80	85	90
第 2 轮结束	60	70	65	50	75	80	85	90
第 3 轮结束	60	65	50	70	75	80	85	90
第 4 轮结束	60	50	65	70	75	80	85	90
第 5 轮结束	50	60	65	70	75	80	85	90
第 6 轮结束	50	60	65	70	75	80	85	90
排序结果	50	60	65	70	75	80	85	90

程序如下：

```c
# include <stdio.h>
# define N 8
main()
{    int a[N],i,j,t;
     printf("输入要排序的数据\n");
     for (i=0;i<N;i++)
         scanf("%d",&a[i]);
     for (i=0;i<N-1;i++)          /* 8 个数排序循环 7 次 */
     {    for (j=0;j<N-i;j++)      /* 范围内两两比较 */
             if (a[j]>a[j+1])      /* 若前数大于后数，则进行交换 */
             {   t=a[j];   a[j]=a[j+1];   a[j+1]=t;   }
     }
     for (i=0;i<N;i++)
         printf("%5d",a[i]);
     printf("\n");
}
```

程序运行结果如图 4-11 所示。

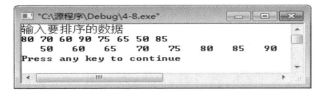

图 4-11 例 4-8 程序运行结果

【例 4-9】 从键盘输入 8 个数，采用插入排序法将数组元素按照从小到大的顺序排列并输出。

插入排序法是假定在一个有序的数组中自后向前不断地插入新值来完成数据的排序过程。在此仍然以 80、70、60、90、75、65、50、85 这 8 个数据来说明插入排序的过程。实现过程如表 4-4 所示。一个个地在有序数组中插入新值，在这里 8 个数要插入 7 次，依次类推，n 个元素的数组要排序就要插入 n-1 次。

表 4-4　插入排序法的实现过程

数组元素 / 排序过程	a[0]	a[1]	a[2]	a[3]	a[4]	a[5]	a[6]	a[7]
起始状态	80	70	60	90	75	65	50	85
第 0 轮结束	80	70	60	90	75	65	50	85
第 1 轮结束	80	70	60	90	75	50	65	85
第 2 轮结束	80	70	60	90	50	65	75	85
第 3 轮结束	80	70	60	50	65	75	85	90
第 4 轮结束	80	70	50	60	65	75	85	90
第 5 轮结束	80	50	60	65	70	75	85	90
第 6 轮结束	50	60	65	70	75	80	85	90
排序结果	50	60	65	70	75	80	85	90

程序如下：

```c
# include <stdio.h>
# define N 8
main()
{    int a[N],i,j,t;
     printf("请输入要排序的数据\n");
     for(i=0;i<N;i++)
         scanf("%d",&a[i]);
     for(i=N-2;i>=0;i--)          /* 8 个数排序循环 7 次 */
     {    for(j=N-1;j>i;j--)          /* 从后面开始插入值 */
             if(a[i]>a[j])
             {   t=a[j];   a[j]=a[i];   a[i]=t;   }
     }
     for(i=0;i<N;i++)
         printf("%5d ",a[i]);
     printf("\n");
}
```

程序运行结果如图 4-12 所示。

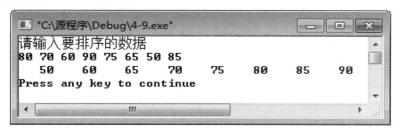

图 4-12　例 4-9 程序运行结果

习　　题

1. **选择题**

(1) 以下程序段给数组所有的元素输入数据，请选择正确答案填入。

```
# include <stdio.h>
main()
{    int a[10],i=0;
    while(i<10) scanf("%d",_____ );
    ...
    }
```

　　A. a+(i++)　　　　　B. &a[i+1]　　　　　C. a+i　　　　　D. &a[++i]

(2) 假定 int 类型变量占用 4 字节，其有定义 "int x[10]={0,2,4};"，则数组 x 在内存中所占字节数是_____。

　　A. 3　　　　　　　B. 12　　　　　　　C. 20　　　　　　　D. 40

(3) C 语言中数组下标的下限是_____。

　　A. 1　　　　　　　B. 0　　　　　　　C. 视具体情况　　　　　D. 无固定下限

(4) 当_____时，可以不指定数组长度。

　　A. 对静态数组赋初值　　　　　　　　B. 对动态数组赋初值

　　C. 只给一部分元素赋初值　　　　　　D. 对全部数组元素赋初值

(5) 以下合法的数组定义是____。

　　A. float　　b[ ]="123456";　　　　　　B. int　　b[5]={0,0,0,0,0,0};

　　C. char　　b="abc";　　　　　　　　　D. int　　b[ ]= {0,4,7,3,9,10};

2. **写出以下程序的运行结果**

```
# include <stdio.h>
main()
{    int i,n[ ]={0,0,0,0,0};
    for(i=1;i<=4;i++)
        {    n[i]=n[i-1]*2+1;
```

```
            printf("%5d ",n[i]);
        }
    }
```

3. 编写程序

数组中已经存放了 6 个整数，请将这 6 个整数在数组中逆序存放并输出。如数组中原始元素分别为 1、8、3、6、9、2，则逆序存放后数组元素分别为 2、9、6、3、8、1。

4.2　二　维　数　组

4.2.1　二维数组的引入

在实际应用中经常会遇到类似于矩阵的以行列格式排列的数据处理问题，这样的数据不便于使用一维数组表示，而使用二维数组可以方便、直观地表示这样的数据。

【例 4-10】　输入 5 位同学 3 门课程的成绩，求每个同学的平均分和每门课程的平均分，并输出包含平均分的成绩总表。

```
# include <stdio.h>
main()
{
    float s[5][3],a[5],b[3],sum;
    int i,j;
    printf("请输入 5 位同学的 3 门课程成绩\n");
    for (i=0;i<5;i++)
        for (j=0;j<3;j++)
            scanf("%f",&s[i][j]);
    for (i=0;i<5;i++)            /*  求每位同学的平均分并存入 a 数组中  */
    {
        sum=0;
        for (j=0;j<3;j++)
            sum+=s[i][j];
        a[i]=sum/3;
    }
    for (i=0;i<3;i++)            /*  求每门课程的平均分并存入 b 数组中  */
    {
        sum=0;
        for (j=0;j<5;j++)
            sum+=s[j][i];
        b[i]=sum/5;
    }
```

```
for (i=0;i<5;i++)              /* 输出包含平均分的个人成绩总表 */
{     for (j=0;j<3;j++)
          printf("%7.1f",s[i][j]);
      printf("%10.2f\n",a[i]);
}
for (i=0;i<3;i++)              /* 输出课程的平均分 */
    printf("%7.2f",b[i]);
printf("\n");
}
```

程序运行结果如图 4-13 所示。

图 4-13 例 4-10 程序运行结果

从例 4-10 可以看出,此时如果使用一维数组来表示 5 位同学 3 门课程的成绩,明显不方便。在此定义 "float s[5][3]",s 是一个 5 行 3 列的二维 float 型数组,每一行代表 1 位同学的 3 门课程成绩,每一列代表 1 门课程的 5 位同学的成绩。每一个元素分别为 s[0][0]、s[0][1]、s[0][2]、s[1][0]、…、s[4][2],可以使用 "for (i=0;i<5;i++){for (j=0;j<3;j++){…s[i][j]…}}" 的循环嵌套结构方便地处理这些数据。

4.2.2 二维数组的定义、初始化、引用、遍历

1. 二维数组的定义

在 C 语言中,定义二维数组的一般格式如下:

类型说明符 数组标识符[常量表达式 1][常量表达式 2];

其中:"类型说明符"可以是任何一种基本数据类型或构造类型;"数组标识符"就是数组名,必须是合法标识符;"常量表达式 1"表示二维数组的行数,"常量表达式 2"表示二维数组的列数。例如:

int   score[3][4];   /* 定义了一个 3 行 4 列,具有 12 个元素的整型数组 */

二维数组在逻辑上是二维的,但在物理内存中存储时,却如同一维数组采用线性存储,即在 C 语言中二维数组采用了按行排列的方式进行保存,从这个层面上来说可以把一个二维数组看成是多个一维数组。下面以一个二维数组 Score[2][2]为例来说明,如图 4-14 所示。

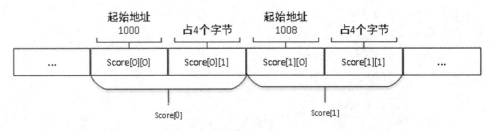

图 4-14　二维数组存储示意图

2. 二维数组的初始化

二维数组初始化的几种常见形式如下：

(1) 分行给二维数组所有元素赋初值。例如：

```
int   a1[2][3] ={{1,2,3},{4,5,7}} ;
```

(2) 分行给二维数组部分元素赋初值，省略未赋值的元素值为 0。例如：

```
float   a2[3][3]={{65,75,85},{0},{65,75}};
float   a3[3][3]={{65},{65,75}};
```

(3) 不分行给二维数组所有元素赋初值。例如：

```
int   a4[2][3]={90,60,55,62,92,83};
```

(4) 不分行给二维数组部分元素赋初值，省略未赋值的元素值为 0。例如：

```
int   a5[5][2]={90,60,80} ;
int   a6[5][2]={0} ;
```

(5) 给二维数组所有元素赋初值，二维数组行数可省略。例如：

```
int   data[][5]={1,2,3,4,5,6,7,8,9,10};   /* 与 int   score[2][5]等价 */
```

注意：初始化时不能省略二维数组的列数。

3. 二维数组元素的引用

二维数组元素的引用形式如下：

数组标识符 [行下标][列下标]

特点：

(1) 下标从 0 开始计算,行下标的取值范围为 0～(数组行数-1),列下标的取值范围为 0～(数组列数-1)。注意，行下标、列下标不要越界。

(2) 行下标、列下标必须是正整数。

例如：

```
int   score[3][5];
score[0][0]=10;          /* 引用数组 score 中的第一个元素 */
score[2][4]=20;          /* 引用数组 score 中的最后一个元素 */
```

4. 二维数组的遍历

与一维数组的遍历类似，需要使用循环结构控制下标变化以便对二维数组元素进行遍历。由于二维数组有行下标及列下标，因此需要使用嵌套循环的结构进行元素遍历。其一般格式如下：

```
for(i=0 ; i<数组行数; i++)
{    for(j=0 ; j<数组列数; j++)
    {
        …数组名[i][j]…
    }
}
```

【例 4-11】　定义一个数组 tmp[3][3]，遍历数组 tmp[3][3]中的元素。

```
# include <stdio.h>
main()
{    int tmp[3][3],i,j;
    printf("请开始为这个 3 行 3 列的数组输入值\n");
    for(i=0;i<3;i++)
        for(j=0;j<3;j++)
            scanf("%d",&tmp[i][j]);
    printf("开始输出这个 3 行 3 列的数组中元素的值\n");
    for(i=0;i<3;i++)
    {
        for(j=0;j<3;j++)
            printf("%6d",tmp[i][j]);
        printf("\n");
    }
}
```

程序运行结果如图 4-15 所示。

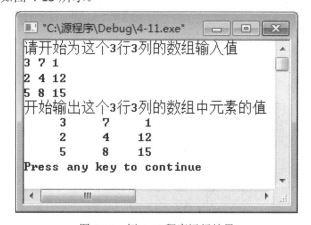

图 4-15　例 4-11 程序运行结果

4.2.3　二维数组的应用

【例 4-12】　已知 3 行 4 列的矩阵 a 如下：

$$\begin{pmatrix} 1 & 2 & 3 & 4 \\ 5 & 6 & 7 & 8 \\ 9 & 10 & 11 & 12 \end{pmatrix}$$

求 a 的转置矩阵 b，并输出 a 和 b 两个矩阵。

转置矩阵是将 a 的 4 列数据依次变成 b 的 4 行，b 为 4 行 3 列的矩阵。仔细观察矩阵 a 中的数据及转置后矩阵 b 中的数据，会发现其规律是 a[x][y] 与 b[y][x] 的值相同，因此只需将 b 数组的每一个元素 b[i][j] 赋值为 a[j][i]，即可实现矩阵的转置。

```c
# include <stdio.h>
main()
{    int a[3][4]={{1,2,3,4},{5,6,7,8},{9,10,11,12}};
     int b[4][3],i,j;
     for (i=0;i<4;i++)      /* 转置矩阵 */
          for (j=0;j<3;j++)
               b[i][j]=a[j][i];
     printf("矩阵 a 为：\n");
     for (i=0;i<3;i++)      /* 输出矩阵 a */
     {    for (j=0;j<4;j++)
               printf("%5d",a[i][j]);
          printf("\n");
     }
     printf("转置后，矩阵 b 为：\n");
     for (i=0;i<4;i++)      /* 输出矩阵 b */
     {    for (j=0;j<3;j++)
               printf("%5d",b[i][j]);
          printf("\n");
     }
}
```

程序运行结果如图 4-16 所示。

图 4-16 例 4-12 程序运行结果

【**例 4-13**】　输出如下杨辉三角的前 n 行：

```
1
1   1
1   2   1
1   3   3   1
1   4   6   4   1
1   5   10  10  5   1
1   6   15  20  15  6   1
```

...

可以把杨辉三角看成是一个三角矩阵，这样即可用 n 行 n 列的二维数组 a 表示。每一行最前面和最后面的数都是 1，即这个二维数组的 a[i][0]=1，a[i][i]=1。从第三行开始，每一行中间的数是上一行左边一列的数与上一行同一列的数之和，即 a[i][j]=a[i-1][j-1]+a[i-1][j]。为了增加程序的灵活性，将这个用来存储杨辉三角的二维数组定义得大一些，如 a[100][100]，通过定义一个变量 num 从键盘上获取杨辉三角要输出的行数。为了增加程序的健壮性，将用一个直到型循环来控制 num 值的有效性(num<=100)。

```c
# include <stdio.h>
main()
{
    int a[100][100],i,j,num;
    do
    {
        printf("请输入有效的整数(1-100):");
        scanf("%d",&num);
    } while(num>100);
    for(i=0;i<num;i++)   /* 所有行最前面和最后面列赋值为 1 */
    {   a[i][0]=1;
        a[i][i]=1;
    }
    for (i=2;i<num;i++)  /* 剩下行的中间列做相应赋值 */
        for (j=1;j<i;j++)
            a[i][j]=a[i-1][j-1]+a[i-1][j];
    for (i=0;i<num;i++)  /* 输出杨辉三角   */
    {   for (j=0;j<=i;j++)
            printf("%5d",a[i][j]);
        printf("\n");
    }
}
```

程序运行结果如图 4-17 所示。

图 4-17　例 4-13 程序运行结果

习　　题

1. 选择题

(1) 以下数组定义语句中不正确的是_____。

    A. int a[2][3];

    B. int b[ ][3]={0,1,2,3};

    C. int c[100][100] ={0};

    D. int d[3][ ]={{1,2},{1,2,3},{ 1,2,3,4}};

(2) 下列数组定义语句中正确的是_____。

    A. int a[ ][ ]={1,2,3,4,5,6};　　　　　　　B. char a[2][3]='a','b';

    C. int a[ ][3] ={1,2,3,4,5,6};　　　　　　D. static int a[ ][ ]={{1,2,3},{4,5,6}};

(3) 以下二维数组的初始化定义语句中正确的是_____。

    A. int a[2][3]={{3,5},{1,8},{2,4}};　　　　B. int a[ ][3]={3,4,5,6,7,8};

    C. int a[2][3]={3, ,4,5, ,6};　　　　　　　D. int a[2][3]={1,2,3,4,5,6,7,8};

(4) 下面程序的输出结果是_____。

```
# include <stdio.h>
main()
{    int m[ ][3]={1,4,7,2,5,8,3,6,9} ;
     int i,j,k=2;
          for(i=0;i<3;i++)
          printf("%d",m[k][i ]);
}
```

    A. 4 5 6　　　　　　　　B. 2 5 8　　　　　　　C. 3 6 9　　　　　　　D. 7 8 9

(5) 下面程序的输出结果是_____。

```
# include <stdio.h>
main()
```

```
    {
        int a[5][5];
            int i,j;
            for(i=0;i<=4;i++)
                for(j=0;j<=i;j++)
                {   if(j==0||i==j)
                        a[i][j]=1;
                    else
                        a[i][j]= a[i-1][j-1] +a[i-1][j];
                }
            for(i=0;i<=4;i++)   printf("%3d",a[4][i]);
    }
```

A. 1 5 10 10 5 1　　　　B. 1 3 3 1　　　　C. 1 4 6 4 1　　　　D. 1 6 4 6 1

2. 写出以下程序的运行结果

```
# include <stdio.h>
main()
{
    int i,j,a[][3]={1, 2,3,4,5,6,7,8,9};
    for(i=0;i<3;i++)
        for(j=i+1;j<3;j++)
                a[j][i]=0;
    for(i=0;i<3;i++)
    {   for(j=0;j<3;j++)
            printf("%d ",a[i][j]);
        printf("\t");
    }
}
```

3. 程序填空

转置一个 N×N 矩阵：

```
# include <stdio.h>
# define N 5
main()
{
    int i,j, temp,a[N][N];
        printf("请输入 N*N 个整数：\n");
        for(i=0;i<N;i++)
            for(j=0;j<N;j++)
                scanf("%d",&a[i][j]);
```

```
        for(i=0;i<N;i++)
            for(j=0;_____;j++)
            {   temp=a[i][j];
                _____
                a[j][i]=temp;
            }
        for(i=0;i<N;i++)
        {
            for(j=0;j<N;j++)
                printf("%5d",a[i][j]);
            printf("\n");
        }
    }
```

4. 编写程序

求一个 5×5 矩阵两条对角线之和。

4.3 字符数组与字符串

4.3.1 字符数组的定义、初始化、引用、遍历和存储

1. 字符数组与字符串概念引入

字符数组是一组字符数据的集合。在一个字符数组里能存储多个字符数据，这为我们在 C 语言中处理字符串提供了一个思路，即使用字符数组来存储字符串，完成字符串数据的输入、处理和输出。

2. 字符数组的定义

在 C 语言中，定义字符数组的一般格式如下：

```
char   数组标识符[常量表达式  ][ [常量表达式]...];
```

其中："数组标识符"就是数组名，必须是合法标识符；"常量表达式"必须为非负整型常量表达式。例如：

```
char    name1[5];              /*  定义了具有 5 个元素的字符数组  */
char    name2[2][3];           /*  定义 2×3 二维字符数组  */
char    name3[2][3][5];        /*  定义 2×3×5 多维字符数组  */
```

字符数组在内存中采用线性方式，使用一块连续的内存空间对数组中的每一个元素进行存储。而字符串是字符的序列，自然也采用和字符数组一样的存储方式，只不过在字符串的最后有一个字符串的结束标识字符——'\0'。例如，"char name[4]；"定义的字符数组 name 在内存中的存储如图 4-18 所示。

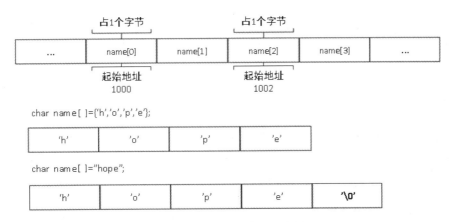

图 4-18　字符数组存储示意图

3. 字符数组的初始化

常见的字符数组初始化形式如下：

```
char    name1[5] ={'1', '2', '3', '4', '5'};      /* 定义时给数组全部元素赋初值 */
char    name2[5]= {'a', 'b'};    /* 定义时给部分元素赋初值 */
char    name3[]={'a', 'b', 'c', 'd', 'e'};    /* 对全部元素赋初值可省略数组长度*/
char    name4[5]={ "rose"};    /* 用字符串完成字符数组的初始化  */
char    name5[]="rose";        /* 用字符串完成字符数组的初始化  */
char    name6[]={'r', 'o', 's', 'e', '\0'};
/*二维字符数组的初始化*/
char    greet[][10]={ "How","are","you! "};
/*多维字符数组的初始化*/
char name[][3][10]={{"gan","jiang","ok"},{"jiu","jiang","ok"},{"huang","he","ok"}};
```

4. 字符数组元素的引用

字符数组元素的引用与普通数组元素的引用无差别，其格式如下：

数组标识符[下标]

例如：

```
char    name[10];
name [0]='h';  /* 引用数组 name 中的元素  */
```

5. 字符数组的遍历

由于数值数组中明确知道数值元素的个数，因此往往使用"for(i=0;i<数组长度;i++)"的形式控制下标来遍历元素。而字符数组定义时数组长度虽是固定的，但往往数组内存放的字符串长度不固定，因此不宜使用"for(i=0;i<数组长度;i++)"的形式进行遍历。但字符串具有特殊的结束标识'\0'，可以通过'\0'来判断遍历循环的终止与否。一般格式如下：

```
i=0;
while(数组名[i]!='\0')
{    …数组名[i]…
```

```
        i++;
    }
```

或

```
for(i=0 ; 数组名[i]!= '\0'; i++)
{
    …数组名[i]…
}
```

【例 4-14】 定义一个一维字符数组，然后输出字符数组中的元素。

```
# include <stdio.h>
main()
{
    char s1[4]={'r','o','s','e'};        /* 定义字符数组 s1 */
    char s2[]="rose";                    /* 定义字符数组 s2 */
    int i;
    for(i=0;i<4;i++)                     /* 输出字符数组 s1 */
        printf("%c",s1[i]);
    printf("\n");
    i=0;
    while(s2[i]!='\0')                   /* 输出字符数组 s2 */
    {   printf("%c",s2[i]);
        i++;
    }
    printf("\n");
    printf("%s\n",s2);                   /* 输出字符数组 s2 */
}
```

程序运行结果如图 4-19 所示。

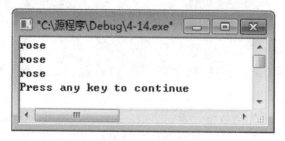

图 4-19 例 4-14 程序运行结果

4.3.2 字符串输入/输出

1. 字符串输出

字符串的输出可以使用 printf 函数或 puts 函数来实现。

1) printf 函数

使用 printf 函数输出字符串时的格式字符为 "%s"(格式字符 "%s" 已在 2.1.2 节中讲述过)。例如程序：

```
char str[80]="China";
printf("%s","Hello,");
printf("%s\n",str);
```

输出结果如下：

Hello,China

printf 函数依次输出字符串中的每一个字符，直到遇到字符串结束标志'\0'。

2) puts 函数

puts 函数将字符串输出到标准输出设备。其一般格式如下：

```
puts(字符串表达式)
```

其中，"字符串表达式"可以是字符串常量、字符数组、字符指针。例如程序：

```
char str[80]="China";
puts("Hello,");
puts (str);
```

输出结果如下：

Hello,China

2. 字符串输入

字符串的输入可以使用 scanf 函数或 gets 函数来实现。

1) scanf 函数

使用 scanf 函数整体输入字符串时的格式字符为 "%s"。由于 scanf 函数要求提供输入项的地址，而字符数组名为数组存储空间首地址，因此在输入项地址列表处提供字符数组名即可。在学习了指针后，输入项地址列表也可以提供字符指针，详见第 6 单元。例如：

```
char s[80];
scanf("%s",s);
```

当输入一个字符串后，系统会自动在字符串后面加上字符串结束标志'\0'。

需要注意的是，scanf 函数输入字符串时，系统规定以空格或【Enter】键作为输入字符串的结束标志，因此若待输入的字符串中有空格，是不能将完整的字符串输入的。

【例 4-15】 使用 scanf 函数输入字符串。

```
# include <stdio.h>
main()
{   char    s1[80];
    printf("请输入一个字符串：");
    scanf("%s",s1);
    printf("字符串为：%s\n",s1);
}
```

程序运行结果如图 4-20 所示。

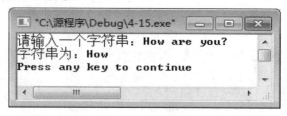

图 4-20 例 4-15 程序运行结果

2) gets 函数

gets 函数从标准输入设备将字符串输入给字符数组或字符指针。其一般格式如下：

gets(字符数组名或字符指针)

gets 函数输入字符串时以【Enter】键作为输入字符串的结束标志，这弥补了 scanf 函数不能输入包含空格的字符串的不足。

【例 4-16】 使用 gets 函数输入字符串。

```c
# include <stdio.h>
main()
{    char    s1[80];
     printf("请输入一个字符串：");
     gets(s1);
     puts("字符串为：");
     puts(s1);
}
```

程序运行结果如图 4-21 所示。

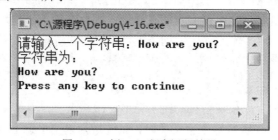

图 4-21 例 4-16 程序运行结果

4.3.3 字符串数组

由于字符串是字符类型的一维数组，因此字符串的一维数组其实就是字符类型的二维数组。例如：

char str[3][50];

既可以将 str 看成是一个二维的 3 行 50 列的字符数组，也可以将 str 看成是一个具有 3 个元素的字符串一维数组，当然它的每一个元素都是一个字符串，也即是一个一维的字符数组。

【例 4-17】 定义一个字符串数组，然后输出其中各字符串。

```
# include <stdio.h>
main()
{
    char s[3][10]={ "chang","jiang","river"};
    int i,j;
    printf("方式一输出：\n");
    for(i=0;i<3;i++)
    {    for(j=0;s[i][j]!='\0';j++)
            printf("%c",s[i][j]);
        printf("\n");
    }
    printf("方式二输出：\n");
    for(i=0;i<3;i++)
        printf("%s\n",s[i]);
}
```

程序运行结果如图 4-22 所示。

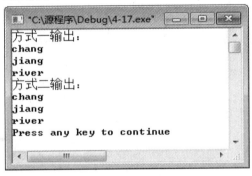

图 4-22　例 4-17 程序运行结果

4.3.4　字符数组的应用

【例 4-18】　将从键盘上输入的一串字符逆序输出。

首先借助 gets 函数解决从键盘获取一串字符的问题，避免了使用 scanf 函数不能完整获取一行字符的问题。实现逆序输出有两个方法：方法一是从字符数组的最后一个字符开始倒着向前输出，字符元素的存储位置不进行置换，如图 4-23 所示；方法二是将字符数组里的元素存储位置进行置换，如图 4-24 所示。本例采用方法二。

[0]	[1]	[2]	[3]	[4]	[5]	[6]	
'a'	'b'	'c'	'd'	'e'	'f'	'\0'	……

图 4-23　逆序输出字符数组元素

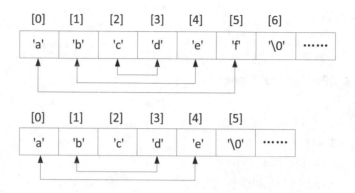

图 4-24 置换字符数组元素

程序如下：

```
# include <stdio.h>
main()
{    char str[100],i,j,count,t;
     printf("请输入一句话：\n");
     gets(str);
     i=0;        /*  统计字符个数  */
     while(str[i]!='\0')
         i++;
     count=i;
     for(i=0,j=count-1;i<count/2;i++,j--)        /*开始逆序处理*/
     {     t=str[i];
         str[i]=str[j];
         str[j]=t;
     }
     printf("输出逆序结果\n");
     printf("%s\n",str);
}
```

程序运行结果如图 4-25 所示。

图 4-25 例 4-18 程序运行结果

【例 4-19】 从键盘上输入一句话，将其中的大写字母转成小写字母，小写字母转成大写字母，其他字符不进行任何处理。

在前面的单元中我们已经学习了使用循环结构处理一行字符，也进行过大小写字母的转换，只需使用遍历字符数组的循环结构语句即可。

程序如下：

```
# include <stdio.h>
main()
{    char str[100];
     int    i;
     printf("请输入一句话\n");
     gets(str);
     i=0;
     while(str[i]!='\0')
     {    if(str[i]<='z'&&str[i]>='a')
              str[i] -= 32;
          else if(str[i]<='Z'&&str[i]>='A')
              str[i] +=32;
          i++;
     }
     printf("%s\n",str);
}
```

程序运行结果如图 4-26 所示。

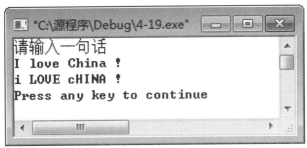

图 4-26 例 4-19 程序运行结果

【例 4-20】 输入一句英文，统计英文单词的个数。

该例中比较棘手之处是如何确定一个形式上单词的开始和结束，在此采用状态法来解决这个关键问题——定义一个表征状态的整型变量 flag，约定 flag 取值为 0 时表示一个单词的开始，如果接下来的字符是一个字母，则统计单词数变量 count 的值可以增 1；flag 取值为 1 时表示正在一个单词内部，此时 count 的值不变。

```
# include <stdio.h>
main()
{    char sentence[100];
```

```
    int i,flag,count;
    printf("请输入一句英文:\n");
    gets(sentence);
    count=0;
    flag=0;    /* 设置状态标识符初值 0，默认这句话从一个单词开始 */
    for(i=0;sentence[i]!='\0';i++)
        if(sentence[i]>='a' && sentence[i]<='z' ||
          sentence[i]>='A' && sentence[i]<='Z')
        /* 字符为字母，可能是单词的最开始，也可能已经在单词内部了 */
        {    if (flag==0)    /* 单词的最开始，需计数 */
                count++;
            /* 本单词已计数，为避免单词内反复计数，将 flag 设置为 1 */
            flag=1;
        }else/* 非英文字母意味着单词已结束，即将开始一个新单词 */
            flag=0;
    printf("count=%d\n",count);
}
```

程序运行结果如图 4-27 所示。

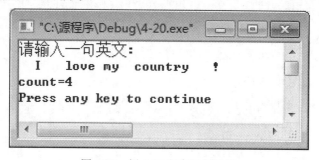

图 4-27　例 4-20 程序运行结果

4.3.5　字符串处理

【例 4-21】　计算一个字符串的长度。

由于字符串是以'\0'字符结尾的字符序列，因此可以以此条件对字符串进行遍历来统计一个字符串中字符的个数。

```
# include <stdio.h>
main()
{    char str[100];
        int i,len=0;
    i=0;
    printf("请输入一串字符\n");
    gets(str);
```

```
    while(str[i]!='\0')        /* 以 str[i]!='\0'为条件 */
        i++;
    len=i;
    printf("字符串的长度为%6d\n",len);
}
```

程序运行结果如图 4-28 所示。

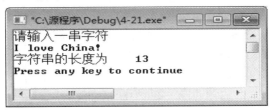

图 4-28 例 4-21 程序运行结果

【例 4-22】 复制字符串。

字符串的复制，就是将字符从一个字符数组中复制到另一个字符数组中的过程。需要注意两点：一是目的字符数组应该有足够的空间来容纳源字符串；二是将源字符数组中的有效字符均复制到目的字符数组之后，需为目的字符串添加'\0'作为字符串结束标志。

```
# include <stdio.h>
main()
{    char str1[100],str2[100];
    int i;
    i=0;
    printf("请输入要复制的字符串\n");
    gets(str2);
    while(str2[i]!='\0')
    {    str1[i]=str2[i];
        i++;
    }
    str1[i]='\0';
    printf("复制结果输出\n%s\n",str1);
}
```

程序运行结果如图 4-29 所示。

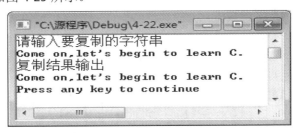

图 4-29 例 4-22 程序运行结果

【例 4-23】 输入两个字符串，比较大小。

两个字符串的大小比较，是将两个字符串中相同位置的字符依次进行比较，首先遇到的不相同字符即可按照字符 ASCII 码值的大小比较出字符串的大小；若一直比较到两个字符数组中的 '\0' 所有对应位置上的字符都相同，则两个字符串相等。

```c
# include <stdio.h>
main()
{    char str1[100],str2[100];
     int i;
     printf("输入字符串 1\n");
     gets(str1);
     printf("输入字符串 2\n");
     gets(str2);
     i=0;
     while(str1[i]==str2[i]&&str1[i]!='\0'&&str2[i]!='\0')
          i++;
     if(str1[i]==str2[i])          /*  或 if(str1[i]=='\0' && str2[i]=='\0') */
          printf("串 %s 等于串 %s\n",str1,str2);
     else if(str1[i]>str2[i])
               printf("串 %s 大于串 %s\n",str1,str2);
          else
               printf("串 %s 小于串 %s\n",str1,str2);
}
```

程序运行结果如图 4-30 所示。

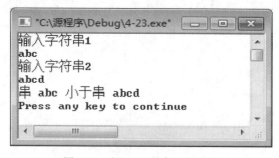

图 4-30　例 4-23 程序运行结果

【例 4-24】 连接两个字符串。

两个字符串的连接，就是将一个字符串附加在另一个字符串的后面。其关键在找出被附加的字符串的结束位置，然后将附加字符串拷贝到被附加字符串的后面。需要注意，应保证被附加字符串有足够的空间。

```c
# include <stdio.h>
main()
{    char str1[100],str2[30];
```

```
    int i,j;
    printf("请输入串 1\n");
    gets(str1);
    printf("请输入串 2\n");
    gets(str2);
    i=0;        /* 寻找 str2 附加的开始位置 */
    while(str1[i]!='\0')
        i++;
    for(j=0;str2[j]!='\0';j++,i++)    /* 开始连接 */
        str1[i]=str2[j];
    str1[i]='\0';
    printf("连接后的字符串\n%s\n",str1);
}
```

程序运行结果如图 4-31 所示。

图 4-31　例 4-24 程序运行结果

习　　题

1. 选择题

(1) 下述对 C 语言字符数组的描述中错误的是_____。

   A. 字符数组可以存放字符串

   B. 字符数组中的字符串可以整体输入、输出

   C. 可以在赋值语句中通过赋值运算符 "=" 对字符数组整体赋值

   D. 不可以用关系运算符对字符数组中的字符串进行比较

(2) 不能把字符串"Hello! "赋给数组 b 的语句是_____。

   A. char b[10]={'H','e','l','l','o','!'};　　　　B. char b[10];b="Hello!";

   C. char b[10]={ "Hello!"};　　　　　　　　D. char b[10]="Hello!";

(3) 给出以下数组定义，正确的叙述是_____。

   char x[ ]= "abcde";

   char y[ ]={'a', 'b', 'c', 'd', 'e'};

A. 数组 x 和数组 y 完全等价　　B. 数组 x 和数组 y 的长度相同

C. 数组 x 的长度小于数组 y 的长度　　D. 数组 x 的长度大于数组 y 的长度

(4) 以下程序的输出结果是_____。

```
# include <stdio.h>
main()
{   char w[ ][10]={ "ABCD","EFGH","IJKL","MNOP"},k;
        for(k=1;k<3;k++)
            printf("%s\n",w[k]);
}
```

A. ABCD　　　　B. ABCD　　　　C. EFG　　　　D. EFGH

　FGH　　　　　　EFG　　　　　　JK　　　　　　IJKL

　KL　　　　　　 IJ　　　　　　　O　　　　　　　

　M　　　　　　　MN　　　　　　P

(5) 以下程序的输出结果是_____。

```
# include <stdio.h>
# include <string.h>
main()
{   char arr[2][4]={ "you","me"};
    arr[0][3]= '&';
    printf("%s\n",arr);
}
```

A. you&me　　　　　B. you　　　　　C. me　　　　　D. y&m

2. 写出以下程序的运行结果

```
# include <stdio.h>
main()
{   char s[]="abcde";
        printf("%ld\n",s+2);
}
```

3. 程序填空

删去字符串 s 中所有空格字符：

```
main()
{   char s[ ]= "Our teacher teaches C language";
    int i,j;
    for(i=j=0;s[i]!= '\0';i++)
        if(s[i]!= ' ')  _____;
    s[j]= '\0';
    printf("%s\n",s);
}
```

单 元 小 结

数组是处理批量数据的必由之路，允许人们方便地处理批量数据；数组还是构建复杂数据类型的基石。

本单元主要介绍了数组的概念以及一维、二维数组的定义、初始化、引用、遍历以及应用等知识，着重讲解了三种小范围内数据的排序算法以及字符串的处理。

单 元 练 习

1. 填空题

(1) 以下能正确定义数组并正确赋初值的语句是_____。

　　A. int N=6,b[N][N];　　　　　　　　B. int a [1][2]={{1},{3}};

　　C. int c[2][1]={{1,2},{3,4}};　　　　 D. int d[3][2]={{1,2},{34}};

(2) 以下程序的输出结果是_____。

```
# include <stdio.h>
# include <string.h>
main()
{    char s[]="\n123\123\\";
         printf("%d,%d\n",strlen(s),sizeof(s));
}
```

　　A. 赋初值的字符串有错　　　　　　　B. 6,7

　　C. 6,6　　　　　　　　　　　　　　　　D. 7,7

(3) 以下定义语句中，错误的是_____。

　　A. int n=5,a[n];　　 B. char a[3];　　 C. char s[10]= "test";　　 D. int a[ ]={1,2};

(4) 若有以下说明：

int a[12]={1,2,3,4,5,6,7,8,9,10, 11,12};

char c='a';

则数值为 4 的表达式是_____。

　　A. a[g-c]　　　　　 B. a[4]　　　　　 C. a['d'-'c']　　　　　 D. a['d'-c]

(5) 执行语句"for(i=0;i<10;i++,++a)   scanf("%d",a);"，试图为 int 类型数组 a[10]输入数据，发现是错误的。错误的原因是_____。

　　A. 指针变量不能做自增运算　　　　　B. 数组首地址不可改变

　　C. ++i 应写作 i++　　　　　　　　　　 D. ++a 应写作 a++

(6) 下述程序用于计算 3×3 矩阵两条对角线元素之和，所提供的选项中正确的是_____。

include <stdio.h>

```
main()
{    int a[][3]={1,2,3,4,5,6,7,8,9};
     int i,j;
     int s1=0;
     int s2=0;
     for(i=0;i<3;i++)
         for(j=0;j<3;j++)
             {    if(i==j)s1+=a[i][j];
                  if(_____)s2+=a[i][j];
             }
         printf("%d,%d\n",s1,s2); }
```

A. i=0&&j=0   B. i>=j   C. i<=j   D. i+j=2

(7) 下述程序用于计算 M×N 矩阵的所有靠外侧的元素值之和,所提供的选项中正确的是_____。

```
# define M 3
# define N 4
# include <stdio.h>
main()
{    int a[M][N]={{3,8,9,10},{2,5,-3,5},{7,0,-1,4}},total,i,j;
     total=0;
     for(i=0;i<M; i=i+M-1)
         for(j=0;j<N;j++)
             total=total+a[i][j];
     for(j=0;j<N;j=j+N-1)
         for(i=1;i<M-1;i++)
             total=total+_____;
     printf("%d\n",total);
}
```

A. a[j][i]   B. a[i*N+j]   C. a[j*M+i]   D. a+i+j

(8) 以下程序的输出结果是_____。

```
# include <stdio.h>
main()
{    int b[3][3]={0,1,2,0,1,2,0,1 ,2},i,j,t=1;
         for(i=0;i<3;i++)
         for(j=i;j<=i;j++)
             t=t+b[i][b[j][ j]];
         printf("%d\n",t);
}
```

A. 3   B. 4   C. 1   D. 9

(9) 下面的程序是用选择法对 10 个整数进行升序排序，所提供的选项中正确的是_____。

```
# define N 10
# include <stdio.h>
main()
{    int i,j,min,temp,a[N];
     printf("请输入十个整数：\n");
     for(i=0;i<N;i++)
     {    printf("a[%d]= ",i);
          scanf("%d",&a[i]);
     }
     printf("\n");
     for(i=0;i<N-1;i++)
     {    min=i;
          for(j=i+1;j<N;j++)
               if(a[min]>a[j])    min=j;
          if(_____)    {temp=a[i];a[i]=a[min];a[min]=temp;}
     }
     printf("\n 排序结果如下：\n");
     for(i=0;i<N;i++)    printf("%5d",a[i]);
}
```
A. min!=i   B. min<>i   C. min=i   D. min==j

(10) 下面程序的功能是在一个按升序排列的数组中插入一个新的元素，并要求保持原来的有序性，所提供的选项中正确的是_____。

```
# include <stdio.h>
main()
{    int a[11]={1,4,6,9,13,16,19,28,40,45};
     int num,i,p;
     printf("插入新元素前的数组元素为：\n");
     for(i=0;i<10;i++)
          printf("%3d",a[i]);
     printf("\n 请输入待插入的新元素：\n");
     scanf("%d",&num);
     for(p=0;p<10&&num>a[p];p++);
          if(p==10)    a[p]=num;
          else
               {    for(i=10; _____;i--)    a[i]=a[i-1];
     a[p]=num;
               }
```

```
    printf("\n 插入结束后的数组元素为：\n");
    for(i=0;i<11;i++)   printf("%3d",a[i]);
    printf("\n");
}
```

A. 0　　　　　　　B. 11　　　　　　　C. p　　　　　　　D. p+1

2. 写出以下程序的运行结果

(1) # include <stdio.h>
```
main()
{   int a[4][4]={{1,2,-3,-4},{0,-12,-13,14},{-21,23,0,-24},{-31,32,-33,0}};
    int i,j,s=0;
    for(i=0;i<4;i++)
        {   for(j=0;j<4;j++)
            {   if(a[i][j]<0)   continue;
                if(a[i][j]==0)   break;
                s+=a[i][j];
            }
        }
        printf("%d\n",s);
}
```

(2) # include <stdio.h>
```
main()
{   int i,j,a[][3]={1, 2,3,4,5,6,7,8,9};
    for(i=0;i<3;i++)
            for(j=i+1;j<3;j++) a[j][i]=0;
    for(i=0;i<3;i++)
    {   for(j=0;j<3;j++)   printf("%d ",a[i][j]);
        printf("\t");
    }
}
```

3. 编写程序

(1) 求数列 1、1、1、3、5、9、17、31、…的前 15 项，此数列的规律是从第 4 个数开始，每个数等于前 3 个数之和。

(2) 某班 30 人，输入该班级某门课程的成绩存入数组，统计不及格和及格人数。

(3) 找出一个二维数组的鞍点。所谓鞍点，即该位置上的元素在所在行最大，但是在所在列最小。

(4) 输入字符串"abc123edf456gh"，其中的数字字符放入 d 数组中，最后输出 d 中的字符串，执行程序后输出"123456"。

第 5 单元 函 数

单元描述

在前面单元的学习中我们知道，C 程序是由函数组成的。前面单元介绍的程序都是由一个主函数 main 构成，程序的所有操作都是在主函数中完成的。事实上，可以在程序中使用多个系统库函数(printf、scanf 等)或自定义函数帮助我们提高程序的模块化、清晰性、代码可复用性以及编程效率，为改善软件质量提供有力的保障。本单元着重介绍函数的基础知识及应用。

学习目标

通过本单元学习，你将能够
- 理解函数的概念、体会使用函数的好处
- 掌握函数定义及函数调用方法
- 应用函数设计程序
- 掌握变量的作用域和生存期

5.1 函数的定义、函数参数和函数值

5.1.1 C 语言对函数的规定

C 语言对函数做出如下规定：

(1) 一个 C 语言程序由一个或多个源程序文件组成。

(2) 一个源程序文件由一个或多个函数组成。

(3) C 语言程序的执行从 main 函数开始，到 main 函数结束。

(4) 所有函数都是平行的，函数不能嵌套定义。

(5) 函数按使用角度分为标准函数和自定义函数。

(6) 函数按形式分为无参函数和有参函数。

5.1.2 函数的定义

1. 函数定义的一般形式

类型说明符 函数名(形参类型 形参名，……，形参类型 形参名)

```
{   声明部分
    语句
    [return 语句]
}
```

函数由函数首部和函数体两部分组成。

(1) 函数首部主要由三部分构成：

① 类型说明符：函数的类型。

② 函数名：命名遵循标识符命名规则。

③ 形参：在函数定义中，括号中的参数称之为形参，定义时应分别指明类型，形参与形参之间用逗号隔开。

(2) 函数体主要由三部分构成：

① 声明部分：定义若干变量，用以帮助形参实现该函数的功能。

② 若干语句：实现该函数的功能。

③ return 语句：带回一个返回值，返回值的类型应与函数类型一致。

2. 函数定义的一些表现形式

(1) 无参函数的定义形式。

```
类型说明符 函数名()
{   声明部分
    语句
    [return 语句]
}
```

由于是无参函数，函数首部括号内是空的，说明没有任何参数。

(2) 有参函数的定义形式。

```
类型说明符 函数名(形参列表)
{   声明部分
    语句
    [return 语句]
}
```

函数首部括号内是形参，可以有一个，也可以有多个。

(3) 空函数的定义形式。

```
类型说明符 函数名()
{   }
```

函数首部括号内是空的，函数体也是空的。此函数没有任何实际功能，只是为将来扩充新功能提供方便。

说明：

(1) 函数类型原则上要求与 return 后表达式类型一致，如不一致，表达式类型会强制转换成函数类型；如果缺省函数类型说明符，则系统一律认为函数的类型为整型；如果函数的确不需要返回值，则函数类型设为 void 型，如后面的 printstar 函数，函数首部可写为：

```
void printstar()
```

(2) return 语句的作用是带返回值到函数调用处；将程序执行流程返回函数调用处。(如果该函数不需要返回值，那么可以省略 return，函数体执行结束后也将程序执行流程返回调用处。)

(3) 如何确定一个函数是否需要返回值，即是否需要 return 语句？首先要看函数功能，然后再看函数调用语句是否被主调函数所使用，如果函数调用语句是一个独立语句，就不需要返回值，函数类型为 void 型；如果函数调用语句在主调函数中是表达式或语句的一个成分，则需要返回值，返回值类型决定函数类型。

【例 5-1】　求两个整数的最大公约数。

该函数的功能是求任意两个整数的最大公约数，定义两个形参 x 和 y，均是整型，表示求 x 和 y 的最大公约数；求得的结果(最大公约数)也是整型，这是需要返回的结果，故函数类型为整型。函数名命名为 gys，得到如下函数：

```
int gys(int x,int y)
{    int z;                         /*  求得的最大公约用 z 存放  */
     实现函数功能的语句
     return (z);                    /* return 语句带回返回值  */
}
```

【例 5-2】　判断某数是否为素数。

该函数的功能是判断任意一个整数是否为素数，定义一个形参 n，类型为整型，表示判断 n 是否为素数；求得的结果用 1 表示"是"，用 0 表示"否"，也是整型，故函数类型为整型。函数名命名为 prim，得到如下函数：

```
int prim(int )
{    int m;
     实现判断素数功能，判断结果若是素数，m 值为 1；判断结果若不是素数，m 值为 0
     return (m);

}
```

习　　题

1. 选择题

(1) 以下叙述中错误的是_____。

    A. 用户定义函数中可以没有 return 语句

    B. 用户定义函数中可有多个 return 语句，以便可以调用一次返回多个函数值

    C. 用户定义函数中若没有 return 语句，则应当定义函数为 void 类型

    D. 函数的 return 语句中可以没有表达式

(2) C 语言的源程序必须包含的函数是_____。

    A. 库函数   B. main 函数   C. 输入输出函数   D. 用户自定义函数

(3) C 语言程序的基本单位是_____。

    A. 程序   B. 语句   C. 字符   D. 函数

2. 填空题

(1) 在 C 语言中，如果不对函数作类型说明，则函数的隐含类型为_____。

(2) 在函数的定义中会涉及函数的参数，函数定义时的参数称为_____。

(3) 函数的定义包括_____和_____两部分。

5.2 函数的调用

5.2.1 函数调用的一般形式

定义函数的目的在于通过调用函数实现其功能。函数调用的一般形式如下：

    函数名(实际参数表)

或

    函数名()

当实际参数(简称实参)多于一个时，各实参之间用逗号隔开。实参的个数和类型必须与所调用函数中的形参相同。对于没有形参的函数，采用无实参的调用形式。

一般情况下，函数调用有两种形式：

(1) 调用的函数用于求出某一个值。这时，函数的调用可以作为表达式出现在允许表达式出现的地方。例如上节中例 5-1 的函数调用可以写成：k=gys(75,50)。

【例 5-3】 读程序，理解有返回值的函数调用。

```c
#include <stdio.h>
int max(int x,int y)
{
    int z;
    z=(x>y)?x:y;
    return z;
}
main()
{
    int a=1,b=2,c;
    c=max(a,b);
    printf("max is   %d\n",c);
}
```

程序运行结果如图 5-1 所示。

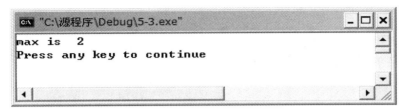

图 5-1　例 5-3 程序运行结果

(2) 调用的函数仅仅是完成某些操作而不返回函数值,这时函数的调用可以作为一条独立的语句。

【例 5-4】　读程序,理解无返回值的函数调用。

```c
#include <stdio.h>
void function()
{
    printf("Hello,World!\n");
}
main()
{
    function();
}
```

程序运行结果如图 5-2 所示。

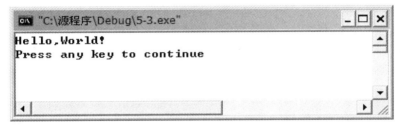

图 5-2　例 5-4 程序运行结果

5.2.2　函数的声明

在 C 语言中,除了 main 函数外,用户所定义的函数遵循"先定义、后使用"的规则。当把函数的定义放在调用之后,应该在调用之前对函数进行声明,即在所调用的函数之后定义,则在调用函数之前需要对被调函数进行声明。

函数声明的一般形式如下:

类型名　函数名(参数类型 1,参数类型 2，…);

或者

类型名　函数名(参数类型 1　参数名 1,参数类型 2　参数名 2，…);

这里的参数名可以是任意的标识符,即不必与函数首部中的形参相同,甚至可以省略。

例如,在例 5-4 中,如果 function 函数在 main 函数之后定义,则需在 main 函数之前加以说明，程序修改如下：

```
#include <stdio.h>
void function();
main()
{    function();
}
void function()
{    printf("Hello,World!\n");
}
) ;
```

某些情况下也可省略对被调函数的声明：

(1) 被调函数的定义在主调函数之前，即先定义后调用。

(2) 被调函数的返回值类型是整型或字符型。

5.2.3　函数参数的传递方式

有参函数调用时，主调函数与被调函数之间存在着数据传递的关系，即主调函数调用被调函数时将实参的值传递给形参，而被调函数向主调函数传递数值则是利用 return 语句实现的。

在 C 语言中，函数的参数传递有两种方式：按值传递，按地址传递。

1. 值传递

当形参定义为一般变量时，函数的参数传递就是按值传递方式，简称为值传递。它是指当一个函数被调用时，根据实参和形参的对应关系将实参的值一一传递给形参。

值传递是一种单向的数据传递，即实参向形参传递数据，但形参数据的改变不会影响到实参的值。

【例 5-5】　函数参数的值传递方式。

```
#include <stdio.h>
void swap(int a,int b);
main()
{
    int x=7,y=11;
    printf("交换之前：");
    printf("x=%d,y=%d\n",x,y);
    swap(x,y);
    printf("交换之后:");
    printf("x=%d,y=%d\n",x,y);
}
void swap(int a,int b)
{    int temp;
```

```
    temp=a;
    a=b;
    b=temp;
}
```

程序运行结果如图 5-3 所示。

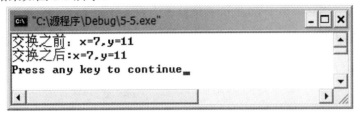

图 5-3　例 5-5 程序运行结果

该程序首先在 main 函数中定义了两个整型变量 x 和 y，其初始值分别为 7 和 11，然后调用 swap 自定义函数试图交换 x、y 的值，可结果是，调用函数 swap 以后，x 和 y 的值并没有交换，x 仍然是 7，y 仍然是 11。为什么会出现这种情况呢？这是因为实参 x 和 y 对应的内存单元与形参 a 和 b 对应的内存单元是各不相同的，在函数调用时，将 x 的值 7 传递给形参 a，y 的值 11 传递给形参 b，如图 5-4 所示。但在 swap 函数体内只是将 a 和 b 的值交换了，即 a 的值变为 11，b 的值变为 7，当函数 swap 执行完毕返回时，a 和 b 的内存单元就释放了，变量 x 和 y 所对应的内存单元并没有作任何的改变，如图 5-5 所示。

图 5-4　调用函数时将实参传给形参　　　　图 5-5　调用函数后，形参值不传给实参

2. 地址传递

当形参定义为数组名或指针变量时，函数的参数传递是按地址传递方式，简称为地址传递。它是指当一个函数被调用时，把实参的值(地址值)传递给形参。

值传递与地址传递方式只是传递的数据类型不同，值传递方式传递一般的数值，而地址传递方式传递的是地址值。地址传递方式实际上是值传递方式的一个特例，本质还是传值，只是此时传递的是一个地址数据值。

地址传递方式形参与实参指向同样的内存单元，函数中对形参值的改变也会改变实参的值。因此，函数参数的地址传递方式可实现调用函数与被调函数之间的双向数据传递。注意，形参必须是指针(地址)变量，而实参可以是地址常量或指针(地址)变量。比较典型的地址传递方式就是用数组名作为函数的参数，在用数组名作函数的参数时，不是进行值的传递，即不是把实参数组的每一个元素的值都赋予形参数组的各个元素。因为实际上形参数组并不存在，编译系统不为形参数组分配内存。由于数组名就是数组的首地址，因此在数组名作函数参数时所进行的传递只是地址的传递，也就是说，把实参数组的首地址赋予形参数组名。形参数组名取得该首地址之后，也就等于有了实在的数组。实际上，是形参数组和实参数组为同一数组，共同拥有同一段内存空间。

【例 5-6】 10 个人的成绩存放在数组中，定义函数对成绩进行处理，将低于 60 分的成绩修改为 60。

将 10 个人的成绩存放于数组 score 中，以 score 作为实参调用函数 pass。函数 pass 处理形参数组 array，将其中小于 60 的元素值修改为 60。

```c
# include <stdio.h>
void pass(int array[],int n);
main()
{
    int score[10]={70,45,90,65,53,85,55,75,66,77},i;
    printf("处理之前的原始成绩如下：\n");
    for(i=0;i<10;i++)
        printf("%3d",score[i]);
    printf("\n");
    pass(score,10);
    printf("处理之后的成绩如下：\n");
    for(i=0;i<10;i++)
        printf("%3d",score[i]);
    printf("\n");
}
void pass(int array[],int n)
{
    int i;
    for(i=0;i<n;i++)
        if(array[i]<60)    array[i]=60;
}
```

程序运行结果如图 5-6 所示。

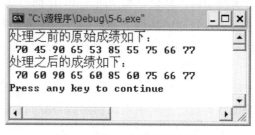

图 5-6 例 5-6 程序运行结果

由于 pass 函数的参数为数组名，因此是地址传递方式。形参数组 array 获得了实参数组名 score 传来的数组首地址，则 array 与 score 数组共用一段存储空间。当形参数组元素的值被修改时，实参数组元素的值自然也同步发生了改变，如图 5-7 所示。

	score		array
score[0]	70	array[0]	
score[1]	45	array[1]	
score[2]	90	array[2]	
score[3]	65	array[3]	
score[4]	53	array[4]	
score[5]	85	array[5]	
score[6]	55	array[6]	
score[7]	75	array[7]	
score[8]	66	array[8]	
score[9]	77	array[9]	

图 5-7 地址传递时实参与形参的对应关系

习　题

1. 选择题

(1) 函数的实参不能是_____。

  A. 变量   B. 常量

  C. 语句   D. 函数调用表达式

(2) 下列函数 f(double x) {printf("%6d\n",x);}的类型为_____。

  A. float 型   B. void 类型

  C. int 类型   D. A、B、C 均不正确

(3) 一个 C 语言的程序总是从_____开始执行的。

  A. main 函数   B. 语句

  C. 文件中的第一个子函数调用 D. 文件中的第一条语句

(4) 关于函数的调用，以下错误的描述是_____。

  A. 出现在执行语句中   B. 出现在一个表达式中

  C. 作为一个函数的实参   D. 作为一个函数的形参

2. 填空题

(1) 执行完下列语句段后，i 值为_____。

  int i;

  int f(int x)

  { int k=0;x+=k++;return x;}

  i=f(f(1));

(2) 以下程序运行后的输出结果是_____。

  # include <stdio.h>

```
void fun(int x,int y)
{    x=x+y;   y=x-y;   x=x-y;
     printf("%d,%d,",x,y);
}
main()
{    int x=2,y=3;
     fun(x,y);
     printf("%d,%d\n",x,y);
     return;
}
```

3. 编写程序

(1) 编写函数 area 求解圆的面积，在主函数 main 中输入圆半径，调用 area 函数求出圆的面积并输出。

(2) 编写函数 prime 判断一个数是否素数，在主函数 main 中输入一个整数，调用 prime 函数判断其是否素数，并输出"yes"或"no"。

5.3　函数的嵌套调用与递归调用

5.3.1　函数的嵌套调用

C 语言的函数定义都是互相平行、互相独立的，也就是说在定义函数时，一个函数内不能包含另一个函数的定义，即不能嵌套定义函数。但是，C 语言允许在一个函数的定义中出现对另一个函数的调用。这样就出现了函数的嵌套调用，即在被调函数中又调用其他函数。

如图 5-8 所示的是两层嵌套(包括 main 函数共 3 层函数)，其执行过程如下：

① 执行 main 函数的开头部分；

② 遇调用 a 函数的语句，流程转去 a 函数；

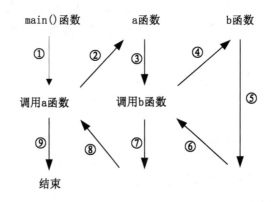

图 5-8　函数的嵌套调用

③ 执行 a 函数的开头部分；

④ 遇调用 b 函数的语句，流程转去 b 函数；

⑤ 执行 b 函数，如果再无其他嵌套的函数，则完成 b 函数的全部操作；

⑥ 返回调用 b 函数处，即返回 a 函数；

⑦ 继续执行 a 函数中尚未执行的部分，直到 a 函数结束；

⑧ 返回 main 函数中调用 a 函数处；

⑨ 继续执行 main 函数的剩余部分直到结束。

【例 5-7】 读程序，理解函数的嵌套调用。

```c
# include <stdio.h>
int f2(int m)
{    int x;
     x=2*m;
     return (x);
}
int f1(int n)
{    int y;
     if (n>5) y=f2(n);
     else
          y=2*n;
     return (y);
}
main()
{    int a;
     scanf("%d",&a);
     printf("%d\n",f1(a));
}
```

程序运行结果如图 5-9 所示。

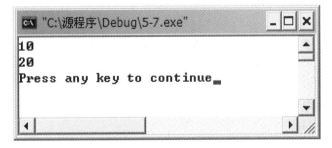

图 5-9 例 5-7 程序运行结果

分析程序的执行过程和运行结果如下：

① 从 main 函数开始执行，执行到函数调用 f1(a)；

② 实参 a 向形参 n 传递值；

③ 形参 n 获得值 10,执行 f1 函数;

④ 由于 n>5 成立,执行函数调用语句:y=f2(n);

⑤ 实参 n 向形参 m 传递值;

⑥ 形参 m 获得值 10,执行 f2 函数;

⑦ f2 函数的执行结果 x 为 20,将 20 返回值带回主调函数 f1;

⑧ f1 函数继续执行,y 为 20,将 20 返回值带回主调函数 main;

⑨ main 函数继续执行,输出结果为 20;

⑩ 碰到"}",程序结束。

5.3.2 函数的递归调用

1. 什么是递归调用

在调用一个函数的过程中,又出现直接或间接地调用该函数本身,称为函数的递归调用。

2. 递归的方式

递归分直接递归和间接递归两种方式。

如图 5-10 所示是直接递归,f 函数在执行的过程中又调用 f 本身;如图 5-11 所示是间接递归,f1 函数在执行过程中调用 f2 函数,f2 函数在执行过程中又调用 f1 函数。

在没有任何限制条件下,这样的递归调用会出现什么后果?显然,调用会无休止地进行下去,出现死循环,最后死机。怎样避免这种情况呢?方法是设置递归出口。

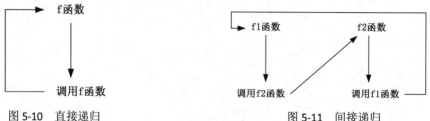

图 5-10　直接递归　　　　　　　　图 5-11　间接递归

【例 5-8】　5 个小朋友排着队猜年龄,第 1 个小朋友 10 岁,其余的年龄后一个比前一个大 2 岁,请问第 5 个小朋友的年龄是多大?

算法思想:

设 age(n)是求第 n 个人的年龄,那么,根据题意,可知:

age(5)=age(4)+2

age(4)=age(3)+2

age(3)=age(2)+2

age(2)=age(1)+2

age(1)=10

可以用数学公式表述如下:

$$age(n) = \begin{cases} 10 & (n = 1) \\ age(n-1) + 2 & (n > 1) \end{cases}$$

如图 5-12 所示是求第 5 个人年龄的过程。

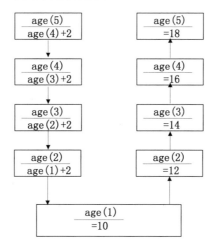

图 5-12　求第 5 个人年龄的过程

递归分为两个阶段：第一阶段是"回推"，欲求第 5 个，"回推"到第 4 个，而第 4 个未知，"回推"到第 3 个，……，直到第 1 个，age(1)=10；第二阶段"递推"，从第 1 个推算第 2 个(12 岁)，从第 2 个推算出第 3 个(14 岁)，……，一直推算到第 5 个(18 岁)。

该例题的递归结束条件：age(1)=10，这就是递归出口。

```c
#include <stdio.h>
int age(int n)            /* 求年龄的递归函数 */
{    int c;
     if (n==1) c=10;
     else c=age(n-1)+2;
     return (c);
}
main()
{    printf("age(5)=%d\n",age(5));
}
```

程序运行结果如图 5-13 所示。

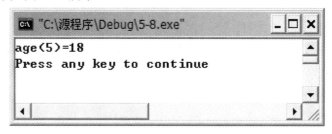

图 5-13　例 5-8 程序运行结果

【例 5-9】　运用递归求 1+2+3+…+n 的和。

算法思想：采用递归方法求 1+2+3+…+n 的和。

假设 sum(n)的功能是求前 n 项的和，若求出前 n-1 项的和，则前 n-1 项的和加第 n 项即为前 n 项的和。

该问题的递归公式：

$$sum(n) = \begin{cases} 1 & (n = 1) \\ sum(n-1) + n & (n > 1) \end{cases}$$

n 为 1 时，函数值为 1 是递归出口。

```c
#include <stdio.h>
int sum(int n)
{    int y;
     if (n==1) y=1;
     else y=sum(n-1)+n;
     return (y);
}
main()
{    int n;
     scanf("%d",&n);
     printf("%d\n",sum(n));
}
```

程序运行结果如图 5-14 所示。

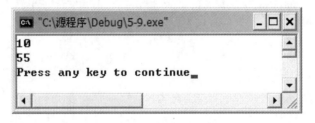

图 5-14   例 5-9 程序运行结果

习　　题

1. 选择题

(1) 在函数调用过程中，如果函数 A 调用了函数 B，函数 B 又调用了函数 A，则_____。

　　A. 称为函数的直接递归调用　　　　　　B. 称为函数的间接递归调用

　　C. 称为函数的循环调用　　　　　　　　D. C 语言中不允许这样的递归调用

(2) C 语言中的函数_____。

　　A. 可以嵌套定义　　　　　　　　　　　B. 不可以嵌套调用

　　C. 可以嵌套调用，但不能递归调用　　　D. 嵌套调用和递归调用均可

(3) 对下列递归函数：int f(int n) { return (n==0)?1:f(n-1)+2;}，函数调用 f(3) 的返回值是_____。

A. 5　　　　　　B. 6　　　　　　C. 7　　　　　　D. 以上均不是

2. 填空题

(1) 执行完下列语句段后，i 值为_____。

```
int i;
int f(int x)
{   return ((x>0)?f(x-1)+f(x-2):1);
}
i=f(3);
```

(2) 以下程序运行后的输出结果是_____。

```
# include <stdio.h>
main()
{   printf("%d", fun(5));
}
    fun (int n)
    {   int t;
        if ( n==0 || n==1 )   t=1;
        else   t=n*fun(n-1);
        return t;
    }
```

5.4　函数应用举例

【例 5-10】　利用字符串库函数完成字符串的长度统计。

库函数 strlen 的函数原型为"int strlen(char * str); "，返回字符串 str 的长度，该函数由头文件"string.h"来统一声明。由于指针的知识尚未学习，在此使用字符数组来存储字符串，数组名本身也为指针。

```
# include <stdio.h>
# include <string.h>/*  对于库函数我们使用 include 来完成库函数声明  */
main()
{   char str[80];
    int length;
    printf("输入一串字符\n");
    gets(str);
    length=strlen(str);
    printf("字符串\"%s\"\n 长度是%d\n",str,length);
}
```

程序运行结果如图 5-15 所示。

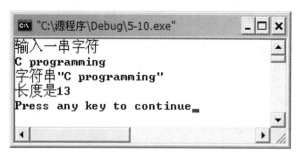

图 5-15　例 5-10 程序运行结果

【例 5-11】　利用字符串库函数完成字符串的复制。

库函数 strcpy 原型为"char * strcpy(char * dest,char * src);"，将字符串 src 复制至字符串 dest 中，该函数由头文件"string.h"来统一声明。

```c
# include <stdio.h>
# include <string.h>
main()
{    char dest[80],src[80];
     printf("输入一串字符\n");
     gets(src);
     strcpy(dest,src);
     printf("输出复制结果\n");
     puts(dest);
}
```

程序运行结果如图 5-16 所示。

图 5-16　例 5-11 程序运行结果

【例 5-12】　利用字符串库函数完成字符串的连接。

库函数 strcat 原型为"char * strcat(char * dest,char * src);"，将字符串 src 拼接至字符串 dest 尾部，该函数由头文件"string.h"来统一声明。

```c
# include <stdio.h>
# include <string.h>
main()
{    char dest[80],src[10],orign[80];
     printf("输入串字符 1\n");
     gets(dest);
```

```
        printf("输入串字符 2\n");
        gets(src);
        strcpy(orign,dest);
        strcat(dest,src);
        printf("输出连接结果\n");
        printf("字符串\"%s\"与字符串\"%s\"\n 连接之后的结果: %s\n", orign,src,dest);
}
```

程序运行结果如图 5-17 所示。

图 5-17　例 5-12 程序运行结果

【例 5-13】　利用字符串库函数完成字符串的大小比较。

库函数 strcmp 原型为"int strcmp(char * str1，char * str2); "，函数返回值大于 0，表明字符串 str1 大于字符串 str2；返回值小于 0，表明字符串 str1 小于字符串 str2；返回值等于 0，表明字符串 str1 与 str2 相等。该函数由头文件"string.h"来统一声明。

```
# include <stdio.h>
# include <string.h>
main()
{   char str1[80],str2[10],result;
    printf("输入串字符 1\n");
    gets(str1);
    printf("输入串字符 2\n");
    gets(str2);
    result=strcmp(str1,str2);
    if(result>0)
        printf("字符串\"%s\" 大于 字符串\"%s\"\n",str1,str2);
    else
        if(result<0)
            printf("字符串\"%s\" 小于 字符串\"%s\"\n",str1,str2);
        else
            printf("字符串\"%s\" 等于 字符串\"%s\"\n",str1,str2);
}
```

程序运行结果如图 5-18 所示。

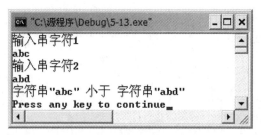

图 5-18　例 5-13 程序运行结果

【例 5-14】　编写程序打印输出下面*号构成的三角形。

```
    *
   ***
  *****
 *******
*********
```

通过观察发现每行的'*'和行数的关系是 2*n-1，每行开头的空格数是 4、3、2、1，0。在此定义一个函数 print 完成所有字符的输出。

```c
# include <stdio.h>
main()
{    void print(char ch , int n);        /* 自定义函数 print 的声明 */
     int i;
     for (i=1;i<6;i++)
     {    print(' ',11-i);
          print('*',2*i-1);
          printf("\n");
     }
}
void print(char ch,int n)                /* 定义函数 print */
{    int i;
     for (i=1;i<=n;i++)
          printf("%c",ch);
}
```

程序运行结果如图 5-19 所示。

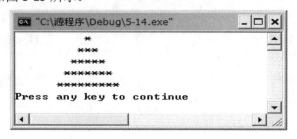

图 5-19　例 5-14 程序运行结果

【例 5-15】　输出 100～200 之间的所有素数。

要输出 100～200 之间的素数，首先我们要判断一个数是不是一个素数，在此自定义函数 isPrime 来完成此功能。

```c
# include <stdio.h>
# define true 1
# define false 0
main()
{   int isPrime(int num);
    int i,count;
    for (i=100,count=0;i<=200;i++){
        if (isPrime(i))
        {   printf("%5d",i);
            count++;
            if(count%5==0)
                printf("\n");
        }
    }
    printf("\n");
}
int isPrime(int num)          /*  自定义函数 isPrime 完成素数判断  */
{   int i;
    if(num<=1)
        return false;
    for(i=2;i*i<=num;i++)
    {   if(num%i==0)
            return false;
    }
    return true;
}
```

程序运行结果如图 5-20 所示。

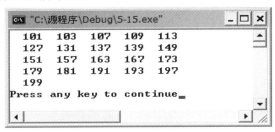

图 5-20　例 5-15 程序运行结果

【例 5-16】　用递归法编写乘方函数 pow(x,n)，n 规定是整数。

此问题有如下递归公式：

$$pow(x,n) = \begin{cases} pow(x,n-1)*x & n > 0 \\ 1 & n = 0 \\ pow(x,n+1)/x & n < 0 \end{cases}$$

从上面的递归公式看出，n=0 时，有确定的解 1；当 n>0 时，大规模能分解成小规模 "pow(x,n-1)*x" 求解；当 n<0 时，大规模能分解成小规模 "pow(x,n+1)/x" 求解，非常适合使用函数递归调用的方式求解本例。

```c
# include <stdio.h>
main()
{    float pow(float x,int n);
     float y,z;
     int m;
     printf("y,m=");
     scanf("%f,%d",&y,&m);
     z=pow(y,m);
     printf("z=%.2f\n",z);
}
float pow(float x,int n)    /*  定义函数 pow */
{    if (n==0)
          return 1;
     else
          if(n>0)
               return pow(x,n-1)*x;
          else
               return pow(x,n+1)/x;
}
```

程序运行结果如图 5-21 所示。

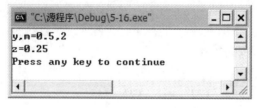

图 5-21 例 5-16 程序运行结果

【例 5-17】 用递归法输出斐波数列的前 20 个数。

斐波数列有下面的递归公式：

$$fib(n) = \begin{cases} 1 & n = 1 \\ 1 & n = 2 \\ fib(n-2) + fib(n-1) & n > 2 \end{cases}$$

首先，当 n=1 或 n=2 时，有确定的解 1，其次，当 n>2 时，大规模分解成小规模
"fib(n-2)+fib(n-1)" 求解。

```c
# include <stdio.h>
main()
{    long fib(int n);
     int i;
     for(i=1;i<=20;i++)
     {    printf("%-10ld",fib(i));
          if (i % 4==0)     printf("\n");
     }
}
long fib(int n) /* 定义函数 fib */
{    if (n==1 || n==2)
          return 1L;
     else
          return fib(n-2)+fib(n-1);
}
```

程序运行结果如图 5-22 所示。

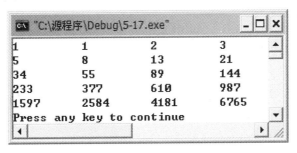

图 5-22　例 5-17 程序运行结果

习　　题

1. 选择题

(1) 在 C 语言中，若对函数类型未加显式说明，则函数的隐含类型是_____。

    A. void　　　　　　　B. double　　　　　　C. int　　　　　　　D. char

(2) 下述程序段的输出结果是_____。

```c
int x=10;
int y=x++;
printf("%d,%d", (x++,y) , y++);
```

    A. 11,10　　　　　　 B. 11,11　　　　　　 C. 10,10　　　　　 D. 10,11

(3) 若程序中定义了以下函数：

　　double myadd(double a,double B){ return (a+B);}

并将其放在调用语句之后定义，则在调用之前应该对该函数进行说明，以下选项中错误的是_____。

    A. double myadd(double a, B)   B. double myadd(double,double)

    C. double myadd(double b,double A)   D. double myadd(double x, double y)

(4) 下列程序的输出结果为_____。

```
# include <stdio.h>
fun (int n)
{    int t;
     if ((n==0)||(n==1)) t=1;
     else t=n*fun(n-1);
     return t;
}
main()
{    printf("%d\n",fun(4));
}
```

    A. 24   B. 48   C. 72   D. 96

(5) 以下程序的输出结果是_____。

```
# include <stdio.h>
int abc(int u,int v);
main()
{    int a=24,b=16,c;
     c=abc(a,b);
     printf("%d\n",c);
}
int abc(int u,int v)
{    int w;
     while(v)
     { w=u%v;u=v;v=w; }
     return u;
}
```

    A. 6   B. 7   C. 8   D. 9

2. 写出以下程序的运行结果

```
# include <stdio.h>
void p(int n)
{    printf("$$$$\n");
     if (n==1)
```

```
        printf("****\n");
    else
        p(n-1);
    printf("????\n");
}
main()
{   printf("++++\n");
    p(4);
    printf("----\n");
}
```

3. 程序填空

定义函数 fact 求解 n!值，并在 main 中调用函数求 6!+8!+12!的值。

```
# include <stdio.h>
long fact(int n);
main()
{   long s;
    s=_____;
    printf("s=%ld\n",s);
}
long fact(int n)
{   long t;
    int i;
    t=1;
    for (i=1;i<=n;i++)
        _____;
    return t;
}
```

5.5 变量的作用域和生存期

在 C 语言中，变量有两种属性：一是使用范围，称为作用域，与变量定义的位置有关；二是生存期，与变量定义的存储类型有关。

5.5.1 变量的作用域

变量的作用域是指变量的有效范围。根据变量的作用域不同，变量可分为局部变量和全局变量。

1. 局部变量

在某个函数中定义的变量称为局部变量。局部变量的作用域是本函数，即局部变量只能在本函数中使用，在其他函数中不能使用。

关于局部变量的几点说明：

(1) 不同的函数中允许有同名的变量，它们的作用域不同，互不干扰。

(2) 函数的形参也是局部变量。

(3) 在函数内部，允许在复合语句的声明部分定义变量，该变量的作用域为此复合语句。

【例 5-18】 运行下面程序，分析运行结果。

```c
# include <stdio.h>
void fun1()
{    int x;      /* x 是 fun1 中的局部变量  */
    x=10;
    printf("%d\n",x);
}
void fun2(int y)
{    printf("%d\n",y);
    y=10;      /*  形参 y 是 fun2 中的局部变量  */
    printf("%d\n",y);
}
main()
{    int x,y;    /* x、y 是 main 中的局部变量  */
    x=5;
    fun1();
    printf("%d\n",x);
    y=5;
    fun2(y);
    printf("%d\n",y);
}
```

程序运行结果如图 5-23 所示。

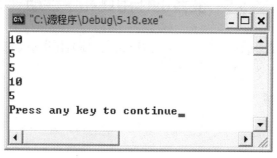

图 5-23　例 5-18 程序运行结果

程序分析如下：

main 主函数和 fun1 函数都有名为 x 的变量，虽然变量名相同，但它们是两个不同的变量，占据不同的存储空间，分别处于两个不同的作用域，两者之间没有任何关系。因此，在 fun1 函数中输出 x 的值为 10，而在 main 函数中输出 x 的值为 5。

fun2 函数的形参 y 是 fun2 函数的局部变量，它只属于函数 fun2；在 main 主函数中也说明了同样名字 y 的局部变量，它只属于函数 main。函数调用时主调函数的实参值传递给被调函数的形参是单向的，被调函数处理完数据后，形参的值并不回传给实参。

2. 全局变量

在函数之外定义的变量称为全局变量，它不属于某个函数，其作用域从定义全局变量的位置开始到本源文件结束。如果在全局变量定义位置之前的函数想使用该全局变量，则需要在该函数中用关键字 extern 对这个全局变量进行外部变量声明。

【例 5-19】 运行下面程序，分析运行结果。

```c
#include <stdio.h>
int a=5;          /* a 是全局变量 */
void fun1()
{    printf("%d\n",a);
     a=15;
     printf("%d\n",a);
}
main()
{    printf("%d\n",a);
     a=10;
     fun1();
     printf("%d\n",a);
}
```

程序运行结果如图 5-24 所示。

图 5-24 例 5-19 程序运行结果

程序分析如下：

变量 a 是全局变量，在 main 主函数和 fun1 函数中都可使用，都可改变 a 的值。

【例 5-20】 运行下面程序，分析运行结果。

```c
#include <stdio.h>
```

```
int a=5;          /* 定义全局变量 a */
void fun(){
    int a=8;
    printf("%d\n",a);
    a=15;         /*定义 fun 中局部变量 a */
    printf("%d\n",a);
}
main()
{   printf("%d\n",a);
    a=10;         /* 定义 main 中的局部变量 a */
    fun();
    printf("%d\n",a);
}
```

程序运行结果如图 5-25 所示。

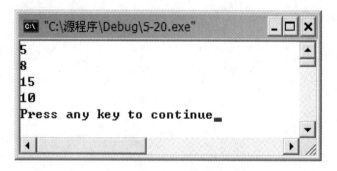

图 5-25　例 5-20 程序运行结果

当全局变量与局部变量的名字重名时，也即作用域重叠时，在函数内起作用的是局部变量。

5.5.2　变量的生存期

定义变量时可以规定存储类型，存储类型规定了变量的生存期。程序中的数据存储可以简单地分为两种方式：静态存储方式和动态存储方式。

静态存储方式的变量，从程序开始执行时分配存储空间，直到程序执行结束才释放其存储空间。

动态存储方式的变量，在函数调用时分配动态存储空间，函数调用结束释放存储空间。

静态存储方式的变量在程序运行期间一直"存活"，而动态存储方式的变量则时而存在时而消失。这种由于变量存储方式不同而产生的特性称为变量的生存期。一个变量属于哪种存储方式，由存储类型决定。

C 语言中有 auto、static、register、extern 四种存储类型，在变量定义时指定。其一般格式如下：

存储类型　类型说明符　变量名;

其中 auto 和 register 属于动态存储方式，static 和 extern 属于静态存储方式。

1. auto 类型

声明一个自动存储类型变量的方法是在变量类型说明符前加上关键字"auto"，例如：

auto int i;

一般的局部变量说明前面没有规定存储类型，默认为 auto 自动存储类型。auto 存储类型变量的生存期就是其作用域，也即 auto 自动存储类型的局部变量在其所在函数说明时分配存储单元并开始其生存期，所在函数运行完毕收回存储单元，结束生存期。

全局变量不能被说明为 auto 类型。

【例 5-21】 运行下面程序，分析运行结果。

```
#include <stdio.h>
void fsum(int x)
{    int s=0;    /* 本行等价于 auto int s=0;变量是 auto 自动存储类型  */
     s=s+x*x;
     printf("s=%d\n",s);
}
main()
{    fsum(5);
     fsum(10);
}
```

程序运行结果如图 5-26 所示。

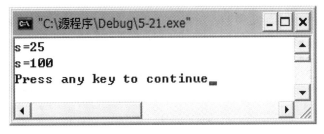

图 5-26　例 5-21 程序运行结果

程序分析如下：

fsum 函数的形参 x 默认是 auto 自动存储类型，从 main 主函数开始运行，第一次调用 fsum 函数时分配 4 个存储单元，开始 x 的生存期，将实参的值 5 传递给 x。执行函数体，"int s=0; "变量 s 默认为 auto 自动存储类型，分配 4 个存储单元，开始 s 的生存期，赋初值为 0；接着执行"s=s+x*x; "，变量 s 被赋值为 25，屏幕输出为"s=25"，此次 fsum 函数运行完毕，释放 s 和 x 的存储单元，局部变量 s 和 x 生存期结束。

程序继续执行，第二次调用 fsum 函数，再一次给形参 x 分配 4 个存储单元，开始 x 的生存期，将实参的值 10 传递给 x。执行"int s=0; "，定义 auto 类型变量 s，为 s 分配 4 个存储单元，开始 s 的生存期，赋初值为 0，执行语句"s=s+x*x; "，变量 s 被赋值为 100，屏幕输出为"s=100"，fsum 函数运行再次完毕，释放 s 和 x 的存储单元，局部变量 s 和 x 生存期结束。返回 main 函数，整个程序运行结束。

2. static 类型

声明一个静态存储类型变量的方法是在变量类型说明符前加上关键字"static",例如:

```
static   int   i;
```

static 类型变量被分配在内存的静态存储区中,其生存期是整个程序运行期。局部变量和全局变量均可说明为 static 类型。全局变量无论是否说明为 static 类型,都将占用静态存储区。静态类型的局部变量具有局部变量的作用域,却有着全局变量的生存期。

静态类型的局部变量只在第一次执行时进行初始化,声明静态类型变量时应指定其初始值,若没有指定,编译系统会将其初始值默认为 0。

【例 5-22】 运行下面程序,分析运行结果。

```
#include <stdio.h>
void fsum(int x)
{    static int s=0;  /* 变量 s 为 static 静态存储类型 */
     s=s+x*x;
     printf("s=%d\n",s);
}
main()
{    fsum(5);
     fsum(10);
}
```

程序运行结果如图 5-27 所示。

图 5-27   例 5-22 程序运行结果

程序分析如下:

fsum 函数中的局部变量 s 的存储类型为 static,在整个程序运行之前分配存储单元,开始生存期,并初始化为 0。第一次调用 fsum 函数时,x 值为 5,s 值为 25,屏幕输出为"s=25"。第二次调用 fsum 函数时,x 值为 10,注意此次调用 fsum 函数时并不会重新为静态类型变量 s 分配存储空间,也不会重新初始化为 0,s 值为 25,执行"s=s+x*x;"后,s 值为 125,屏幕输出为"s=125"。返回 main 函数,整个程序运行结束,才释放 s 的存储空间,结束生存期。

3. register 类型

声明一个寄存器存储类型变量的方法是在变量类型说明符前加上关键字"register",例如:

```
register   int   i;
```

register 类型的变量直接存储在 CPU 中的寄存器中，可提高变量的存取速度。由于大多数编译系统有优化处理能力，能自动识别使用频繁的变量并将其转为 register 变量，因此在程序中指定 register 变量可能无效，故很少由程序员自行定义使用。

4. extern 类型

声明一个外部存储类型变量的方法是在变量类型说明符前加上关键字"extern"，例如：

```
extern   int   i;
```

在 C 语言中，在两种情况下会使用外部变量：

(1) 在同一个源文件中，若定义的变量使用在前、定义在后，此时在使用前要声明为外部变量，否则编译出错。

(2) 当由多个源程序文件组成一个完整的程序，且在一个源程序文件中定义的变量被其他源程序文件引用时，引用的文件要用 extern 对该变量进行外部声明。

【例 5-23】 阅读下面程序，分析运行结果。

```c
#include <stdio.h>
int max(int x,int y)
{    int z;
     z=x>y?x:y;
     return (z);
}
void main()
{    extern a,b;
     printf("%d\n",max(a,b));
}
int a=18,b=12;
```

程序运行结果如图 5-28 所示。

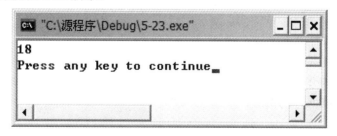

图 5-28 例 5-23 程序运行结果

习 题

1. 选择题

(1) 以下叙述中正确的是_____。

    A. 全局变量的作用域一定比局部变量的作用域范围大

    B. 静态(static)变量的生存期贯穿于整个程序的运行期间

    C. 函数的形参都属于全局变量

    D. 未在定义语句中赋初值的 auto 变量和 static 变量的初值都是随机值

(2) 下列说法错误的是_____。

    A. 变量的定义可以放在所有函数之外

    B. 变量的定义可以放在某个复合语句的开头

    C. 变量的定义可以放在函数的任何位置

    D. 变量的定义可以不放在本编译单位内，而放在其他编译单位内

(3) 下面程序的运行结果为_____。

```c
#include <stdio.h>
int a=3 , b=5;
max(int a ,int b)
{    int c;
     c=a>b?a:b;
     return(c);
}
main()
{    int a=16;
     printf("%d\n",max(a,b));
}
```

    A. 3   B. 5   C. 16   D. 语法错

(4) 如果输入 an apple，请问以下程序的输出结果为_____。

```c
#include <stdio.h>
#include <string.h>
main()
{    void inverse(char str[]);
     char str[100];
     scanf("%s",str);
     inverse(str);
     printf("%s\n",str);
}
void inverse(char str[100])
{    char t;
     int i,j;
     for(i=0,j=strlen(str);i<strlen(str)/2;i++,j--)
     {    t=str[i];
          str[i]=str[j-1];
          str[j-1]=t;
```

```
        }
    }
```

A. an apple   B. elpna na   C. an   D. na

(5) 下面程序的输出结果是_____。

```
#include <stdio.h>
main()
{   void add();
    int i;
    void add();
    for(i=0;i<2;i++)
    add();
}
void add()
{   int x=0;
        static int y=0;
        printf("%d,%d\n",x,y);
        x++;
        y=y+2;
}
```

A. 0,0   B. 0,0   C. 0,0   D. 0,0

     0,2   1,2   2,2

2. 写出以下程序的运行结果

```
#include <stdio.h>
int f(int b[][4])
{   int i,j,s=0;
    for(j=0;j<4;j++)
    {   i=j;
        if(i>2)   i=3-j;
        s+=b[i][j];
    }
    return s;
}
main( )
{   int a[4][4]={{1,2, 3,4},{0,2,4,5},{3,6,9,12},{3,2,1,0}};
    printf("%d\n",f(a) );
}
```

3. 程序填空

请编写函数 fun 完成两个数大小比较，调用函数 fun 比较 3、8、6 三个数的大小。

```
#include <stdio.h>
int fun(int a, int b)
{    if(a>b)
              _____;
         else
              return(b);
}
main()
{    int x=3, y=8, z=6, r;
     r=fun(fun(x,y), 2*z);
     printf("%d\n", r);
}
```

单 元 小 结

函数的出现使得用 C 语言高效解决复杂问题成为可能，使得模块化编程成为可能，使得代码复用成为可能，使得代码可维护性大大提高成为可能。

本单元主要介绍了函数的概念、函数的定义、函数调用以及变量作用范围和生存周期等知识点，对函数的嵌套调用和递归调用也作了介绍。

单 元 练 习

1. 填空题

(1) 下列叙述中正确的是_____。

    A. 主函数必须在其他函数之前，函数内可以嵌套定义函数

    B. 主函数必须在其他函数之后，函数内不可以嵌套定义函数

    C. 主函数可以在其他函数之前，函数内不可以嵌套定义函数

    D. 主函数可以在其他函数之后，函数内可以嵌套定义函数

(2) 一个 C 程序的基本组成单位是_____。

    A. 主程序   B. 子程序   C. 语句   D. 函数

(3) 以下说法正确的是_____。

    A. C 语言程序总是从第一个函数开始执行

    B. 在 C 程序中，要调用的函数必须在主函数前定义

    C. C 程序总是从主函数开始执行

    D. C 程序中主函数必须放在程序的最前面

(4) 以下函数的类型是_____。

    fun (float x)

```
{   float y;
    y= 3*x-4;
    return y;
}
```

  A. int   B. 不确定   C. void   D. float

(5) 若已定义的函数有返回值，则以下关于该函数调用的叙述中错误的是_____。

  A. 函数调用可以作为独立的语句存在

  B. 函数调用可以作为一个函数的实参

  C. 函数调用可以出现在表达式中

  D. 函数调用可以作为一个函数的形参

(6) 以下叙述中正确的是_____。

  A. 全局变量的作用域一定比局部变量的作用域范围大

  B. 静态(static)变量的生存期贯穿于整个程序的运行期间

  C. 函数的形参都属于全局变量

  D. 未在定义语句中赋初值的 auto 变量和 static 变量的初值都是随机值

(7) 程序的执行结果是_____。

```
#include <stdio.h>
char fun(char x,char y)
{   if(x)   return y;
}
main()
{   int a='9' ,b='8', c='7';
    printf("%c\n",fun( fun(a,b),fun(b,c) ) );
}
```

  A. 7 B. 8   C. 9   D. 函数调用出错

(8) 程序执行后输出结果是_____。

```
#include <stdio.h>
void f(int v , int w)
{   int t;
    t=v;v=w;w=t;
}
main()
{   int x=1,y=3,z=2;
    if(x>y)    f(x,y);
    else
        if(y>z)    f(y,z);
        else    f(x,z);
    printf("%d,%d,%d\n",x,y,z);
}
```

A. 1,2,3   B. 3,1,2   C. 1,3,2   D. 2,3,1

(9) 下面关于 C 语言用户变量的定义与使用中，不正确的描述是_____。

    A. 变量应该先定义后使用

    B. 变量按所定义的类型存放数据

    C. 系统按变量定义的类型为变量分配相应大小的存储空间

    D. 通过类型转换可以更改变量所占存储空间的大小

(10) 有以下函数定义：

    void fun(int n, double x) { ...... }

若以下选项中的变量都已正确定义并赋值，则对函数 fun 的正确调用语句是_____。

    A. fun(int y,double m);   B. k=fun(10,12.5);

    C. fun(x,n);   D. void fun(n,x);

2. 写出以下程序的运行结果

(1)
```c
#include <stdio.h>
int f1(int x,int y)
{    return x>y?x:y;
}
int f2(int x,int y)
{    return x>y?y:x;
}
main()
{    int a=4,b=3,c=5,d,e,f;
    d=f1(a,b);
    d=f1(d,c);
    e=f2(a,b);
    e=f2(e,c);
    f=a+b+c-d-e;
    printf("%d,%d,%d\n",d,f,e);
}
```

(2)
```c
#include <stdio.h>
fun(int x, int y, int z)
{    z=x*x+y*y;
}
main()
{    int a=31;
    fun(5,2,a);
    printf("%d\n",a);
}
```

(3)
```c
#include <stdio.h>
```

```
fun(int x)
{      int a=3;
       a=a+x;
       return(a);
}
main()
{      int k=2,m=1,n;
       n=fun(k);
       n=fun(m);
       printf("n=%d\n",n);
}
```

3. 编程题

(1) 编写程序，调用函数求一个圆柱体的表面积和体积。

(2) 编写一个函数，求两个正整数的最大公约数。

(3) 编写一个函数 delChar，删除给定字符串中的指定字符，如字符串"abcdef"，删除指定字符'c'后，字符串变为"abdef"，主函数完成给定字符串和指定字符的输入，调用所编函数 delChar，输出处理后的字符串。

(4) 编写一函数 count，由实参传来一个字符串，统计此字符串中字母、数字、空格和其他字符的个数，在主函数中输入字符串以及输出上述统计的结果。

(5) 写一函数，将输入的十六进制数字符串转换成十进制数字符串并输出。

(6) 写一个函数，使其能统计主调函数通过实参传送来的字符串，对其中的字母、数字、空格分别计数(要求在主函数中输入字符串及输出统计结果)。

第6单元 指 针

🗨 单元描述

    指针是 C 语言的显著特点之一，它的使用十分灵活而且利于提高程序的效率。使用指针可以表示多种数据结构，能很方便地使用数组和字符串，并且可以像汇编语言一样处理内存地址。同时，指针又是初学者最难掌握的一部分内容，学习中应予以重视并多编程多实践。

    指针通过地址间接访问变量，具有独特的运算规则。将指针指向数组和字符串，配合指针的移动，可以方便地访问数组中的各个元素和字符串中的指定字符。使用指针作为函数参数，采用的参数传递方式是地址传递，可以令主调函数和被调函数对指针指向的内存空间实现共享。本单元介绍指向基本数据类型的指针变量和指向数组的指针变量，并学习使用上述指针作为函数参数时的用法。

🗨 学习目标

    通过本单元学习，你将能够
- 理解地址与指针的概念
- 熟练掌握指针变量的定义、赋值和引用
- 熟练掌握通过指针进行数组访问的方法
- 掌握指针作为参数在函数之间的传递
- 学会使用指针进行程序设计

6.1 指针与指针变量

6.1.1 地址与指针

    计算机的内存是由连续的存储单元(字节)组成的，程序运行时，所有的数据都存放在这些存储单元中。可以把内存看做一栋楼房，其内有很多同样大小的房间，这些房间就相当于内存的一个个存储单元，而房间中的住户就是相应存储单元中存放的数据。为了便于区分，我们通常会为楼房内的房间标注门牌号，以方便我们通过住址拜访具体的某个住户。计算机同样为每个存储单元单独编号，使程序可以通过编号快速、准确地访问内存空间，这些编号就是内存的地址。

例如：

> int i=5,j=8;

上面的语句定义了两个整型变量 i 和 j，编译时系统将分别为它们分配 4 个字节空间。假设内存从 2000 开始有一段连续的空白内存空间可用，如图 6-1 所示，2000、2001 等是内存地址，分配存储单元 2000～2003 存放变量 i 的内容 5。又有变量的内存地址是它的第一个字节所在的地址，所以确定变量 i 的地址为 2000。同理，变量 j 的地址为 2004，从 2004 开始 4 个连续的字节用于存放变量 j 的内容 8。

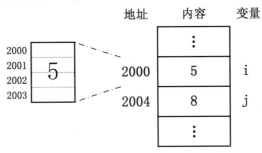

图 6-1　变量在内存中的存储方式

在 C 语言中，我们将变量的地址称为指针。不同于之前通过变量的名字访问其保存的数据，指针运算通过地址来访问对应存储单元的数据。

需要注意的是，变量保存的数据与变量的指针是两个不同的概念。

例如：

> float x=800.6;

程序运行时，系统随机分配给变量 4 个字节空间，假设起始地址为 1000，那么，其中变量名为 x，变量保存的数据为 800.6，变量的指针为 1000。我们可以想像成某顾客到银行存 800.6 元钱，银行随机分配一个银行帐号 1000。这里，顾客名可以看成变量名，存储的金额就是保存的数据，银行帐号就是指针。通过顾客名可以访问存储的金额，通过银行帐号同样可访问到对应的金额。

6.1.2　指针变量

用来存放指针的变量，我们称为指针变量。换句话说，指针变量存放的是另一个变量的地址，访问指针变量可以通过其内保存的地址访问指针指向的另一个变量，以达到间接访问的目的。

例如，有整型变量 i，其值为 400，地址为 2000。另有一变量 p 保存的是该变量 i 的地址，即 2000。那么我们说 p 是一个指针变量，它指向整型变量 i，如图 6-2 所示。

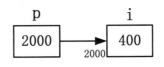

图 6-2　指针变量

1. 指针变量的定义

数据类型　*变量名;

这里需要注意的是:

(1) "*"声明这是一个指针变量。

(2) "数据类型"指的是指针变量所指向的变量的数据类型。

(3) 所有指针变量保存的数据都是内存地址,但指向不同数据类型的指针变量不能混用。

例如:

```
float *p1;      /* 定义指针变量 p1,p1 需指向实型变量 */
char *p2;       /* 定义指针变量 p2,p2 需指向字符型变量 */
int *p,*q;      /* 定义指针变量 p、q,p、q 需指向整型变量 */
```

2. 指针变量的赋值

(1) 赋予另一个普通变量的地址。

可以通过取地址运算符 "&" 获得变量的地址并赋给指针变量,以使指针变量指向该变量,一般形式如下:

指针变量=&普通变量;

例如:

```
int a=39,*p;
p=&a;        /* &a 表示 a 的地址,语句将 a 的地址赋给指针变量 p */
```

上面的程序段使得指针变量 p 指向了变量 a,它们之间的关系如图 6-3 所示。

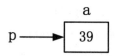

图 6-3　指针变量 p 指向变量 a

(2) 赋予另一个指针变量的值。

指针变量之间可以直接赋值,例如针对上面的程序段,若有:

```
int *q;
q=p;      /* 使指针变量 q 与 p 相等,也指向变量 a */
```

这样,两个指针变量就指向了同一个变量 a,它们之间的关系如图 6-4 所示。

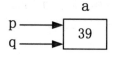

图 6-4　指针变量 p、q 均指向变量 a

(3) 赋予空值。

给指针变量赋予空值"NULL",这样可以使指针变量有一个实际的地址值的同时又不指向任何变量。这种方式既可以用来为指针变量赋初值,又可以用于切断指针变量与当前所指向变量之间的关系。例如，接着上面的程序段，若有：

```
p=NULL;     /* 使指针变量 p 不再指向变量 a */
```

这时，指针变量 p、q 和变量 a 之间的关系如图 6-5 所示。

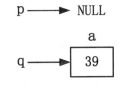

图 6-5　指针变量 p 变为空指针

此外，可以在定义指针变量的同时为其赋值，例如：

```
float b=3;
float *p=&b;     /* 定义指针变量 p，并使 p 指向变量 b */
```

3. 指针变量的引用

指针运算符"*"是单目运算符，返回指定地址内的变量的值。作用于指针变量可以存取指针所指向的存储单元的内容，从而实现间接访问，一般形式如下：

```
*指针变量
```

例如：

```
int i=2,j,*p;
p=&i;     /* 指针变量 p 指向变量 i*/
j=*p;     /* 将 p 所指向的变量(即 i)的值赋给变量 j */
*p=6;     /* 改变 p 所指向的变量(即 i)的值为 6 */
```

上述程序段中，先使指针变量 p 指向 i，然后通过 p 访问它指向的变量 i，并将取得的值赋给 j，最后继续通过 p 将它指向的变量 i 的值改变为 6，如图 6-6 所示。

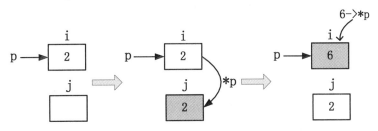

图 6-6　通过指针的引用间接访问变量

6.1.3　应用举例

【例 6-1】　试分析以下程序，写出程序的执行结果。

```
# include <stdio.h>
main()
{    char ch1,ch2,*p,*q;          /* 使用 "*" 声明指针变量 p、q */
    ch1='m';
    p=&ch1;                       /* 将 ch1 的地址赋给 p，使 p 指向 ch1 */
```

```
    printf("*p=%c\n",*p);           /* 输出 p 指向的变量 ch1 的值 */
    *p='e';                         /* 改变 p 指向的变量 ch1 的值 */
    printf("ch1=%c\n",ch1);
    q=p;                            /* 使 q 与 p 相等，也指向 ch1 */
    p=&ch2;                         /* 使 p 转而指向 ch2 */
    *p=(*q)++;      /*将 q 指向的 ch1 的值赋给 p 指向的 ch2，然后 ch1 自增 */
    printf("ch1=%c,*q=%c\n",ch1,*q);
    printf("ch2=%c,*p=%c\n",ch2,*p);
}
```

程序运行过程分析如下：

(1) 程序中定义了两个指针变量 p、q 和两个字符型变量 ch1、ch2。

(2) ch1 赋值为'm'，令 p 指向 ch1，这时输出 p 指向的变量的值就是输出 ch1 的值，因此输出结果为"m"，如图 6-7 中的第 I 部分所示。

(3) 语句"*p='e';"通过指针变量 p 改变它所指向的变量的值，实际上就是将 ch1 的值变为'e'，因此输出 ch1 值，输出结果为"e"，如图 6-7 中的第 II 部分所示。

(4) 语句"q=p;"是指针变量间的赋值，使 q 与 p 指向同一个变量，这时 q 指向 ch1。语句"p=&ch2"又使 p 不再指向 ch1，变成指向 ch2。此时各变量间的关系如图 6-7 中的第 III 部分所示。

(5) 语句"*p=(*q)++"中的*p 相当于 ch2，*q 相当于 ch1，所以该语句可理解为 ch2=ch1++，执行后它们的值如图 6-7 中的第 IV 部分所示。

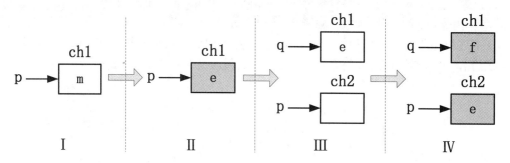

图 6-7　程序运行中变量间的关系示意图

程序运行结果如图 6-8 所示。

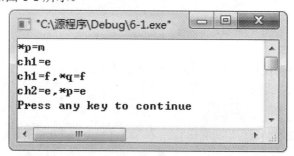

图 6-8　例 6-1 程序运行结果

【例 6-2】 试运行以下程序，写出并分析程序的执行结果。

```
# include <stdio.h>
main()
{    int a,b;
     int *p1=&a,*p2=&b,*pt=NULL;      /* 指针变量初始化 */
     printf("请输入两个整数：");
     scanf("%d%d",p1,p2);             /* 通过指针输入 a,b 的值 */
     if(*p1<*p2)                      /* 若 a<b，交换 p1，p2 存放的地址 */
     {    pt=p1;
          p1=p2;
          p2=pt;
     }
     printf("a=%d,b=%d\n",a,b);
     printf("*p1=%d,*p2=%d\n",*p1,*p2);
}
```

程序运行过程分析如下：

(1) 指针变量初始化后，p1 指向 a，p2 指向 b，pt 为空指针。

(2) 运行时若输入 3 和 5,则符合条件"*p1<*p2"(等价于 a<b),执行"pt=p1;p1=p2;p2=pt"程序段。

(3) 执行"pt=p1"后，pt 也指向 a；执行"p1=p2"后，p1 不再指向 a 而指向 b；执行"p2=pt"后，p2 不再指向 b 而指向 a。指针变量改变的过程如图 6-9 所示。

(4) 在步骤(3)执行过程中，变量 a 和 b 的值并没有被改变，程序达到的目的是互换了p1 和 p2 所指向的变量。

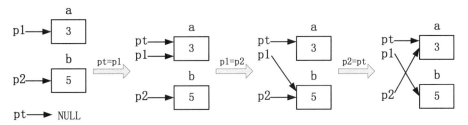

图 6-9 程序运行中变量间的关系示意图

程序运行结果如图 6-10 所示。

图 6-10 例 6-2 程序运行结果

习 题

1. 选择题

(1) 若 x 为 float 型变量，p 是指向 float 型数据的指针变量，则正确的赋值表达式为 _____。

    A. p=*x   B. p=&x   C. *p=x   D. p=x

(2) 若已有说明"char *p,ch='e'; "，则可以建立如图 6-11 所示的存储结构的赋值语句为 _____。

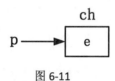

图 6-11

    A. *p=&ch   B. p=&ch   C. *p=ch   D. p=ch

(3) 对于如下程序段，若要实现如图 6-12 所示的存储结构，可选用的赋值语句为 _____。

```
int a=5,b=8;
int *p,*q;
p=&a;
q=&b;
```

    A. *q=*p   B. *p=*q

    C. q=p   D. p=q

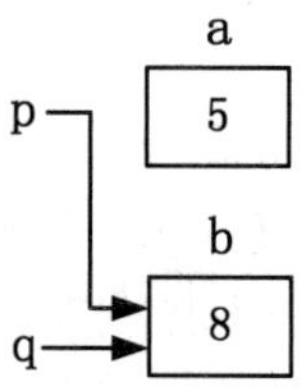

图 6-12

(4) 执行下列程序段之后，变量 a 的值是 _____。

```
int   *p , a=-2 ,b=7;
p=&a;
a=*p+b;
```

    A. 5   B. -2   C. 7   D. 9

(5) 已知"int a,*p=&a; "，则下列函数调用中错误的是 _____。

    A. scanf("%d",p)   B. scanf("%d",&a)

    C. printf("%d",p)   D. printf("%d",a);

2. 写出以下程序的运行结果

```
# include <stdio.h>
main()
{   int a, b, m=12, n=8, *p1=&m, *p2=&n;
    a=*p1-*p2;
    p1=p2;
    *p2=7;
```

```
        p2=&a;
        b=*p1+*p2;
        printf("a=%d\n",a);
        printf("b=%d\n",b);
    }
```

3. 程序填空

使用指针编程，找出 3 个整数中的最大值并输出。

```
    # include <stdio.h>
    main()
    {   int x,y,z,max,*p1,*p2,*p3;
        p1=&x;
        p2=&y;
        p3=&z;
        printf("请输入 3 个整数：");
        scanf("%d%d%d",p1,p2,p3);
        max=*p1;
        if(*p1<*p2)

        _____

        if(max<*p3)

        _____

        printf("最大的整数为:%d\n",max);
    }
```

4. 编写程序

(1) 编写程序，输入葡萄和西瓜的价格，通过指针操作将两种水果的价格输出。

(2) 编写程序，通过指针操作将用户输入的三个整数按照从小到大顺序输出。

6.2　指 针 与 数 组

6.2.1　指向数组元素的指针

当指针变量存放的是一维数组的首地址时，称该指针指向这个数组。由于数组中的各个元素是按顺序连续地存放在内存中的，因此知道了数组的首地址，就可以通过移动指针，访问数组的其他元素。

数组名同时是数组的首地址，也就是第一个数组元素的地址，因此使指针指向一维数组可采用如下两种方法：

指针变量名=数组名;
指针变量名=&数组名[0];

指针的移动可以通过指针与正整数的加减运算来表示。例如，对存储整数的内存空间来说，若有"int i,*p=&i; "，表达式 p+1 执行的是指向下一个整型变量的操作，并不是简单的在 p 保存的地址上加 1。由于整型变量在内存中占 4 个字节，可以得到 p+1，实际上是在 p 保存的地址的基础上加 4。同样的，p-1 执行的是指向前一个整型变量的操作，如图 6-13 所示。

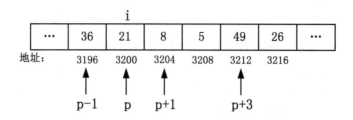

图 6-13　指针的加减运算规则

【例 6-3】　试分析以下程序，写出程序的执行结果。

```c
# include <stdio.h>
main()
{    int a[]={5,2,7,4,9},m,n;
     int *p;
     p=a;                 /* p 指向数组 a */
     m=*(p+1);            /* m 等于数组元素 a[1] */
     n=*(p+4);            /* n 等于数组元素 a[4] */
     printf("*p=%d,m=%d,n=%d\n",*p,m,n);
}
```

程序运行过程分析如下：

(1) 语句"p=a; "将数组 a 的首地址赋给指针变量 p，使 p 指向数组 a 中的第一个元素 a[0]。本语句也可以替换为"p=&a[0]"。

(2) p+1 指向下一个整型变量，即数组 a 的下一个元素 a[1]，换句话说 p+1 可以表示 a[1]的地址。以此类推，p+2 表示 a[2]的地址，p+4 表示 a[4]的地址。相应的*(p+1)就相当于 a[1]，*(p+4)就相当于 a[4]。指针变量 p 与数组 a 各元素之间的关系如图 6-14 所示。

地址		数组a	数组元素	
p ⟶	&a[0]	5	a[0]	*p
p+1 ⟶	&a[1]	2	a[1]	*(p+1)
p+2 ⟶	&a[2]	7	a[2]	*(p+2)
p+3 ⟶	&a[3]	4	a[3]	*(p+3)
p+4 ⟶	&a[4]	9	a[4]	*(p+4)

图 6-14　指针变量 p 与数组 a 各元素的关系

程序运行结果如图 6-15 所示。

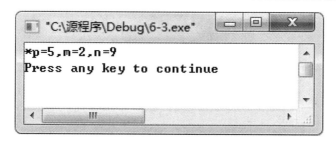

图 6-15　例 6-3 程序运行结果

通过上述程序我们可以发现，指针和数组之间的关系十分密切。除了可以使用下标访问数组元素之外，利用指针可以达到同样的目的。而且，由于数组名同时是数组的首地址，由它所组成的指针表达式同样可以访问数组元素。此外，指针也可以利用下标法访问数组元素。若有指针变量 p 指向一维数组 a 的首地址，则访问数组中第 i(i 从 0 开始)个元素的方式有：

a[i]、p[i]、*(a+i)、*(p+i)

6.2.2　适用于数组的指针运算

1. 指针变量的自增自减运算

指针变量的自增自减不是简单的将指针变量的内容加 1 减 1，而是对指针进行移动操作，只有对指向数组的指针变量进行自增自减操作才有意义。自增是将指针向前移动，指向数组中的下一个元素；自减是将指针向后移动，指向数组中的前一个元素。

注意，数组名虽然保存有数组的首地址，但是数组名是常量，其值不能被改变，故不能进行自增自减运算。

2. 两个指针间的关系运算

两个指向同一个数组的指针变量可以进行关系运算。如果指针变量 p 和 q 指向同一个数组，那么：

当 p 指向的元素位于 q 指向的元素之前时，p<q;

当 p 指向的元素位于 q 指向的元素之后时，p>q;

当 p 和 q 指向同一个元素时，p=q。

3. 两个指针间的减法运算

指向同一个数组的两个指针变量相减，可以得到它们指向的数组元素之间间隔的元素个数。例如

```
int a[6],*p,*q,i;
p=a;                /*p 指向 a[0]*/
q=&a[4];            /*q 指向 a[4]*/
i=q-p;              /*i=4*/
```

上述语句段中得到 i 的值为 4，表示 q 是 p 之后的第 4 个元素。相反，表达式 "p-q" 的值为负数，表示 p 位于 q 之前。它们之间的关系如图 6-16 所示。

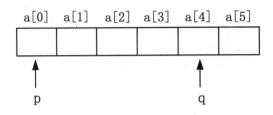

图 6-16 p、q 之间的关系

【例 6-4】 编写程序使用指针将一个数组中的所有元素逆序存入另一个数组中。

我们通常使指针指向数组的首地址，然后通过指针的移动访问数组中的各个元素，最后以指针与数组最大下标元素地址的比较作为判断依据，当指针移动到数组中的最后一个元素之后时结束操作。这样可以使用指针灵活地完成数组的遍历。反过来，先使指针指向数组的最后一个元素，然后通过指针的自减运算可以逆序遍历数组的所有元素。

程序如下：

```c
# include <stdio.h>
# define N 5
main()
{
    int a[N],b[N];
    int *p,*q;
    for(p=a;p<a+N;p++)        /* 移动指针 p 来遍历数组 a */
        scanf("%d",p);
    p--;                      /* 使 p 指向数组 a 的最后一个元素 */
    for(q=b;q<b+N;q++,p--)    /* p 从后向前移动，q 从前向后移动 */
        *q=*p;                /* 将 p 当前指向的元素赋给 q 正指向的元素 */
    for(q=b;q<b+N;q++)        /* 令 q 指向 b 的首地址，重新开始遍历 */
        printf("%5d",*q);
    printf("\n");
}
```

程序运行结果如图 6-17 所示。

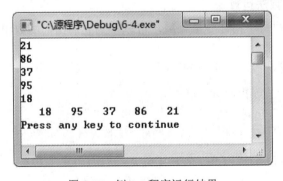

图 6-17 例 6-4 程序运行结果

6.2.3　指向字符串的指针

字符串常量的值实际上是其首字符的地址，我们可以使用字符串常量对字符指针进行赋值，使字符指针指向一个字符串。由于字符串中的字符都是连续存放且以'\0'为结束标志的，使用字符指针访问字符串非常便利。例如：

```
char *str="cat ";
str++;
printf("%s",str);       /*输出"at"*/
```

【例 6-5】编写程序任意输入一行字符串，将字符串 "over" 连接到这个字符串的后面。

指针变量应先赋值后引用，所以这里输入一行字符串时是使用字符数组 str 来接收的。程序的思路是令 p 指向字符数组 str，令 q 指向字符串 "over"，先将 p 移到输入字符串的结尾位置，然后 p、q 同步向后移动，每次均将 q 指向的字符赋给 p 正指向的位置，直到将 q 移动到字符串 "over" 结束位置为止。

程序如下：

```
# include <stdio.h>
# include <string.h>
main()
{    char str[20],*p,*q;
     gets(str);
     p=str;
     while(*p!='\0')            /*  将 p 移到数组 str 中字符串结束的位置  */
         p++;
     q="over";                  /*  使 q 指向字符串"over"的第一个字符  */
     while(*q!='\0')
     {    *p=*q;                /*  将"over"中的当前字符赋给 str 中的当前元素  */
         p++;                   /* p 指向 str 中的下一个元素  */
         q++;                   /* q 指向"over"中的下一个元素  */
     }
     *p='\0';                   /*  为新的字符串添加结束标志  */
     puts(str);
}
```

程序运行结果如图 6-18 所示。

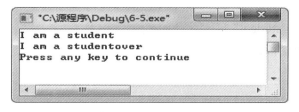

图 6-18　例 6-5 程序运行结果

习 题

1. 选择题

(1) 设有如下说明"int a[3]={5,-1,7}, *p=a; ",则下列语句错误的是_____。

    A. p++   B. a++   C. (*a)++   D. (*p)++

(2) 已知"int a[10]; ",则不能表示 a[1]地址的选项是_____。

    A. a+1   B. &a[1]   C. a++   D. &a[0]+4

(3) 执行以下程序段后,b 的值为_____。

```
int a[10]={10,9,8,7,6,5,4,3,2,1},*p=&a[2],b;
b=p[3];
```

    A. 6   B. 5   C. 4   D. 7

(4) 下面能正确进行字符串赋值操作的是_____。

    A. char s[]={'C','a','t'};   B. char s[10];s="Cat";

    C. char *s;s="Cat";   D. char *s;scanf("%s",s);

(5) 以下程序的输出结果是_____。

```
# include <stdio.h>
# include <string.h>
main()
{    char str[]="abc",*ps=str;
     while(*ps)
          ps++;
     for(ps--;ps-str>=0;ps--)
          puts(ps);
}
```

    A. a   B. c   C. c   D. abc

      ab   bc   b   ab

      abc   abc   a   a

2. 写出以下程序的运行结果

```
# include <stdio.h>
# include <string.h>
main()
{    char a[]="student", b[]="graduate";
     char *p1,*p2;
     int i;
     p1=a;
     p2=b;
```

```
        for(i=0;i<strlen(a);i++)
            if(*(p1+i)==*(p2+i))
                printf("%c",*(p1+i));
    }
```

3. 程序填空

计算用户输入的任意十个数的平均值，并找出其中的最大值。

```
    # include <stdio.h>
    main()
    {   float a[10],sum=0,*p,*q;
        for(p=a;p<a+10;p++)
        scanf("%f",p);
        for(q=p=a;p<a+10;p++)
        {   sum=_____;
            if(*q<*p)
                _____
        }
        printf("the max is %.2f\n",*q);
        printf("the average is %.2f\n",_____);
    }
```

4. 编写程序

(1) 使用指针编写程序，输入一行字符，统计其中的字母、数字、空格及其他字符的个数。

(2) 使用指针编写程序，将数组中的元素按逆序存放。

6.3 指 针 与 函 数

6.3.1 指针作为函数参数

在介绍函数时，我们曾说整型变量、字符型变量等均可作为函数参数。这种情况下，实际参数和形式参数是分别属于主调函数和被调函数的局部变量，只有在调用时实际参数单方向将值传递给对应的形式参数，而在函数执行过程中，形式参数值的改变并不会影响到实际参数，更不会将值反向传递回去。我们称这种参数传递方式为值传递。

此外，指针变量也可以作为函数参数。这种情况下，函数调用时函数中传递的不再是变量中的数据，而是变量的地址。如此一来，被调函数将和主调函数操作相同的存储单元，也因此，被调函数中对形式参数所指向变量的值的改变将直接作用在主调函数中相应位置的存储单元上。我们称这种参数传递方式为地址传递。

地址传递适用于函数调用过程中有多于一个信息需要反馈的情况。这种参数传递方式要求被调函数中的形式参数声明为指针变量，主调函数中的实际参数为地址表达式，该地址表达式可以是变量的地址或者指向变量的指针变量。

【例 6-6】 编写函数，交换两个整型变量的值。

```
# include <stdio.h>
void swap(int *x,int *y)        /* 形式参数 x,y 为指针变量 */
{   int t;
    t=*x;                        /* 将指针指向的变量的值交换 */
    *x=*y;
    *y=t;
}
main()
{   int a,b;
    printf("请输入两个整数：");
    scanf("%d%d",&a,&b);
    printf("函数调用前：a=%d, b=%d\n",a,b);
    swap(&a,&b);                 /* 将 a、b 的地址分别传给指针变量 x、y */
    printf("函数调用后：a=%d, b=%d\n",a,b);
}
```

程序运行过程分析如下：

(1) 执行 main 函数，输入 a 和 b 的值。

(2) 调用用户自定义函数 swap，将 a 的地址传递给指针变量 x、b 的地址传递给指针变量 y，也就是使 x 指向 a、y 指向 b，如图 6-19 中第 I 部分所示。

(3) 执行函数 swap，将 x、y 指向的变量的内容互换，由于 x 指向 a、y 指向 b，所以程序实际上就是将 a 和 b 的内容互换，如图 6-19 中第 II 部分所示。

(4) 函数 swap 执行完毕返回 main 函数，释放变量 x、y、t，但此时 a、b 变量的值已经完成互换，如图 6-19 中第 III 部分所示。

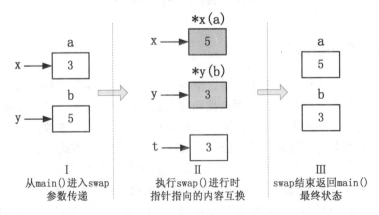

图 6-19 程序运行中变量关系示意图

程序运行结果如图 6-20 所示。

图 6-20 例 6-6 程序运行结果

说明：

(1) 调用函数时的实际参数可以同样使用指针变量。例如，程序中的 main 函数可以改变为：

```
main()
{    int a,b;
     int *p,*q;
     p=&a;
     q=&b;
     printf("请输入两个整数：");
     scanf("%d%d",p,q);
     printf("函数调用前：a=%d，b=%d\n",a,b);
     swap(p,q);
     printf("函数调用后：a=%d，b=%d\n",a,b);
}
```

上述程序定义了指针变量 p、q，先令它们分别指向变量 a、b，然后调用函数时使用 p、q 作为实际参数，起到的效果与直接使用 a、b 的地址作为实际参数是一样的，只不过是程序运行时变量的关系产生了微小的变化，如图 6-21 所示。

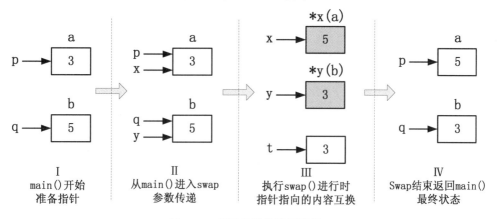

图 6-21 指针参数传递示意图

(2) 不能企图通过直接改变指针形式参数的值而达到地址传递的目的。例如程序中的 swap 函数若变为：

```
void swap(int *x,int *y)
{    int *t;
     t=x;
     x=y;
     y=t;
}
```

该函数运行时只是将 x、y 指向的变量互换，并没有改变它们指向的存储单元的内容。而一旦函数执行完毕，作为形式参数的 x、y 将被释放，因此针对它们的直接操作并不能起到预期的效果，如图 6-22 所示。

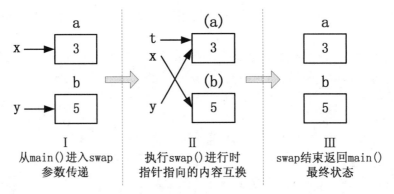

图 6-22　直接交换指针的变量关系示意图

【例 6-7】　编写函数，已知圆的半径，求圆的面积和周长。

函数要同时返回圆的面积和周长两个计算结果，不能使用 return 语句返回函数的值，这时可以使用地址传递的方法编程。函数的参数除了定义实型变量 r 用于传递圆的半径之外，还分别定义了两个指针变量 p_s 和 p_c，计算出的圆的面积和周长就可以保存在这两个变量指向的存储单元中。调用函数时，提供变量 s 和 c 用于存放相应的计算结果。

程序如下：

```
# include <stdio.h>
# define PI 3.14
void fun(float r,float *p_s,float *p_c)
{    *p_s=PI*r*r;
     *p_c=2*PI*r;
}
main()
{    float radius,s,c;        /* radius-半径，s-面积，c-周长  */
     printf("请输入圆的半径：");
     scanf("%f",&radius);
     fun(radius,&s,&c);
     printf("面积：%.2f\n 周长：%.2f\n",s,c);

}
```

程序运行结果如图 6-23 所示。

图 6-23 例 6-7 程序运行结果

6.3.2 指向数组的指针作为函数参数

数组名可以作函数的实参和形参，此时实参传给形参的是数组的首地址，主调函数与被调函数存取的是一段相同的内存空间。同理，指向数组的指针变量也可以作为函数参数，其意义与数组名作为参数相同。

【例 6-8】 编写函数，计算一组整数中奇数的个数。

本例使用指向数组的指针变量作为函数参数。

程序如下：

```c
# include <stdio.h>
# define N 5
int fun(int *arr,int size)
{
    int i,n=0;
    for(i=0;i<size;i++)      /*判断数组中的各个元素，计算奇数的个数*/
        if(*(arr+i)%2!=0)
            n++;
    return n;
}
main()
{
    int a[N],i,result;
    int *p=a;
    printf("请输入%d 个整数：",N);
    for(i=0;i<N;i++)
        scanf("%d",&a[i]);
    result=fun(p,N);          /*p 是指向数组 a 的指针，N 是数组的大小*/
    printf("这组整数中有%d 个奇数\n",result);
}
```

程序运行结果如图 6-24 所示。

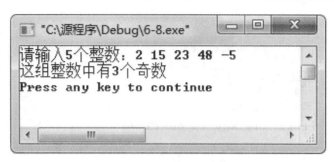

图 6-24　例 6-8 程序运行结果

说明:

(1) 函数的实参和形参既可以使用指针变量,也可以使用数组名,形式不同但效果相同,只是函数的声明和调用过程中会有细微差别。以本程序为例,四种情况下函数的声明和调用格式如下:

① 形参为数组类型,实参为数组名:

```
int fun(int arr[],int size);      /* 函数声明 */
int a[N];
result=fun(a,N);                  /* 函数调用 */
```

② 形参为指针类型,实参为指向数组的指针变量:

```
int fun(int *arr,int size);       /* 函数声明 */
int a[N],*p=a;
result=fun(p,N);                  /* 函数调用 */
```

③ 形参为数组类型,实参为指向数组的指针变量:

```
int fun(int arr[],int size);      /* 函数声明 */
int a[N],*p=a;
result=fun(p,N);                  /* 函数调用 */
```

④ 形参为指针类型,实参为数组名:

```
int fun(int *arr,int size);       /* 函数声明 */
int a[N];
result=fun(a,N);                  /* 函数调用 */
```

(2) 数组或指向数组的指针变量作为函数的参数,只是传递了数组的首地址,并没有将整个数组或者数组的大小全部传递到函数中,所以编程时一般要增加一个整型参数用来传递数组的元素个数。例如本例中函数 fun 的第二个参数 size 指的就是数组的大小。

习　题

1. 选择题

(1) 对于以下函数调用语句,不适用的 fun 函数的首部是_____。

```
main()
```

```
{    int a[50],n;
     ...
     fun(&a[3], n);
     ...
}
```

A. void fun(int x[],int m)   B. void fun(int *p,int m)

C. void fun(int a,int n)   D. void fun(int a[],int n)

(2) 以下程序的运行结果是_____。

```
# include <stdio.h>
void fun(int *p, int *q)
{    int *t;
     t=p;
     p=q;
     q=t;
}
main()
{    int a=2, b=7, *p_a=&a, *p_b=&b;
     fun(p_a,p_b);
     printf("%d,%d\n", a, b);
}
```

A. 7,2   B. 2,7   C. 7,7   D. 2,2

(3) 以下程序的运行结果是_____。

```
# include <stdio.h>
void fun(int *p)
{    p[0]=p[1];
}
main( )
{    int a[5]={1,2,3,4,5},i;
     for(i=2;i>=0;i--)
     fun(&a[i]);
     printf("%d\n",a[0]);
}
```

A. 4   B. 3   C. 2   D. 1

(4) 以下程序的运行结果是_____。

```
# include <stdio.h>
void fun(int *p,int arr[])
{    arr[0]=*p+3;
}
main()
```

```
{       int a,b[3];
        a=1;
        b[0]=5;
        fun(&a,b);
        printf("%d\n",b[0]) ;
}
```

A. 5   B. 1   C. 4   D. 0

(5) 以下程序的运行结果是_____。

```
# include <stdio.h>
void fun(int *p, int *q)
{       printf("%d,%d#", *p, *q);
        *p=8;
        *q=3;
}
main()
{       int x=2,y=5;
        fun(&y,&x);
        printf("%d,%d#\n",x, y);
}
```

A. 2,5#8,3#   B. 2,5#3,8#   C. 5,2#3,8#   D. 5,2#8,3#

2. 写出以下程序的运行结果

```
# include <stdio.h>
void fun(char s[])
{       int i,j;
        for(i=j=0;s[i]!='\0';i++)
                if(s[i]!='c')
                        s[j++]=s[i];
        s[j]='\0';
}
main()
{       char str[]="catcup";
        fun(str);
        printf("str[]=%s\n",str);
}
```

3. 程序填空

删除字符串中所有空格(包括 tab 符、回车符、换行符)。

```
# include <stdio.h>
# include <string.h>
```

```
# include <ctype.h>
delspace(char *str)
{    int i,t;
     char ts[50];                    /* ts 临时保存删除空格后的字符串 */
     for(i=0,t=0; _____;i++)
                  if(!isspace(str[i]))

                  _____
     ts[t]='\0';
     _____               /* 将字符串 ts 复制给字符数组 str */
}
main()
{    char s[50]="The cat is eating";
     delspace(s);
     puts(s);
}
```

4. 编写程序

(1) 使用指针编写函数,将用户输入的字符串中包含的数字字符提取出来组成一个正整数。例如,输入"nd21tk4f3e"将得到整数 2143。

(2) 使用指针编写函数,计算字符串的长度并返回结果(不包括结束标志'\0')。

6.4　拓　展　知　识

6.4.1　指针与二维数组

二维数组可视为一维数组扩展形成,即将二维数组中的每一行以整体的方式作为元素组成数组。根据二维数组这种按行存储的特点,可以使用多种方式来表示二维数组中的元素地址。例如,一个 3 行 4 列的二维数组的存储方式及相关地址关系如图 6-25 所示。

分析图 6-25,获得表示二维数组中元素地址的若干方法如下:

(1) &a[i]和 a+i 均表示第 i 行的首地址。

a[0]、a[1]和 a[2]分别指向第 0 行、第 1 行和第 2 行,它们既是同一个一维数组的 3 个元素,本身又都是一个包含四个元素的一维数组。作为一维数组的元素,它们的地址即各行的指针可以表示为"&a[i]"或者"a+i"。

(2) &a[i][j]、a[i]+j 和*(a+i)+j 表示元素 a[i][j]的地址。

a[i]本身作为一个数组,同时也是数组的首地址,可通过"a[i]+j"访问第 i 行第 j 列元素 a[i][j]。而"a[i]"可继续使用"*(a+i)"来表示,故"*(a+i)+j"可表示元素 a[i][j]的地址。

(3) *(*(a+i)+j)可表示元素 a[i][j]。

"*(a+i)+j"表示的是元素 a[i][j]的地址,进行指针运算后"*(*(a+i)+j)"即可表示元素 a[i][j]。

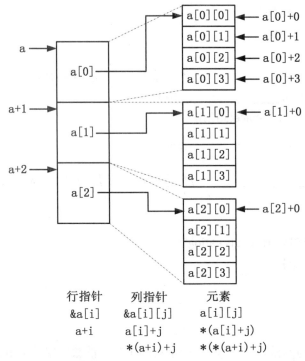

图 6-25　二维数组的存储方式和地址关系

【例 6-9】　找出数组每行中最大的数，并将这些数相加求和。

本例通过二维数组各元素的地址访问元素的内容。

程序如下：

```
# include <stdio.h>
# define M 4        /* 二维数组的行数 */
# define N 3        /* 二维数组的列数 */
main()
{    int a[M][N],i,j;
     int max,sum=0;
     printf("请输入一个%d 行%d 列的二维数组：\n",M,N);
     for(i=0;i<M;i++)
         for(j=0;j<N;j++)
             scanf("%d",*(a+i)+j);      /* 输入第 i 行第 j 列元素的值 */
     for(i=0;i<M;i++)
     {    max=*(*(a+i));       /* 将每行中的第 0 个元素赋给 max */
          for(j=0;j<N;j++)     /* 各行内的所有元素进行比较求得各行最大值 */
              if(*(*(a+i)+j)>max)
                  max=*(*(a+i)+j);
          printf("第%d 行中的最大值为：%d\n",i,max);
          sum=sum+max;        /* 各行的最大值累加 */
```

```
    }
    printf("各行的最大值相加之和为：%d\n",sum);
}
```

程序运行结果如图 6-26 所示。

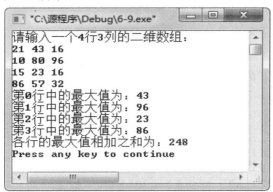

图 6-26 例 6-9 程序运行结果

6.4.2 指针数组

若一个数组中的元素都是指针变量，则该数组被称为指针数组。指针数组是一组指向相同数据类型的指针的集合。常使用指针数组保存字符指针，指向若干个字符串。这样既可以节省空间，又可以使字符串的处理更加方便、灵活。定义指针数组的一般形式为

数据类型 *数组名[数组长度];

例如，语句"int *pa[5]; "定义了一个指针数组 pa，该数组具有 5 个元素，每个元素都是一个指向整型变量的指针变量。

【例 6-10】 输入 1~12 之间的任意一个数，输出与之对应的中英文月份。

```
# include <stdio.h>
main()
{    int x;
     char *month[]={NULL,"January(1 月)","February(2 月)",
         "March(3 月)","April(4 月)","May(5 月)","June(6 月)",
         "July(7 月)","August(8 月)","September(9 月)",
         "October(10 月)","November(11 月)","December(12 月)"};
     printf("请输入一个 1~12 之间的整数：");
     scanf("%d",&x);
     printf("%s\n",month[x]);
}
```

说明：

(1) 也可以将保存月份名称的这些字符串定义在一个二维数组中，例如"char month[12][20]; "。二维数组为每个字符串分配的内存空间统一为数组第二维的大小，如语句"char month[12][20]; "为每个字符串分配了 20 个字节空间。而实际上各个字符串的长

短不同，这极大的浪费了内存空间。本例采用指针数组来管理这些月份名称字符串，数组中保存的只是这些字符串的首地址，而每一个字符串都是按其实际大小分配空间的，采用这种方式相比之下更节省内存空间。

(2) 指针数组 month 中的第 0 个元素初始化为空指针，这样可以使 1～12 月的月份名称正好对应于 month 数组中的第 1～12 个元素。

(3) 数组 month 中的各元素分别指向保存 12 个月份名称的字符串，"month[x]"保存的是用户输入的数字对应月份的字符串的首地址，"%s"表示从该地址开始访问直到遇到"\0"结束为止，所以"printf("%s\n",month[x]); "可以输出与 x 相对应的月份名称。

程序运行结果如图 6-27 所示。

图 6-27　例 6-10 程序运行结果

6.4.3　命令行参数

main 函数是所有程序运行的入口，一般情况下我们将 main 函数编写为无参函数。实际上，main 函数也可以是有参的函数，此时，程序运行时系统可以同时传递信息到 main 函数中。带有参数的 main 函数的一般形式为

main(int argc,char *argv[])

其中：

(1) argc 记录运行程序时系统向程序传递的命令行参数的个数。

(2) argv 是一个指针数组，其内的各元素均为字符指针，可以指向字符串。该数组接收具体的各个命令行参数。

与以往运行程序时输入数据不同，命令行参数是在命令行中通过命令使程序运行的同时输入数据。我们可以使用命令行的方式在操作系统下直接运行 C 程序的扩展名为.exe 的可执行文件，还可以根据需要同步向程序中传递若干个参数。命令行的一般形式为

运行文件名　参数 1　参数 2　…　参数 n

这里需要注意的是：

(1) 命令行需在命令提示符窗口中使用。

(2) "运行文件名"是可执行文件的文件名，并且该文件应可以直接在当前目录中找到，若不在当前目录中，需使用完整的路径名。

(3) 运行文件名和其后所跟参数之间用空格间隔。

【例 6-11】　输出 main 函数的参数信息。

include <stdio.h>

```
main(int argc,char *argv[])
{    int i;
     printf("参数个数：%d\n",argc);          /* 输出命令行参数个数 */
     for(i=0;i<argc;i++)                    /* 依次输出命令行参数 */
         printf("第%d 个参数：%s\n",i+1,*argv++);
}
```

程序运行结果如图 6-28 所示。

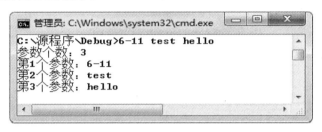

图 6-28　例 6-11 程序运行结果

说明：

(1) 本程序是在命令提示符窗口中可执行程序所在目录下运行。

(2) "6-11 test hello"是在命令提示符窗口中输入的命令行，其中"6-11"是例 6-11 编写的源程序编译链接后生成的可执行程序的文件名，"test"和"hello"是两个字符串，是同步输入的参数。

(3) argc 记录的是命令行中包括命令在内的参数个数，参数之间用空格间隔，本例中是"6-11"、"test"和"hello"，共 3 个。

(4) argv 是指向命令行参数的指针数组。其中 argv[0]指向字符串"6-11"，argv[1]指向字符串"test"，argv[2]指向字符串"hello"。本例中数组 argv 在内存中的存储方式如图 6-29 所示。

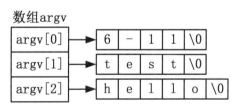

图 6-29　指针数组 argv 的存储方式

(5) 命令行参数的长度不是统一的，参数的个数也是任意的。运行程序时可以根据需要传递任意个大小不一的参数到 main 函数中。

单 元 小 结

本单元主要讲解了指针的基本概念及其与数组、函数之间的关系。

(1) 指针的基本概念。指针保存的是变量的地址，定义指针变量指向另一个变量的语法格式为：

　　　　数据类型　*指针变量名=&普通变量；

(2) 指针相关的运算。

① 取地址运算符&：

　　&变量；　　　　　　　　/* 获得变量的地址 */

② 指针运算符*：

　　指针变量；　　　　　　/ 获得指针指向的变量的值 */

③ 指针算术运算+、-：

　　指针变量±n　　　　　/* 指针指向的位置向后(前)第 n 个变量的地址 */

④ 指针变量自增自减++、--：

　　指针变量++　　　　　　/* 指针变量向后移动，指向数组中的下一个元素 */

　　指针变量--　　　　　　/* 指针变量向前移动，指向数组中的上一个元素 */

⑤ 指针关系运算> 、<、>=、<=、==、!=：

比较指向同一个数组的两个指针所指向元素的前后位置关系。

(3) 指针与数组间的关系。令一个指针变量等于数组的首地址，就可以使这个指针指向数组。通过指针的算术运算可以访问数组的所有元素。

(4) 指针与函数间的关系。使用指针变量作为函数的参数，采用的参数传递方式是地址传递，可以令主调函数和被调函数对指针指向的内存空间实现共享。

单 元 练 习

1. 写出以下程序的运行结果

(1)
```
# include <stdio.h>
main()
{
    char *str="abcdefg";
    int i=0;
    while(*str)
    {
        if (i%2==0)
            printf("%c",*str);
        i++;
        str++;
    }
}
```

(2)
```
# include <stdio.h>
int fun( int a[], int n)
{   if(n>1)
```

```
                return a[0]+fun(&a[1],n-1);
        else
                return a[0];
    }
    main ( )
    {   int a[3]={5,-2,7},re;
        re=fun(&a[0],3);
        printf("%d\n",re);
    }
```

(3) # include <stdio.h>
```
        main()
        {   int arr[ ]={3,18,22,9,14,57,34}, *p=arr;
            p++;
            printf("%d\n",*(p+2));
    }
```

(4) # include <stdio.h>
```
    void fun(char *p, char *q)
    {   p=q;
        (*p)++;
    }
    main()
    {   char ch1='E',ch2='d',*p1,*p2;
        p1=&ch1;
        p2=&ch2;
        fun(p1,p2);
        printf("%c%c\n",ch1,ch2);
    }
```

2. 程序填空

(1) 函数 fun 的功能是返回 p 所指数组中最小值所在的下标值。
```
    # include <stdio.h>
    fun(int *p, int n)
    {   int i,k=0;
        for(i=0;i<n;i++)
          if(p[i]<p[k])

          _____

        return(k);

    }
```

(2) 函数的功能是通过键盘输入数据，为数组中的所有元素赋值。

```
# include <stdio.h>
# define N 10
void arrin(int a[N])
{
    int i=0;
    while(i<N)
        scanf("%d", _____);
}
```

(3) 调用 findmax 函数返回数组中的最大值。

```
# include <stdio.h>
findmax(int *p ,int n)
{
    int *q,*max=p;
    for(q=p;q-p<n;q++)
        if(_____)
                max=q;
    return *max;
}
main()
{
    int a[5]={26,3,18,42,37};
    printf("%d\n",_____);
}
```

(4) 将字符串中所有空格字符删除。

```
# include <stdio.h>
main()
{
    char *str="Ourcity is very beatuful";
    int i,j;
    for(i=j=0;str[i];i++)
        if(str[i]!=' ')
            _____

    _____
    printf("%s\n",str);
}
```

3. 编写程序

(1) 使用指针编写程序，比较两个有序数组中的元素，输出两个数组中第一个相同的元素值。

(2) 使用指针编写程序，输入 10 个整数，将其中最大的数与第一个数交换，将最小的数与最后一个数交换。

(3) 使用指针编写函数 insert(s1,s2,n)，其功能是在字符串 s1 中的指定位置 n 处插入字符串 s2。

(4) 使用指针编写程序，将用户输入的字符串中的第奇数个字符顺次输出。

(5) 使用指针编写函数，将按照升序排列的一组数从指定位置开始逆序排列。

(6) 使用指针编写程序，计算指定字符在字符串中出现的次数。

(7) 使用指针编写程序，删除字符串中指定字符。

(8) 使用指针编写函数 strcmp(s,t)，其功能是比较两个字符串，若 s<t 则返回-1，s=t 则返回 0，s>t 则返回 1。

第 7 单元 结构体和共用体

📢 单元描述

本单元介绍除数组之外的另外两种用户自定义构造类型——结构体和共用体。结构体可以把一些数据分量集合成一个整体，共用体可以使若干数据成员共享一段内存空间。

📢 学习目标

通过本单元学习，你将能够

- 理解结构体和共用体两种数据类型
- 熟练掌握结构体变量的定义、引用和初始化
- 熟练掌握结构体数组的定义和使用方式
- 熟练掌握共用体变量的定义、引用和初始化
- 学会使用结构体和共用体进行程序设计

7.1 结 构 体

7.1.1 结构体类型

1. 认识结构体类型

前面单元中介绍了整型、实型、字符型等基本类型，也介绍了数组这样的构造类型，但这些仍不足以描述某些复杂的数据结构。

与数组相同，结构体也是一种构造类型，同样允许用户将多个数据成员作为一个整体来保存和使用。它们的区别在于数组所有元素的数据类型必须一致，而结构体的各个成员可以定义成不同的数据类型。因此，结构体是一种用户自定义的构造数据类型，是由若干数据成员组成的，这些成员不要求类型必须一致，成员既可以是基本数据类型的数据，也可以是其他构造类型的数据。

例如，表 7-1 是某校学生信息表，现在希望通过 C 程序管理这些数据。

我们要把每个学生的学号、姓名、性别、年龄和成绩几个数据项当成一个整体来看待，可以通过构造结构体类型来实现。分析表 7-1 中的数据，学号和姓名可以定义成字符数组，性别定义成字符型('m'代表男性，'f'代表女性)，年龄定义成整型，成绩定义成实型，如图 7-1 所示。

表 7-1　学 生 信 息 表

学　号	姓　名	性　别	年　龄	成　绩
20142154	王宇	男	17	89.5
20143018	柳青	男	18	76.0
20148429	李萱萱	女	17	92.5
20147043	张至诚	男	19	68.0

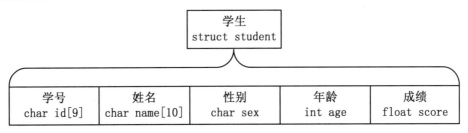

图 7-1　"学生"类型设计

2. 声明结构体类型

声明结构体类型的一般形式如下：

```
struct 结构体名
{    数据类型 1 成员名 1;
     数据类型 2 成员名 2;
        …
     数据类型 n 成员名 n;
};
```

这里需要注意的是：

(1) "struct"是关键字，表示声明的类型是一种结构体类型，不能省略。

(2) "结构体名"是由用户自己定义的，用来标识这个新构造的结构体类型，以便于同其他结构体类型相区分。

(3) 大括号内是该结构体类型的所有数据成员，可以直接采用定义变量的方式来定义数据成员。

(4) 结构体类型定义必须以分号结束。

例如，根据图 7-1 的分析可以设计结构体类型如下：

```
struct student
{    char id[9];              /* 学号 */
     char name[10];          /* 姓名 */
     char sex;               /* 性别 */
     int age;                /* 年龄 */
     float score;            /* 成绩 */
};
```

这里的"struct student"是一个新的数据类型，和 int、char 等系统提供的数据类型具有同样的地位及功能，可以用来定义结构体变量。

7.1.2 结构体变量

1. 结构体变量的定义

前面只是构造了一个结构体类型，其地位等同于系统已经定义好的基本数据类型，但至此还没有定义具体的变量，系统也没有分配具体的内存空间。因此，若想真正存取结构体类型的数据，还需要定义具有该类型结构的变量。定义结构体变量可以使用下面三种方法。

(1) 使用已声明的结构体类型定义变量。其一般形式如下：

结构体类型名　变量名列表；

例如，可以使用 7.1.1 节中声明的"struct student"类型定义变量如下：

struct student st1,st2;

变量 st1、st2 将具有"struct student"类型声明的数据成员结构，可以存取表 7-1 中的学生信息，具体的内存空间分配如图 7-2 所示(图中已预先为各成员进行了赋值，便于帮助理解)。

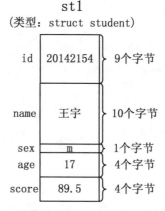

st1
(类型：struct student)

图 7-2　结构体变量 st1 的存储结构示意图

(2) 声明结构体类型的同时定义变量。

可以将结构体类型的声明和结构体变量的定义合二为一，同时进行。使用这种方法定义变量的一般形式如下：

struct　结构体名
{　成员列表;
}变量名列表;

例如，前面"struct student"类型的声明和 st1、st2 两个变量的定义可以同时进行：

```
struct student
{    char id[9];              /* 学号 */
     char name[10];          /* 姓名 */
     char sex;               /* 性别 */
     int age;                /* 年龄 */
```

```
        float score;                        /* 成绩 */
}st1,st2;
```

(3) 缺省类型名直接定义结构体变量。

如果某个结构体类型只使用一次，以后不再使用它来定义新的变量，那么可以省略结构体名，直接定义结构体变量。其一般形式如下：

```
struct
{    成员列表;
}变量名列表;
```

例如，可以直接定义结构体变量 st1、st2：

```
struct
{    char id[9];                          /* 学号 */
     char name[10];                       /* 姓名 */
     char sex;                            /* 性别 */
     int age;                             /* 年龄 */
     float score;                         /* 成绩 */
}st1,st2;
```

2. 结构体成员的引用

结构体变量是若干数据成员的集合，故一般不直接使用结构体变量，而是通过对其成员的引用来进行输入、输出等操作。引用结构体变量中成员的一般形式如下：

```
结构体变量名.成员名
```

例如，若想为 st1 赋值以获得图 7-2 中所示的效果，可使用如下程序段来实现：

```
strcpy(st1.id, "20142154");    /* 字符串不能直接用 "=" 赋值 */
strcpy(st1.name, "王宇");
st1.sex='m';
st1.age=17;
st1.score=89.5;
```

结构体变量的操作类似于数组，它的各个成员可以和普通变量一样进行各种运算，但是其本身不能作为一个整体输入、输出或赋常量值。例如，不能像下面这样访问结构体变量：

```
st1={"20142154","王宇",'m',17,89.5};        /* 错误用法 */
printf("%s,%s,%c,%d,%f",st1);               /* 错误用法 */
```

相同类型的结构体变量之间可以直接赋值，这也是结构体变量唯一可以整体操作的方式。例如，已有 "struct student st1,st2"，可以直接将 st1 整体赋值给 st2：

```
st2=st1;        /* 同类型的结构体变量间可整体赋值 */
```

【例 7-1】　构造用于保存日期(年、月、日)的结构体类型 date，输入今天的日期，计算并输出明天的日期。

```
# include <stdio.h>
```

```
struct date                    /* 结构体类型-日期 */
{    int year;                 /* 成员-年 */
     int month;                /* 成员-月 */
     int day;                  /* 成员-日 */
};
main()
{    struct date today,tomor;
     today.year=2014;
     today.month=9;
     today.day=1;
     tomor=today;
     tomor.day++;
     printf("今天:%d 年%d 月%d 日\n",today.year,today.month,today.day);
     printf("明天:%d 年%d 月%d 日\n",tomor.year,tomor.month,tomor.day);
}
```

结构体类型的声明既可以放在函数外部，也可以放在函数内部，区别在于作用范围不同。建议在程序的开头部分声明结构体类型，这样可以使程序便于修改和使用，也更适合大部分程序员的阅读习惯。

程序运行结果如图 7-3 所示。

图 7-3   例 7-1 程序运行结果

3. 结构体变量的初始化

在结构体变量定义的同时可以为其整体赋初值，方法与数组的初始化相似，将各个数据成员的值按声明类型时的顺序依次排列，使用逗号间隔，全部放在大括号中，整体赋值给变量。例如：

```
struct   student   st1={"20142154","王宇",'m',17,89.5};
```

初始化结构体变量时，应注意每一个数据都要与结构体类型中对应成员的数据类型相同。

7.1.3   应用举例

【例 7-2】   输入一个点的二维坐标，计算并输出这个点距离原点的长度。

定义结构体类型 struct point 来表示点，其中分别定义实型变量 x 和 y 表示点的 x 坐标和 y 坐标。

```
# include <stdio.h>
```

```
# include <math.h>
struct point          /* 点 */
{    float x;          /* x 坐标 */
     float y;          /* y 坐标 */
};
main()
{    struct point p1;
     float l;
     printf("x 坐标：");
     scanf("%f",&p1.x);
     printf("y 坐标：");
     scanf("%f",&p1.y);
     l=sqrt(p1.x*p1.x+p1.y*p1.y);
     printf("点(%.1f,%.1f)距离原点长%.1f\n",p1.x,p1.y,l);
}
```

程序运行结果如图 7-4 所示。

图 7-4　例 7-2 程序运行结果

【**例 7-3**】　某研究小组希望建立气象信息档案，要求记录各地每日的最高、最低温度及空气质量指数。请为它们构造合适的结构体类型，并提供 1 组样例作为测试数据。

定义结构体类型 struct wether 来表示气象记录，其中的日期继续定义结构体类型 struct date 来表示，构造出来的结构如图 7-5 所示。

城市	日期 struct date mydate			最高温度	最低温度	空气质量指数
char city[20]	年 int year	月 int mon	日 int day	int temp_max	int temp_min	int pm

图 7-5　struct wether 的结构

```
# include <stdio.h>
struct date
{    int year;
     int month;
     int day;
};
struct weather
{    char city[20];
```

```
        struct date mydate;
        int temp_max;
        int temp_min;
        int pm;
};
main()
{       struct weather w={"上海",{2014,3,18},24,13,85};
        printf("%s\n",w.city);
        printf("%d 年%d 月%d 日\n",
                w.mydate.year,w.mydate.month,w.mydate.day);
        printf("最高温度：%d\t 最低温度：%d\n",w.temp_max,w.temp_min);
        printf("空气质量指数：%d\n",w.pm);
}
```

说明：

(1) 结构体中的数据成员可以定义为另一种结构体类型，这时将构成结构体的嵌套。

(2) 对嵌套结构体成员的引用要引用到最末一级。例如，本例中显示日期需分别显示年、月、日，而且是采用逐级访问的方式完成的。

程序运行结果如图 7-6 所示。

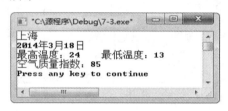

图 7-6　例 7-3 程序运行结果

习　　题

1. 选择题

(1) 以下关于结构体类型的叙述中错误的是_____。

　　A. 系统分配给共用体变量的内存是各成员所需内存量的总和

　　B. 结构体类型是由用户自定义的一种数据类型

　　C. 结构体中的成员可以具有相同的数据类型

　　D. 在定义结构体类型时，可以为成员设置默认值

(2) 以下关于结构体类型的叙述中错误的是_____。

　　A. 结构体中的成员可以是另一个已定义的结构体

　　B. 结构体中的成员不可以与结构体变量同名

　　C. 结构体类型的关键字是 struct

　　D. 结构体类型变量在程序执行期间所有成员一直驻留在内存中

(3) 以下结构体类型声明和变量定义中，正确的是_____。

A. struct ss
 { char flag;
  int a;
 };
 ss s1,s2;

B. struct
 { char flag;
  int a;
 }ss;
 sruct ss s1,s2;

C. struct ss
 { char flag;
  int a;
 }
 struct ss s1,s2;

D. struct ss
 { char flag;
  int a;
 }s1,s2;

(4) 对于以下结构体类型说明语句叙述不正确的是_____。

```
struct data
{   int a;
    float b;
}xx;
```

A. struct 是结构体类型的关键字

B. struct dada 是用户定义的结构体类型名

C. a 和 b 都是结构体成员名

D. 可以通过成员的引用 data.a、data.b 对结构体进行赋值

(5) 以下程序的输出结果是_____。

```
# include <stdio.h>
main()
{   struct
    {   struct
        {   int a;
            int b;
        }xx;
        int m;
        int n;
    }yy;
    yy.m=1;
    yy.n=2;
    yy.xx.b=yy.m*yy.n;
    yy.xx.a=yy.m+yy.n;
    printf("%d,%d",yy.xx.a,yy.xx.b);
}
```

A. 1,2   B. 2,3   C. 2,1   D. 3,2

2. 写出以下程序的运行结果

```c
# include <stdio.h>
struct st
{       int a;
        char c;
};
void fun(struct st y)
{       y.a=5;
        y.c='f';
}
main()
{       struct st x={2,'t'};
        fun(x);
        printf("%d,%c\n",x.a,x.c);
}
```

3. 程序填空

现有一部白色的三星手机，价值 3800 元，请根据程序声明的商品类型定义结构体变量并赋初值，输出该商品的各项信息。

```c
# include <stdio.h>
struct product                  /* 商 品 */
{       char name[10];          /* 名称 */
        char brand[10];         /* 品牌 */
        int price;              /* 价格 */
        char color[10];         /* 颜色 */
};
main()
{       _____          /* 定义结构体变量 a 并赋初值 */
        printf("名称：%s\n",a.name);
        _____          /* 输出品牌 */
        _____          /* 输出价格 */
        printf("颜色：%s\n",a.color);
}
```

4. 编写程序

(1) 设计结构体类型，用于记录学生成绩，包括平时成绩、期末考试成绩和学期总评成绩。编写程序，实现输入平时成绩和期末考试成绩，计算学期总评成绩(总评成绩=平时成绩×40%+考试成绩×60%)，输出所有成绩信息。

(2) 设计结构体类型，用于记录时间(包括小时、分、秒)。编写程序，实现输入某次越野赛跑的起跑时间和到达终点时间，计算并输出该次赛跑使用了多长时间。

7.2　结构体数组

在 7.1.1 小节中，我们为了管理表 7-1 中的学生数据声明了结构体类型"struct student"，并定义了两个变量 st1，st2。定义结构体变量可以满足存放一两个学生数据的要求，若想管理表中的所有数据，就需要将结构体类型定义成数组才行。结构体数组中的每个元素都是一个结构体类型的数据，和定义结构体变量的方法相仿，只需将结构体变量换成数组即可。根据已经声明的类型定义结构体数组的一般格式如下：

struct　　结构体名　　数组名[长度];

为结构体数组进行初始化的方法与二维数组的相似，每个数组元素作为结构体类型的数据要使用大括号括起来，所有元素的外层采用数组初始化的规则继续使用大括号括起来。例如：

struct student stu[3]={{"20142145","王宇",'m',17,89.5},
　　　　　　　　　　　{"20143018","柳青",'m',18,76.0},
　　　　　　　　　　　{"20148429","李萱萱",'f',17,92.5}};

本程序段定义了结构体数组 stu，三个元素 stu[0]、stu[1]、stu[2]中均有 id、name 等 4 个成员变量，如图 7-7 所示。

	id	name	sex	age	score
stu[0]	20142145	王宇	m	17	89.5
stu[1]	20143018	柳青	m	18	76.5
stu[2]	20148429	李萱萱	f	17	92.5

图 7-7　结构体数组 stu

数组 stu 在内存中的存放形式如图 7-8 所示。

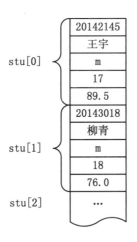

图 7-8　结构体数组 stu 的存储方式

访问结构体数组中元素的各数据成员的方法如下：

数组名[下标].成员名;

例如：

```
printf("%s",stu[1].name);              /* 输出"柳青" */
```

【例 7-4】   某学生干事希望编写程序帮助其管理学生成绩，他希望录入学生的学号、姓名及各门课程的成绩后，程序可以计算每个学生的总成绩和平均成绩，并将结果显示出来。

本例以录入 3 名学生 4 门课程的成绩为例编程，使用符号常量保存学生人数和课程门数，使用时可根据实际情况方便地修改参数。

```c
# include <stdio.h>
# define M 3                 /* M 为学生人数 */
# define N 4                 /* N 为课程门数 */
struct student
{    int id;                 /* 学号 */
     char name[20];          /* 姓名 */
     float score[N];         /* 各门课程的成绩 */
     float sum;              /* 总分 */
     float avg;              /* 平均分 */
};
main()
{    struct student s[M];
     int i,j;
     for(i=0;i<M;i++)         /* 输入姓名、学号、各科成绩 */
     {    printf("学号：");
          scanf("%d",&s[i].id);
          printf("姓名：");
          scanf("%s",s[i].name);
          for(j=0;j<N;j++)
          {    printf("\t 科目%d：",j+1);
               scanf("%f",&s[i].score[j]);
          }
     }
     for(i=0;i<M;i++)
     {    s[i].sum=0;
          for(j=0;j<N;j++)          /* 计算总分 */
               s[i].sum+=s[i].score[j];
          s[i].avg=s[i].sum/N;      /* 计算平均分 */
     }
     for(i=0;i<M;i++)               /* 输出结果 */
```

```
    {    printf("学号：%d\t 姓名：%s\t",s[i].id,s[i].name);
         printf("总分：%.1f\t 平均分：%.1f\n",s[i].sum,s[i].avg);
    }
}
```

说明：

(1) 程序定义了一个结构体数组 s 表示学生，数组具有 M 个元素，M 为 3 时可以统计 3 个学生的成绩。程序中的 "s[i]" 表示第(i+1)名学生。

(2) 每个数组元素包含 id(学号)、name(姓名)、score(各单科成绩)、sum(总分)和 avg(平均分)5 个数据成员。

(3) 结构体成员 score 也是一个数组，用来存放学生的各门课程的成绩。本数组具有 N 个元素，N 为 4 时可以为每名学生录入 4 门课程的成绩。程序中的 "s[i].score[j]" 表示第(i+1)名学生的第(j+1)门课程的成绩。

(4) 注意数据成员间的对应关系，计算时一个学生的各项数据成员应通过相同的数组元素来引用。例如，学生的总分由该名学生的各门课程成绩累加得出，即 "for(j=0;j<N;j++) s[i].sum+=s[i].score[j]; "；平均分由该名学生的总分除以科目数得出，即 " s[i].avg =s[i].sum/N;"。

程序运行结果如图 7-9 所示。

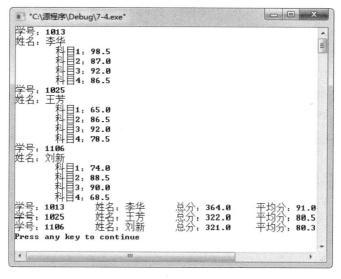

图 7-9　例 7-4 程序运行结果

习　　题

1. 选择题

(1) 若有如下说明，则以下选项中能正确定义结构体数组并赋初值的是_____。

```
struct student
{    int a;
```

```
        char c;
        double b;
    };
    A. student st[2]={101,"t",78.5,102, "f",92.0};
    B. student st[2]={ "101,'t',78.5","102, 'f',92.0"};
    C. student st[2]={{101, 't',78.5},{102, 'f',92.0}};
    D. student st[2]={{78.5, 't',101},{92.0, 'f',102}};
```

(2) 下列程序的运行结果是_____。

```
# include <stdio.h>
main()
{   struct xx
    {   int a;
        int b;
    }x[2]={3,5,4,9};
    printf("%d\n",x[1].b+x[0].a*x[1].a);
}
```

    A. 21   B. 49   C. 17   D. 16

(3) 若有如下说明，则以下选项中结构体变量的成员引用正确的是_____。

```
struct per
{   int x;
    struct
    {   float f[3];
        char c;
    }item[2];
}p[5];
```

    A. p[0]={2,{{92.5,78,85}, 't'}};   B. p[0].item[1]={{92.5,78,85},'t'};
    C. p[0].item[1].f={92.5,78,85};   D. p[0].item[1].c='t';

(4) 若 int 整型数据占 4 字节，char 字符型数据占 1 字节，则下面定义的结构体数组 a 占有内存空间的大小为_____字节。

```
struct
{   int x;
    char c[3];
}a[2];
```

    A. 8   B. 7   C. 14   D. 10

2. 写出以下程序的运行结果

```
# include <stdio.h>
struct stu
{
```

```
        char num[6];
        float score[3];
    };
    main()
    {
        struct stu s[3]={{"10010",80,92.5,95},
                         {"10011",78.5,84,91.5},
                         {"10012",65.5,78,81}};
        int i;
        float sum=0;
        for(i=0;i<3;i++)
            sum=sum+s[i].score[1];
        printf("%.2f\n",sum);
    }
```

3. 程序填空

函数 findgoods 的功能是：在一系列商品中查找指定商品，返回该商品的价格，没找到则返回-1。

```
    # include <stdio.h>
    # define N 50
    struct goods
    {
        int id;
        char name[20];
        float price;
    }g[N];
    int findgoods(struct goods aa[],char ss[])
    {
        int i;
        for(i=0;i<N;i++)
            if(_____)
               return_____;
        return -1;
    }
```

4. 编写程序

(1) 输入若干人员的姓名和手机号码，以字符#结束输入，并提供根据姓名查找电话号码的功能。

(2) 输入若干球员的姓名和常穿球衣的号码，按球员的号码从大到小排序，并输出排序结果。

7.3 共 用 体

共用体是 C 语言中另一种允许用户自定义数据结构的构造类型。它和结构体类似，也是由若干不同类型的数据成员组合而成的，类型声明、变量定义等使用方式也与结构体类型大同小异。不同的是，共用体变量的所有成员均从同一地址开始存放，即在同样的内存空间中可以根据需要存放不同类型的数据。也就是说，共用体为所有成员定义了一块共享的内存空间。灵活运用共用体可以有效地节省内存空间。

声明共用体类型的一般形式如下：

```
union  共用体名
{     数据类型 1  成员名 1;
      数据类型 2  成员名 2;
          …
      数据类型 n  成员名 n;
};
```

例如，某大学的课程考核方式分为考试课和考查课，其中考试课采用百分制记录成绩，考查课采用等级制记录成绩，现有某学生的成绩单如表 7-2 所示。

表 7-2 某学生的成绩单

课 程 名	考核方式	成 绩
C 语言程序设计	考试	92
艺术欣赏	考查	良
大学英语	考试	87

表中"成绩"一栏因为采用的考核方式不同而产生了两种成绩记录方式。其中考试课的成绩可以直接使用整型数保存；考查课的成绩包含"优"、"良"、"中"、"及格"和"不及格" 5 个等级，即使映射成"A"、"B"、"C"、"D"、"E"也需使用字符型保存。这时，我们可以将成绩一栏设计成共用体类型，以使其既可以存储字符型数据，又可以存储整型数据。当然，每门课程只能选择一种考核方式，产生一个成绩，要么是整型，要么是字符型。

为"成绩"一栏声明共用体类型如下：

```
union score
{   int num;            /* 用来记录百分制成绩 */
    char grade;         /* 用来记录等级制成绩 */
};
```

这里声明了共用体类型"union score"，数据成员包含一个整型和一个字符型，它们共用同一段内存单元，如图 7-10 所示。

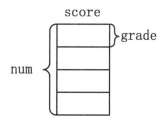

图 7-10　共用体类型的存储方式

因为数据成员共享内存空间，所以共用体的大小以各数据成员中所占内存空间最大的成员为准。例如，上面声明的共用体类型"union score"占有的内存空间大小等于其成员 num 的大小，为 4 字节。

共用体的变量定义和成员引用方式与结构体的相同。例如：

```
union score sc1;              /* 定义共用体变量 sc1 */
sc1.num=92;                   /* 使用百分制方式记录考核成绩 */
```

【**例 7-5**】　某高校准备编写成绩管理系统，现提供某名学生的成绩单如表 7-2 所示，要求编写程序管理学生成绩并输出成绩单。

为表 7-2 中的各行记录设计结构体类型"struct subject"，包含成员课程名、考核方式、成绩。其中课程名使用字符数组表示，考核方式使用字符型表示(t 为考试，f 为考核)，成绩使用前面分析的共用体类型"union score"表示。

```
# include <stdio.h>
# define N 3                  /* 课程数 */
union score                   /* 成绩 */
{    int num;
     char grade;
};
struct subject
{    char name[20];           /* 课程名 */
     char type;               /* 考核方式 */
     union score sc;          /* 成绩 */
};
main()
{    struct subject sub[N]={{"C 语言程序设计",'t',{92}},
                  {"艺术欣赏",'f',{'B'}},{"大学英语",'t',{87}}};
     int i;
     for(i=0;i<N;i++)
     {    printf("%s\t",sub[i].name);          /* 输出课程名 */
          if(sub[i].type=='t')                 /* 若课程为考试课 */
          {    printf("考试\t");
               printf("%d",sub[i].sc.num);     /* 考试课成绩采用百分制记录 */
```

```
        }
        else
        /*  若课程为考查课  */
        {   printf("考核\t");
            switch(sub[i].sc.grade)              /*  考查课成绩采用等级制记录  */
            {   case 'A':printf("优");break;
                case 'B':printf("良");break;
                case 'C':printf("中");break;
                case 'D':printf("及格");break;
                case 'E':printf("不及格");break;
                default:printf("缺考");
            }
        }
        printf("\n");
    }
}
```

说明：

(1) 结构体类型可以包含共用体变量，反之，共用体类型也可以包含结构体变量。本例中结构体类型"struct subject"中表示成绩的成员就是共用体变量"union score sc;"。

(2) 共用体变量初始化的值放在一对大括号中。因为在共用体中同一时刻只有一个成员起作用，所以初始化时只需要赋一个值就可以了。本例中针对共用体部分的初始化实际上相当于如下赋值语句：

```
sub[0].score.num=92;
sub[1].score.grade='B';
sub[2].score.num='87';
```

(3) 通常会定义一个状态变量与共用体配合使用，根据状态变量取值的不同来确定共用体变量当前生效的成员。本例将结构体成员考核方式"char type"与成绩"union score sc"搭配使用。当课程为考试课(sub[i].type=='t')时，成绩中生效的成员是 num；当课程为考查课(sub[i].type=='f')时，成绩中生效的成员是 grade。

程序运行结果如图 7-11 所示。

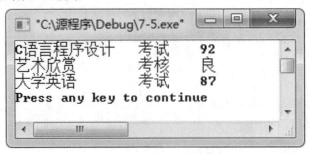

图 7-11   例 7-5 程序运行结果

【例 7-6】　某学生管理系统录入学生的个人信息时，每个学生首先需输入姓名、学号和性别。如果是男生，则继续登记视力是否正常(正常记 Y，异常记 N)；如果是女生，则继续登记身高和体重。

```c
# include <stdio.h>
# define N 2
struct student
{       char name[10];              /*  姓名  */
        int num;                    /*  学号  */
        char sex;                   /*  性别  */
        union
        {    char eye;              /*  视力  */
             struct
             {    int height;       /*  身高  */
                  int weight;       /*  体重  */
             }figure;
        }body;                      /*  身体状态  */
};
main()
{
        struct student st[N];
        int i;
        for(i=0;i<N;i++)
        {    scanf("%s %d %c",st[i].name,&st[i].num,&st[i].sex);
             if(st[i].sex=='m')          /*  男生输入视力情况  */
             {
                  printf("请输入视力是否正常(Y/N)：\n");
                  scanf("\n%c",&st[i].body.eye);
             }
             else if(st[i].sex=='f')          /*  女生输入身高、体重  */
             {    printf("请输入身高和体重：\n");
                  scanf("%d",&st[i].body.figure.height);
                  scanf("%d",&st[i].body.figure.weight);
             }
             else
                  printf("输入错误\n");
        }
}
```

程序运行结果如图 7-12 所示。

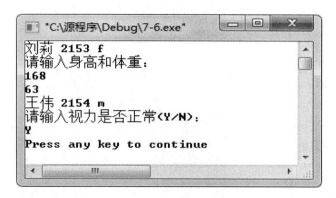

图 7-12　例 7-6 程序运行结果

程序运行时输入的各项数据信息之间的关系如图 7-13 所示。

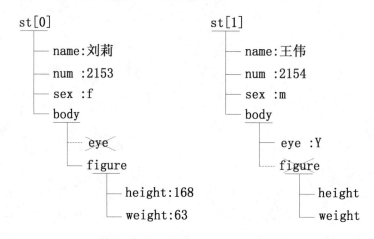

图 7-13　各数据成员之间的关系图

习　　题

1. 选择题

(1) 以下关于共用体类型的叙述中正确的是_____。

    A. 系统分配给共用体变量的内存是各成员所需内存量的总和

    B. 一个共用体变量中不能同时存入其所有成员

    C. 共用体类型定义中不能出现结构体类型的成员

    D. 可以对共用体变量直接赋值

(2) 若有如下说明，则以下选项中共用体变量的使用正确的是_____。

    union data

    {　　int i;

    　　　char c;

    　　　float f;

```
    }a;
    int x=1;
    A. printf("%d\n",a);                    B. a={1,'m',2.5};
    C. a.i=x;                                D. x=a;
```

2. 写出以下程序的运行结果

```
    # include <stdio.h>
    union
    {    int x;
         struct
         {    int m;
              float n;
         }y;
    }a;
    main()
    {    a.x=25;
         a.y.m=100;
         a.y.n=58.4;
         printf("%d\n",a.x);
    }
```

单 元 小 结

(1) 结构体和共用体是两种构造数据类型,是用户自定义数据结构的重要手段。它们都是由若干数据成员组成的,各成员的数据类型可以互不相同。

(2) 结构体中的各成员均占有各自的内存空间,它们是同时存在的,结构体变量的大小等于其所有成员分别占有的内存空间之和;共用体的各成员共享内存空间,它们不能同时存在,只有最后赋值的数据成员是有效的,共用体变量的大小等于其最长的成员占有的内存空间大小。

(3) 声明结构体类型的一般格式如下:

```
struct  结构体名
{    成员列表;
};
```

(4) 声明共用体类型的一般格式如下:

```
union  共用体名
{    成员列表;
};
```

(5) 结构体数组的每个元素都是一个结构体类型的数据,均包括各个数据成员。

单 元 练 习

编写程序

(1) 定义日期结构体类型(包括年、月、日),从键盘输入一个日期,计算该日在本年中是第几天。

(2) 百钱买百鸡问题:"鸡翁一,值钱五;鸡母一,值钱三;鸡雏三,值钱一。百钱买百鸡,问鸡翁、鸡母、鸡雏各几何?"请用结构体数组记录所有的情况,并显示结果。

第 8 单元 文 件

单元描述

文件是 C 语言程序设计中一个重要的概念。所谓"文件"，一般指存储在外部介质上数据的集合。一些数据以文件的形式存放在外部的介质上，把这类文件称之为"磁盘文件"，有了这些文件，人们就可以长期地保存程序数据，可以随时访问文件、提取数据。在 C 语言中，对文件的处理都是通过函数实现的。本单元重点介绍对文件的访问处理，包括打开文件，读、写文件和关闭文件等内容。

学习目标

通过本单元学习，你将能够
● 掌握文件指针的概念及其使用方法
● 掌握文件的打开、读、写、定位和关闭操作
● 设计对文件进行处理的实用程序

8.1 文件的基本概念与操作

8.1.1 文件的基本概念

在程序设计中"文件"是一个重要的概念，通常是指存储在外部存储介质上数据的集合。在程序运行时，往往要将一批数据存储到外部磁盘上，需要时再将数据从磁盘中输入到计算机内存。因此，也把文件称为"磁盘文件"。

C 语言把文件看做是字符(字节)的序列，即由一个一个字符(字节)的数据顺序组成。从数据的组织形式上可把文件分为以下两种。

(1) 文本文件(ASCII 文件)。文本(text)文件又称 ASCII 文件，它的数据是用 ASCII 码保存的，即每一个字节放一个 ASCII 代码，代表一个字符，使文本文件一个字节对应一个字符，方便对字符进行逐个处理，也便于输出字符，但一般占存储空间较多，且需要花时间进行二进制形式与 ASCII 码间的转换。

(2) 二进制文件。二进制文件是将内存中的数据按其在内存中存储形式原样输出到磁盘上存放，可以节省外存空间和转换时间，但每一个字节并不对应一个字符，不能直接输出字符形式。

例如，整数-1234，在内存中占 4 个字节，而如果按 ASCII 码形式输出，则在文本文件中分别保存 '-'、'1'、'2'、'3'、'4' 五个字符的 ASCII 码，共占 5 个字节。若按二进制形式输出，则按内存中存储形式原样输出，在文件中占 4 个字节。

文本文件和二进制文件各有优缺点。文本文件的优点是可直接打开阅读；缺点是读取和保存数据时需要时间转换。二进制文件恰恰相反，读取和保存数据时不用转换，且速度快；缺点则是不能直接打开阅读。

文件的使用具体可从以下三个步骤进行操作：

(1) 打开文件。在使用文件时，先在内存中创建一个存储区域称为缓冲区，再放入文件一部分内容进行处理，处理结束后再更新另一部分文件内容，直至整个文件内容处理结束，即能使用文件全部内容。

(2) 读、写文件。从文件中提取数据称为读文件，读文件其实就是在读缓冲区中的数据，缓冲区的数据读完，系统便会自动更新。而将数据保存到文件中称为写文件，写文件其实就是将数据写入到缓冲区中，直到写满缓冲区，系统便会自动将数据存到外存相应的文件中，并重新清空缓冲区的数据。

(3) 关闭文件。关闭文件即表示文件使用完毕，让操作系统撤消缓冲区。应注意，当文件使用完毕时，必须执行关闭文件操作，否则数据有可能丢失。原因是在写文件过程中，当缓冲区没有写满时，系统就不会将数据存到外存文件中，这时若没有执行关闭文件操作，则关闭操作系统时数据便会丢失。若执行了正常关闭文件操作，系统就会在撤消缓冲区之前把没有写满缓冲区中的数据存到外存文件中，就不会造成数据的丢失。

8.1.2 文件的基本操作

1. 文件指针变量

在缓冲文件系统中，关键的概念就是"文件指针"。对于每一正在被使用的文件，都会在内存中开辟一个区，专门用来存放文件的相关信息。其中包括文件的名字、文件的状态以及文件的当前位置等信息，而这些信息都是保存在一个结构体的变量中，该结构体类型是由系统定义的，取名为 FILE。而在 C 语言中，这些文件类型的声明均在"stdio.h"头文件中。

一般并不直接使用 FILE 类型变量，而是设置一个指向 FILE 类型变量的指针变量，称为文件指针，通过它来间接引用这些 FILE 类型变量。程序通过文件指针对文件进行各种各样的操作。文件指针的定义形式如下：

FILE   *文件指针变量;

说明：定义了一个指向 FILE 类型结构体的指针变量，该指针变量指向文件的结构体变量，从而再通过该结构体变量中的文件信息去实现文件的访问。如果有 n 个文件，一般应定义 n 个文件指针变量，使它们能分别指向这 n 个文件并实现文件的访问。

例如：

FILE *fp;   /* 定义文件指针变量 fp */
FILE *f1，*f2;   /* 定义文件指针变量 f1、f2 */

2. 头文件"stdio.h"中有关文件操作的函数

1) 打开和关闭

要对文件进行读、写操作，就必须先将文件打开；在进行完对文件的相关操作之后，再将其关闭。在 C 语言中，打开文件是用 fopen 函数实现的，关闭文件则用 fclose 函数实现。

打开文件函数一般格式如下：

fopen(文件名,文件使用方式);

作用：申请以特定的文件使用方式打开文件名所对应的文件，若成功，则返回一个文件指针；若失败，则返回 NULL 空指针。

说明：第一个参数"文件名"是字符串，为所要打开文件的名字，文件名中可带有路径名，缺省时默认为当前路径；第二个参数"文件使用方式"也为字符串，给出使用文件的方式，其具体内容与含义如表 8-1 所示。

表 8-1 文件使用方式

文件使用方式	含 义
"r"	只读，为输入打开一个文本文件
"w"	只写，为输出新建一个文本文件
"a"	追加，向文本文件尾添加数据
"rb"	只读，为输入打开一个二进制文件
"wb"	只写，为输出新建一个二进制文件
"ab"	追加，向二进制文件尾添加数据
"r+"	读写，为读/写打开一个文本文件
"w+"	读写，为读/写新建一个文本文件
"a+"	读写，向文本文件尾添加数据，同时可读
"rb+"	读写，为读/写打开一个二进制文件
"wb+"	读写，为读/写新建一个二进制文件
"ab+"	读写，向二进制文件尾添加数据，同时可读

说明：

① 用"r"方式打开的文件只能进行读操作不能进行写操作，并且在使用"r"方式打开文件之前必须已经存在该文件，不能打开一个不存在的文件，否则系统出错。

② 用"w"方式打开的文件只能进行写操作不能进行读操作。在使用"w"方式时，如果原来不存在文件，则在打开文件时会新建一个新文件；如果原来已经存在文件，则在打开时会先将该文件删除，再重新建立一个新文件。

③ 用"a"方式打开的文件是在已经存在的文件末尾添加新的数据，位置指针移到文件末尾，因此不会删除文件中原有的数据。但该文件必须已经存在，否则系统出错。

④ 用"r+"、"w+"、"a+"方式打开的文件既可以进行读操作，也可以进行写操作。其中"r+"、"a+"方式只能打开已经存在的文件，且"a+"方式打开的文件是从文件末尾添加数据。

"w+"方式则是新建一个文件，再从文件头部开始写数据，然后可以读此文件的数据。

⑤ 其他的 6 种("rb"、"wb"、"ab"、"rb+"、"wb+"、"ab+")文件使用方式与上述介绍的文件使用方式之间的区别就是，这 6 种文件的使用方式是对二进制文件操作。

若不能实现打开文件的操作，如使用"r"方式打开一个不存在的文件，fopen 函数会返回一个空指针 NULL(NULL 在头文件"stdio.h"中已被定义为 0)。常用下面的方法来检验打开文件是否出错：

```
if((fp==fopen("file1"，"r"))==NULL)
{    printf("can not open this file\n");      /*输出出错信息*/
     exit(0);                                 /*终止正在运行的程序*/
}
```

关闭文件函数的一般格式如下：

```
fclose(文件指针);
```

说明：fclose 函数将文件指针对应的文件关闭。例如：

```
fp=fopen("file1"，"r");
fclose(fp);
```

fclose 函数也带回一个值，当顺利地关闭文件时返回 0，关闭文件未成功时返回 EOF(定义为-1)。

2) 读、写文件

fscanf 函数和 fprintf 函数与 scanf 函数、printf 函数作用相似，都是格式化读写(输入输出)函数，它们的区别是 fscanf 函数和 fprintf 函数是针对磁盘文件进行的读写操作。

fprintf 格式化写函数的一般形式如下：

```
fprintf(文件指针,"格式控制字符串",输出项);
```

说明：与 printf 函数类似，但不是输出到终端屏幕中，而是输出到文件指针所指向的文件中。例如：

```
fprintf(fp, "%d,%d",a,b);
```

其作用是将整型变量 a 和 b 的值输出到 fp 所指向的文件中。如果 a 的值为 1，b 的值为 2，则表示输出到文件中的数据是：1,2。

fscanf 格式化读函数的一般形式如下：

```
fscanf(文件指针,"格式控制字符串",输入项);
```

说明：与 scanf 函数类似，但不是从键盘输入数据，而是从文件指针所指的文件中去提取数据，并依次将数据存放到输入项列表的各项中。例如：

```
fscanf(fp, "%d,%d",&a,&b);
```

若文件上的内容是：1,2,3，则将文件中的数据 1 送给变量 a，2 送给变量 b。

8.1.3　文件基本操作应用举例

【例 8-1】　从键盘输入一个班某门课的分数，-1 结束，存入文件名为"a.txt"的文件中。

程序如下：

```
# include <stdio.h>
main()
{    FILE *fout;                /* 说明文件指针变量 fout   */
     int x;
     fout=fopen("a.txt","w"); /* 写方式打开"a.txt"，返回文件指针赋给 fout */
     if (fout==NULL)            /* 如果打开文件失败    */
     {    printf("打开文件失败.\n");
          return;               /* 终止程序   */
     }
     printf("x=");
     scanf("%d",&x);
     while (x!=-1)
     {    fprintf(fout,"%5d",x);
          printf("x=");
          scanf("%d",&x);
     }
     fclose(fout);
}
```

程序分析如下：

(1) 进入当前路径可发现产生了一个名为"a.txt"的新文件，双击鼠标打开文件，内容就是运行时输入的所有分数。

(2) 本例将分数写入文件"a.txt"与将分数显示到屏幕类似，文件读写时也有像屏幕光标类似的文件光标指针。刚打开文件时，文件光标指针指向文件的顶部，写入一个数据，光标指针自动向后移动。

程序运行结果如图 8-1 所示。

图 8-1 例 8-1 程序运行结果

【例 8-2】 读出例 8-1 产生的"a.txt"文件中一个班某课程的所有分数，求平均分。

程序如下：

```
# include <stdio.h>
main()
{    FILE *fin;
```

```
        int x,sum,n,aver;
        if ((fin=fopen("a.txt","r"))==NULL)
        {
            printf("文件不存在.\n");
            return;
        }
        sum=0;
        n=0;
        while (fscanf(fin,"%d",&x)==1)
        {   sum=sum+x;
            n++;
        }
        fclose(fin);
        aver=sum/n;
        printf("aver=%d\n",aver);
}
```

程序分析如下：

(1) fscanf 函数也有返回值，返回成功读取数据的个数，读取失败返回 0。

(2) 本例从文件"a.txt"读取数据与从键盘读取数据类似，文件光标指针刚打开文件时指向第一个数据，读一个数据文件光标指针自动向后指向下一个数据。fscanf 函数就是从文件光标指针处读取数据，到了文件最后没有数据时读取失败，返回 0。

程序运行结果如图 8-2 所示。

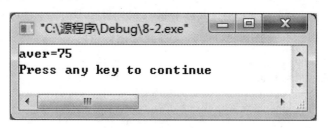

图 8-2　例 8-2 程序运行结果

【例 8-3】　复制一个源文件，产生一个新的目标文件，源文件和目标文件名从键盘输入。

分析：任何文件都可看成是一个一个字符数据的字符流，复制一个文件的实现只需从源文件一个一个字符读出，同时一个一个字符写入目标文件，直到源文件结束。

程序如下：

```
# include <stdio.h>
main()
{
    FILE *f1,*f2;    /* 说明 f1 是源文件指针变量，f2 是目标文件指针变量 */
```

```
    char ch,fname1[20],fname2[20];
    /* 字符串变量 fname1 表示源文件名，fname2 表示目标文件名 */
    printf("源文件名:");
    scanf("%s",fname1);
    if ((f1=fopen(fname1,"r"))==NULL)
    {
        printf("文件不存在.");
        return;
    }
    printf("目标文件名:");
    scanf("%s",fname2);
    if ((f2=fopen(fname2,"w"))==NULL)
    {
        printf("文件打开失败.");
        fclose(f1);
        return;
    }
    while (fscanf(f1,"%c",&ch)==1)
    fprintf(f2,"%c",ch);
    fclose(f1);
    fclose(f2);
}
```

本程序可复制任何类型的文件，也包括我们编写的 C 语言源程序。例如将当前路径下已经编写好的名为"li.c"源程序文件复制，产生名为"wang.c"的新文件。

程序运行结果如图 8-3 所示。

图 8-3 例 8-3 程序运行结果

习 题

1. 选择题

(1) 若执行 fopen 函数时发生错误，则函数的返回值是_____。

    A. 地址值   B. 0   C. 1   D. EOF

(2) 以下叙述中错误的是_____。

    A．C 语言中对二进制文件的访问速度比文本文件快

    B．C 语言中，二进制文件以二进制代码形式存储数据

    C．语句"FILE fp; "定义了一个名为 fp 的文件指针

    D．C 语言中的文本文件以 ASCII 码形式存储数据

(3) 若要打开 C 盘上"user"子目录下名为"abc.txt"的文本文件进行读、写操作，下面符合此要求的函数调用是_____。

    A．fopen("C:\user\abc.txt","r")   B．fopen("C:\\user\\abc.txt","r+")

    C．fopen("C:\user\abc.txt","rb")   D．open("C:\\user\\abc.txt","w")

(4) 若要用 fopen 函数打开一个新的二进制文件，该文件要既能读也能写，则文件方式字符串应是_____。

    A．"ab+"   B．"wb+"   C．"rb+"   D．"ab"

(5)
```
# include <stdio.h>
main()
{
    FILE  *fp1;
    fp1=fopen("f1.txt","w");
    fprintf(fp1,"abc");
    fclose(fp1);
}
```

若文本文件"f1.txt"中原有内容为：good，则运行以上程序后文件"f1.txt"中的内容为_____。

    A．goodabc   B．abcd   C．abc   D．abcgood

2. 写出以下程序的运行结果

```
# include <stdio.h>
main()
{
    FILE *fp; int i=20,j=30,k,n;
    fp=fopen("d1.dat","w");
    fprintf(fp,"%d\n",i);fprintf(fp,"%d\n",j);
    fclose(fp);
    fp=fopen("d1.dat","r");
    fscanf(fp,"%d%d",&k,&n);
    printf("%d%d\n",k,n);
    fclose(fp);
}
```

3. 程序编程

编写一个程序，建立一个文本文件"abc.txt"，向其中写入字符串"this is a test"，然后显示该文件的内容。

8.2　文件的应用

8.2.1　文本文件字符读写函数

除了前面介绍的 fprintf、fscanf 格式化读写函数之外，还有一些是有关文件读写字符型、字符串型数据的函数：fputc、fgetc 和 fputs、fgets。

1. fputc 函数

fputc 函数一般形式如下：

> fputc(字符,文件指针);

格式中需要注意的是：

第一个参数字符可以是一个字符常量，也可以是一个字符变量。第二个参数是文件指针变量。

作用：将指定字符写入到文件指针所指向文件的当前位置，如果写入成功，则返回写入的字符，如果写入失败，则返回 EOF。

2. fgetc 函数

fgetc 函数一般形式如下：

> fgetc(文件指针);

作用：从文件指针对应的文件中读一个字符，前提是该文件必须以读或读写方式打开，如果读入成功，则返回该字符，若遇到文件结束符，则返回 EOF。

通常在文件中读取数据前，要先判断当前位置是否是文件结束符。为了解决读数据是否遇到文件结束符，C 语言提供了一个 feof 函数来判断文件是否结束，其一般形式如下：

> feof(文件指针);

作用：判断文件光标指针是否遇到文件结束符，若遇到了，则返回 1，若未遇到文件结束符，则返回 0。例如：

```
while(!feof(fp))
{    c=fgetc(fp);
    ...
}
```

当未遇到文件结束时，feof(fp)的值为 0，!feof(fp)为 1，从 fp 指向的文件中读入一个字符赋给变量 c，并接着继续执行，直到遇到文件结束，feof(fp)的值为 1，!feof(fp)为 0，while 循环结束。

3. fputs 函数

fputs 函数一般形式如下：

> fputs(字符串，文件指针);

格式中需要注意的是：

(1) 第一个参数可以是字符串常量，也可以是字符数组名或是字符型指针。

(2) 输出字符串时，末尾的字符串结束标志 '\0' 字符不输出。

作用：将指定字符串舍去字符串末尾的结束标志 '\0' 后，写入文件指针所指向的文件中，写入成功返回 0，失败则返回 EOF。例如：

```
fputs("China",fp);
```

表示把字符串"China"输出到 fp 所指向的文件中。

4. fgets 函数

fgets 函数一般形式如下：

```
fgets(字符串,字符个数,文件指针);
```

格式中需要注意的是：

(1) 第一个参数"字符串"用来存放所读取的字符串，是字符型指针或字符数组。

(2) 第二个参数"字符个数"是从文件指针所指向的文件中读取"字符个数"-1 个字符，然后在最后加上结束标志 '\0' 字符，实际得到的字符串共有"字符个数"个字符；再将组成的字符串存放到"字符串"指定的内存空间中。若在文件中读完"字符个数"-1 个字符之前遇到换行符或 EOF，则读取立即结束。fgets 函数读取字符成功，则返回"字符串"的首地址，否则返回 NULL。

【例 8-4】 用 fgetc 和 fputc 函数改写例 8-3 的程序。

程序如下：

```
# include <stdio.h>
main()
{
    FILE *f1,*f2;
    char ch,fname1[20],fname2[20];
    printf("源文件名:");
    scanf("%s",fname1);
    if ((f1=fopen(fname1,"r"))==NULL)
    {    printf("文件不存在.");
        return;
    }
    printf("目标文件名:");
    scanf("%s",fname2);
    if ((f2=fopen(fname2,"w"))==NULL)
    {
        printf("文件打开失败.");
        fclose(f1);
        return;
    }
    while ((ch=fgetc(f1))!=EOF)
```

```
        fputc(ch,f2);
    fclose(f1);
    fclose(f2);
}
```

程序运行结果如图 8-4 所示。

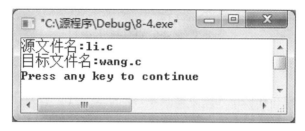

图 8-4 例 8-4 程序运行结果

【例 8-5】 用 feof 函数改写例 8-3 的程序。

程序如下:

```
# include <stdio.h>
main()
{    FILE *f1,*f2;
    char ch,fname1[20],fname2[20];
    printf("源文件名:");
    scanf("%s",fname1);
    if ((f1=fopen(fname1,"r"))==NULL)
    {    printf("文件不存在.");
        return;
    }
    printf("目标文件名:");
    scanf("%s",fname2);
    if ((f2=fopen(fname2,"w"))==NULL)
    {    printf("文件打开失败.");
        fclose(f1);
        return;
    }
    while (!feof(f1))
    {    ch=fgetc(f1);
        fputc(ch,f2);
    }
    fclose(f1);
    fclose(f2);
```

程序运行结果如图 8-5 所示。

图 8-5　例 8-5 程序运行结果

8.2.2　二进制文件读写操作

二进制文件是将内存存储单元的数据直接写入到文件中，反过来从文件中读出数据存放到内存存储单元里，数据是不进行编码转换的。二进制文件的读写函数为 fread、fwrite。

函数 fread、fwrite 的一般形式如下：

```
fread(buffer,size,count,fp);
fwrite(buffer,size,count,fp);
```

格式中需要注意的是：

(1) 第一个参数"buffer"是读写数据存放的起始地址，为一个指针。

(2) 第二个参数"size"是读写数据所占用的字节数，通常用"sizeof(数据类型名)"表示。

(3) 第三个参数"count"是指要读写多少个"size"字节的数据项。

(4) 第四个参数"fp"是指向读写的文件。

函数 fread 从 fp 所指的文件中读取长度为 count 个占 size 字节的数据项，然后存放到以 buffer 为起始地址的连续存储单元中。若读取成功，则返回实际所读到的数据个数，失败则返回 0。

函数 fwrite 从以 buffer 为起始地址的连续存储单元中，取出长度为 count 个占 size 字节的数据项，再写入到 fp 所指向的文件中。

例如：fread(f,4,3,fp);

其中，f 是一个实型数组名，一个实型变量占 4 个字节。这个函数表示从 fp 所指向的文件中读取 3 次(每次 4 个字节)数据，存放到数组 f 中。

【例 8-6】　输入一个班的分数，输入以-1 结束，存入名为"a.bin"的二进制文件。

程序如下：

```
# include <stdio.h>
main()
{    FILE *fout;
     int x;
     fout=fopen("a.bin","wb");     /* 二进制写方式打开"a.bin 文件 */
     if (fout==NULL)
     {    printf("打开文件失败.\n");
          return;                   /* 终止程序   */
```

```
    }
    printf("x=");
    scanf("%d",&x);
    while (x!=-1)
    {   fwrite(&x,sizeof(int),1,fout);
        printf("x=");
        scanf("%d",&x);
    }
    fclose(fout);
}
```

程序分析如下：

其作用和运行过程与例 8-1 一样，但产生文件的大小、内容不一样，因为"a.bin"为一个二进制文件。

程序运行结果如图 8-6 所示。

图 8-6　例 8-6 程序运行结果

【例 8-7】　从例 8-6 产生的"a.bin"文件中读出一个班的所有分数，求平均分。

程序如下：

```
# include <stdio.h>
main()
{   FILE *fin;
    int x,sum,n,aver;
    if ((fin=fopen("a.bin","rb"))==NULL)
    {   printf("文件不存在.\n ");
        return;
    }
    sum=0;
    n=0;
    while (fread(&x,sizeof(int),1,fin)==1)
    {   sum=sum+x;
        n++;
```

```
    }
    fclose(fin);
    aver=sum/n;
    printf("aver=%d\n",aver);
}
```

本程序作用和运行过程与例 8-1 一样，但所操作的文件"a.bin"为二进制文件。
程序运行结果如图 8-7 所示。

图 8-7　例 8-7 程序运行结果

【例 8-8】　将一个数组写入名为"sz.bin"的二进制文件。
程序如下：

```
# include <stdio.h>
main()
{    FILE *fp;
     int a[10]={1,2,3,4,5,6,7,8,9,10};
     if ((fp=fopen("sz.bin","wb"))==NULL)
     {    printf("打开文件失败.\n ");
          return;
     }
     fwrite(a,sizeof(int),10,fp);
     fclose(fp);
}
```

写数组时，fwrite 函数的第一个参数数组名正好是数组的首地址，第二个参数是数组
元素所占存储空间的字节数，第三个参数是数组元素的个数。一次可全部写入文件，在屏
幕中不显示任何内容。

程序运行结果如图 8-8 所示。

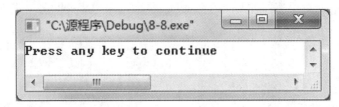

图 8-8　例 8-8 程序运行结果

【例 8-9】　将例 8-8 产生的二进制文件"sz.bin"中的所有数据读出并显示在屏幕上。
程序如下：

```
# include <stdio.h>
main()
{    FILE *fp;
     int a[10],i;
     if ((fp=fopen("sz.bin","rb"))==NULL)
     {    printf("打开文件失败.\n ");
          return;
     }
     fread(a,sizeof(int),10,fp);
     fclose(fp);
     for (i=0;i<10;i++)
          printf("%5d",a[i]);
     printf("\n");
}
```

程序运行结果如图 8-9 所示。

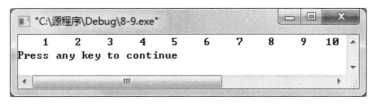

图 8-9 例 8-9 程序运行结果

习 题

1. 选择题

(1) fgetc 函数的作用是从指定文件读入一个字符，该文件打开方式必须是_____。

    A. 只写   B. 追加

    C. 读或读写   D. 答案 B 和 C 都正确

(2) 函数 fputs(s,fp)的功能是____。

    A. 将 s 所指字符串写到 fp 所指文件中(含'\0')

    B. 将 s 所指字符串写到 fp 所指文件中(不含'\0')

    C. 将 s 所指字符串写到 fp 所指文件中(自动加'\n')

    D. 将 s 所指字符串写到 fp 所指文件中(不含'\0')，同时在文件尾加一个空格

(3) # include   <stdio.h>

    void WriteStr(char *fn,char *str)

    {   FILE   *fp;

        fp=fopen(fn,"w");

        fputs(str,fp);

```
        fclose(fp);
    }
    main()
    {    WriteStr("t1.dat","start");
         WriteStr("t1.dat","end");
    }
```

程序运行后，文件"t1.dat"中的内容是_____。

A. start   B. end   C. startend   D. endrt

2. 写出以下程序的运行结果

(1) 下面程序执行后，文件"test.t"中的内容是：

```
    # include <stdio.h>
    # include <string.h>
    void fun(char *fname,char *st)
    {    FILE *myf;    int i;
         myf=fopen(fname,"w");
         for(i=0;i<strlen(st); i++)    fputc(st[i],myf);
         fclose(myf);
    }
    main()
    {    fun("test.t","new world");
         fun("test.t","hello,");
    }
```

(2)
```
    #include <stdio.h>
    main( )
    {    FILE *fp;
         int i,k=0,n=0;
         fp=fopen("d1.dat","w");
         for(i=1;i<4;i++)
              fprintf(fp,"%d",i);
         fclose(fp);
         fp=fopen("d1.dat","r");
         fscanf(fp,"%d%d",&k,&n);
         printf("%d %d\n",k,n);
         fclose(fp);
    }
```

3. 程序编程

编写一个程序，由键盘输入一个文件名，然后把从键盘输入的字符依次存放到该文件中，用 '#' 作为结束输入的标志。

8.3 文件的定位

前面所介绍对文件读写的方式都是顺序读写，即从文件的头开始，顺序读写各个数据，但在实际问题中常常只需读写文件中某一部分数据。为了解决这类问题，就需改变文件中的位置指针，将位置指针移动到需要读写的位置进行读写数据，称这种读写方式为随机读写。实现随机读写的关键就是按要求移动位置指针，这称为文件的定位。本节介绍文件定位的有关函数。

1. rewind 函数

rewind 函数一般形式如下：

```
rewind(文件指针);
```

说明：使当前位置指针重新返回文件的开头，此函数无返回值。

【例 8-10】 现有一个文件，先将它的内容显示在屏幕上，再将它复制到另一个文件上。

程序如下：

```
# include <stdio.h>
#include<stdlib.h>
main()
{
    FILE *fp1,*fp2;
    fp1=fopen("file1.c","r");
    fp2=fopen("file2.c","w");
    while(!feof(fp1))
    putchar(fgetc(fp1));
    rewind(fp1);
    while(!feof(fp1))
    fputc(fgetc(fp1),fp2);
    fclose(fp1);
    fclose(fp2);
}
```

程序分析如下：

首先创建一个文件"file1.c"，并在文件中输入内容 1、2、3、4、5 等数据，利用 putchar 函数将文件的内容显示在屏幕后，文件"file1.c"的位置指针已指到文件末尾，此时 feof 的值为非零。再执行 rewind 函数，重新使位置指针指向文件头位置，使得 feof 的值变为零，执行 fput 实现内容的复制。

程序运行结果如图 8-10 所示。

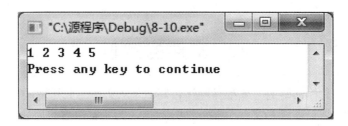

图 8-10　例 8-10 程序运行结果

2. fseek 函数

fseek 函数一般形式如下：

```
fseek(文件指针,位移量,起始点);
```

格式中需要注意的是：

(1) 参数"位移量"是指以参数"起始点"位置为基点的偏移字节数。其中要求是长整型数据，正整数表示向文件尾方向移动，负整数表示向文件头方向移动，零则不移动。

(2) 参数"起始点"分别用数字 0、1、2 代表，其中数字 0 表示文件开始，数字 1 表示当前位置，数字 2 表示文件末尾。

注意：fseek 函数一般用于二进制文件。例如：

```
fseek(fp,500L,0);        /* 将位置指针偏移到离文件头 500 字节处 */
fseek(fp,10L,1);         /* 将位置指针偏移到离当前位置 10 字节处 */
fseek(fp,-50L,2);        /* 将位置指针偏移到从文件末尾向回退 50 字节处 */
```

【例 8-11】　在磁盘文件上存有 10 个学生的数据，要求将第 1、3、5、7、9 个学生数据输入计算机，并在屏幕上显示出来。

程序如下：

```c
# include <stdio.h>
#include<stdlib.h>
struct student_type
{    char name[10];
     int num;
     int age;
     char sex;
}
stud[10];
main()
{    int i;
     FILE *fp;
     if((fp=fopen("student.dat","rb"))==NULL)
     {    printf("can not open file\n");
          exit(0);
     }
```

```
    for(i=0;i<10;i+=2)
    {   fseek(fp,i*sizeof(struct student_type),0);
        fread(&stud[i],sizeof(struct student_type),1,fp);
        printf("%s%d%d%c\n",stud[i].name,stud[i].num,stud[i].age,stud[i].sex);
    }
    fclose(fp);
}
```

3. ftell 函数

ftell 函数一般形式如下:

```
ftell(fp);
```

ftell 函数用来获取文件当前位置指针的值,即相对于文件开头的位移量(字节数),获得的值为长整型数据,常常用-1L 数据来判断返回值是否出错。例如:

```
a=ftell(fp);          /* 变量 a 存放文件的当前位置指针的值 */
if(a==-1L)            /*  判断当前返回值是否为-1L */
    printf("error\n");
```

习 题

1. 选择题

(1) 以下与 fseek(fp,0L,SEEK_SET)有相同作用的是_____。

    A. feof(fp)   B. ftell(fp)   C. fgetc(fp)   D. rewind(fp)

(2) 若 fp 为文件指针,且文件已正确打开,i 为 long 型变量,以下程序段的输出结果是_____。

```
fseek(fp, 0, SEEK_END);
i=ftell(fp);
printf("i=%ld\n", i);
```

    A. −1   B. 0

    C. fp 所指文件的长度,以字节为单位   D. 2

2. 写出以下程序的运行结果

```
# include <stdio.h>
main()
{   FILE  *fp;     int  i, k, n;
    fp=fopen("data.dat", "w+");
    for(i=1; i<6; i++)
    {   fprintf(fp,"%d   ",i);
        if(i%3==0)  fprintf(fp,"\n");
    }
```

```
        rewind(fp);
        fscanf(fp, "%d%d", &k, &n);
        printf("%d %d\n", k, n);
        fclose(fp);
    }
```

3. 程序编程

从终端读入的 10 个整数以二进制方式写到一个名为"abc.dat"的新文件中。

单 元 小 结

(1) 在 C 语言中，根据数据的组织形式，文件可分为文本文件和二进制文件。

(2) 文件的使用分为三个步骤，分别为打开文件，读、写文件和关闭文件。

(3) 文件指针：实际上是指向一个结构体类型的指针变量。该结构体类型是由系统定义的，而且在头文件"stdio.h"中进行了定义，取名为 FILE。

(4) 文件类型指针变量定义的一般形式：FILE *文件指针变量名;

(5) 文件的打开：fopen(文件名,文件使用方式); 文件的关闭：fclose(文件指针);

(6) 文件的读写。

fprintf 函数：一般调用格式为：fprintf(文件指针,"格式控制字符串",输出项表);

fscanf 函数：一般调用格式为：fscanf(文件指针,"格式控制字符串",输入项表);

fputc 函数：把一个字符写到磁盘文件中。其一般形式为：fputc(字符,文件指针);

fgetc 函数：从指定文件读入一个字符，该文件必须是以读或读写方式打开的。调用形式为：fgetc(文件指针);

feof 函数：判断文件光标指针是否遇到文件结束符，若遇到，则返回 1，若未遇到文件结束符，则返回 0。一般形式为：feof(文件指针);

fputs 函数：把字符串输出到文件中。调用的形式为：fputs(字符串,文件指针);

fgets 函数：从文件中读入字符串。调用的一般形式为：fgets(str,n,fp);

fread 函数：从 fp 所指的文件中读取长度为 count 个占 size 字节的数据项，然后存放到以 buffer 为起始地址的连续存储单元中。若读取成功，则返回实际读到的数据个数，失败则返回 0。一般调用格式为：fread(buffer,size,count,fp);

fwrite 函数：从以 buffer 为起始地址的连续存储单元中，取出长度为 count 个占 size 字节的数据项，再写入到 fp 所指向的文件中。一般调用格式为：fwrite(buffer,size,count,fp);

(7) 文件的定位。

rewind 函数：使当前位置指针重新返回文件的开头，此函数无返回值。一般调用格式为：rewind(fp);

fseek 函数：是文件随机定位函数，可以对文件进行随机读写。fseek 函数一般用于二进制文件。一般调用格式为：fseek(文件指针,位移量,起始点);

ftell 函数：用以得到文件当前位置指针的值，即相对于文件开头的位移量(字节数)，获得的值为长整型数据，常常用-1L 数据来判断返回值是否出错。一般调用格式为：ftell(fp);

单 元 练 习

1. 选择题

(1) C 语言对数据文件进行读写操作的函数在_____头文件中有说明。

    A. malloc.h   B. stdio.h   C. stdlib.h   D. string.h

(2) C 语言中可以处理的文件类型有____。

    A. 文本文件和二进制文件   B. 文本文件和数据文件

    C. 数据文件和二进制文件   D. 以上答案都不对

(3) 在调用 fopen 函数时，不需要的信息是____。

    A. 需要打开的文件名称   B. 指定的文件指针

    C. 文件的使用方式   D. 文件的大小

(4) 在对文件进行操作时，写文件的含义是____。

    A. 将内存中的信息存入磁盘   B. 将磁盘中的信息输入到内存

    C. 将 CPU 中的信息存入磁盘   D. 将磁盘中的信息输入到 CPU

(5) 在 C 程序中，可把整型数以二进制形式存放到文件中的函数是____。

    A. fprintf   B. fread   C. fwrite   D. fputc

(6) 若 fp 已正确定义并指向某个文件，则当未遇到该文件结束标志时函数 feof(fp)的值为____。

    A. 0   B. 1   C. -1   D. 一个非 0 值

(7) 标准函数 fgets(s,n,f)的功能是____。

    A. 从文件 f 中读取长度为 n 的字符串存入指针 s 所指的内存

    B. 从文件 f 中读取长度不超过 n-1 的字符串存入指针 s 所指的内存

    C. 从文件 f 中读取 n 个字符串存入指针 s 所指的内存

    D. 从文件 f 中读取长度为 n-1 的字符串存入指针 s 所指的内存

(8) 对 C 语言的文件存取方式中，文件____。

    A. 只能顺序存取   B. 只能随机存取

    C. 可以顺序存取，也可以随机存取   D. 只能从文件的开头存取

2. 写出以下程序的运行结果

(1)
```c
# include <stdio.h>
main()
{   FILE *fp;
    int i,a=1,b=1;
    fp=fopen("data.txt","w");
    for(i=0;i<3;i++)    fprintf(fp,"%d",i);
    fclose(fp);
    fp=fopen("data.txt","r");
    fscanf(fp,"%d%d",&a,&b); printf("%d   %d\n",a,b);
    fclose(fp);
```

```
        }
(2) 设文件"abc.c"中存放了字母'A'～'Z'。
    # include <stdio.h>
    # include <stdlib.h>
    main( )
    {    FILE *fp;    long    i;
        if((fp=fopen("c:\\abc.c", "rb"))== NULL)
        {    printf("file open error.\n");
            exit(0);
        }
        for(i=1;i<=26;i++)
        {    fseek(fp,-i,2);
            putchar(fgetc(fp));
        }
        fclose(fp);
    }
```

3. 编写程序

(1) 统计文件中字符的个数。

(2) 从键盘上输入一个字符串，写入文本文件 abc.c 中，再将文本文件的内容读出，显示在屏幕上。

(3) 从键盘上输入一个字符串，把该字符串中的小写字母转换成大写字母，输出到文件 test.txt 中，然后从该文件读出字符串并显示出来。

(4) 建立一个文件,向其中写入一组学生姓名和成绩,然后从该文件中读出成绩大于 80 分的学生信息并显示在屏幕上。

第 9 单元 编译预处理

💬 单元描述

C 语言在正式对程序代码进行编译前，有一个所谓的"预处理"阶段，它专门负责分析和处理程序中那些前面以"#"开头的(预处理)命令行。这些命令行包括宏定义、文件包含、条件编译等，本单元只介绍宏定义(#define)和文件包含命令(#include)。预处理命令并不是 C 语言本身的组成部分，C 语言的编译程序不能识别它们。

预处理阶段的任务，是根据列出的预处理命令对程序作必要的处理。经过预处理后，才进行真正的编译处理，得到可供执行的目标代码。因此，读者应该知道预处理和编译是两个不同的概念，预处理命令不属于 C 语句。

💬 学习目标

通过本单元学习，你将能够
- 掌握编译预处理的概念
- 掌握宏定义的基本用法
- 掌握文件包含的基本用法

9.1 宏 定 义

9.1.1 不带参数的宏定义

不带参数的宏定义的一般形式如下：

define 标识符 字符串

其作用是用一个指定的标识符来代表一个字符串。

说明：其中的"#"表示这是一条预处理命令；"define"为宏定义命令；"标识符"为所定义的宏名；"字符串"可以是常数、表达式、字符串等。例如：

define PI 3.14159

上述命令的作用是用标识符 PI 代替常量 3.14159。在编译预处理时，将程序中该定义以后的所有标识符 PI 都用 3.14159 代替。

【例 9-1】 输入圆的半径，求圆的周长、面积和球的体积，并输出结果。要求使用不带参数的宏定义圆周率。

```
# include <stdio.h>
# define PI 3.14159
main()
{    float r,l,s,v;
     printf("请输入圆的半径： ");
     scanf("%f",&r);
     l=2*PI*r;
     s=PI*r*r;
     v=PI*r*r*r*4/3;
     printf("周长=%.2f，面积=%.2f，球体积=%.2f\n",l,s,v);
}
```

程序运行结果如图 9-1 所示。

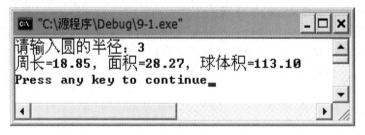

图 9-1　例 9-1 程序运行结果

下面是关于宏定义的几点说明：

(1) 宏名一般习惯用大写字母表示，以便与变量名相区别。但这并非规定，也可用小写字母。

(2) 宏定义是用宏名来代表一个字符串，在宏展开时又以该字符串取代宏名，这只是一种简单的替代。字符串可以包含任何字符，可以是常数，也可以是表达式。预处理程序对它不做任何检查。如果有错误，只能在已被宏展开后的源程序编译时被发现，例如：

```
# define N 100
int a[N];
```

上面的例子先用 N 来代表常数 100，然后定义一个一维数组 a，令其数组元素为 100 个。再例如：

```
# define M 3+4
s=5*M;
```

其中，计算之后 s 的值为 19，即在实际的编译运行时执行的是 s=5*3+4=19。这和下面的例子并不等价。

```
# define M (3+4)
s=5*M;
```

此时，在程序运行时执行的是 s=5*(3+4)=35。

(3) 宏定义不是说明或语句，在行末不必加分号。如果加上分号，则连分号也一起置换。例如：

```
# define N 100;
int a[N];
```

经宏展开后，该语句如下：

```
# define N 100;
int a[100;];
```

显然出现了语法错误。

(4) 宏名在源程序中若用引号括起来，则预处理程序不对其作宏置换。

```
# define OK 200
main()
{
    printf("OK");
    printf("\n");
}
```

上面定义宏名 OK 表示 200，但在 printf 函数调用语句中 OK 被引号括起来，因此，不作宏置换。

(5) 宏定义必须写在函数之外，其作用域为从宏定义命令起到源程序结束。如果要终止其作用域，可使用命令#undef 撤销已定义的宏。例如：

```
# define PI 3.14
…
# undef PI
…
```

在# undef 命令行之后的范围，PI 不再代表 3.14。

(6) 宏定义允许嵌套，在宏定义的字符串中可以使用已经定义的宏名。在宏展开时，由预处理程序层层置换。例如：

```
# define PI 3.14
# define S PI*Y*Y
printf("%f",S);
```

在宏展开后表示如下：

```
printf("%f",3.14*Y*Y);
```

(7) 宏定义是专门用于预处理命令的一个专用名词，它与定义变量的含义不同，只进行字符替换，不分配内存空间。

在程序中使用宏定义，有以下几个优点：

(1) 能提高源程序的可读性。例如，对于以下语句：

return (2.0*3.1415926*3.0); 和 return (3.1415926*3.0*3.0);

编程人员能否很快地看出其意义呢？显然不能。但如果写成下面的形式：

return (2.0*PI*RADIUS); 和 return (PI*RADIUS*RADIUS);

编程人员就能一眼看出，这是在计算圆周长和圆面积。

(2) 能提高源程序的可移植性。如要将 RADIUS 的值由 3.0 修改为 4.0，只要在# define 命令中修改一处便可。而在不使用宏定义的文件中，则要将多处的 3.0 修改为 4.0。

9.1.2 带参数的宏定义

C 语言中允许宏带有参数。在宏定义中参数称为形式参数，在宏调用中的参数称为实际参数。对于带参数的宏，在调用时不仅要进行宏展开，而且还要进行参数替换。

带参宏定义的一般形式如下：

define　宏名(形参表)　字符串

在字符串中含有各个形参，带参宏调用的一般形式如下：

宏名(实参表)

【例 9-2】　用带参数的宏定义编程，输入圆的半径，计算圆的面积。

```
#include <stdio.h>
#define PI 3.1415926
#define S(r)    PI*r*r
main()
{    float a,radius;
    printf("请输入圆半径: ");
    scanf("%f",&radius);
    a=S(radius);
    printf("圆的面积为：%.2f\n",a);
}
```

程序运行结果如图 9-2 所示。

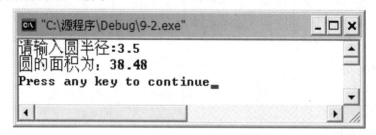

图 9-2　例 9-2 程序运行结果

带参数的宏定义的几点说明：

(1) 宏名和形参列表之间不能有空格出现。例如，把"# define S(r) PI*r*r"写为"# define S　(r)　PI*r*r"将被认为是无参数的宏定义，宏名 S 将代表字符串"(r)　PI*r*r"。

(2) 形式参数不分配内存单元,因此不必进行类型定义。而宏调用中的实参有具体的值，要用它们去置换形参，因此需要进行类型说明。

(3) 在宏定义中，字符串内的形参通常用括号括起来以避免出错。

【例 9-3】　如果长方形的长原本是 4，宽原本是 3，现长增加 2，宽增加 1，编程计算长方形的面积。

```
# include <stdio.h>
# define S(a,b) a*b
main()
{    int len,wid,area;
     printf("请输入增加的长和宽值：");
     scanf("%d%d",&len,&wid);
     area=S(4+len,3+wid);
     printf("area=%d\n",area);
}
```

程序运行结果如图 9-3 所示。

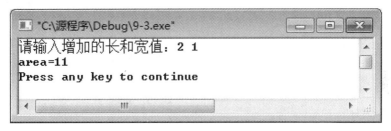

图 9-3　例 9-3 程序运行结果

该程序在进行宏展开时，用 4+len 置换 a，用 3+wid 置换 b，再用 a*b 置换 S(a,b)，得到如下语句：

area=4+len*3+wid;

即 area=4+2*3+1=11。

该结果显然不是预期的结果。在 C 语言中，带参数的宏定义在调用时，实参不会把值传递给形参，而只是做简单的替换。如果把宏定义中的参数加上括号，那结果就不一样了，即改写成如下形式：

#define S(a,b) (a)*(b)

而其他不变，那么宏展开之后将变成如下形式：

area=(4+len)*(3+wid);

即 area=(4+2)*(3+1)=24。

初学者容易把带参数的宏与函数混淆。确实它们之间有一些类似之处，在调用函数时也是在函数名后的括号中写出实参，也要求实参与形参的数目相等。但是，带参的宏定义与函数是不同的，其不同之处主要有以下几点：

(1) 函数在调用时，先求出实参表达式的值，然后再代入形参。而使用带参的宏只是进行简单的字符替换。

(2) 函数调用是在程序运行时处理的，为形参分配临时的内存单元。而宏展开则是在编译前进行的，在展开时并不分配内存单元，并且不进行值的传递处理，也没有"返回值"的概念。

(3) 函数中的实参和形参都要定义类型，二者的类型要求一致，如果不一致，则应进行类型转换。而宏不存在类型问题，宏名无类型，它的形参也无类型，只是一个符号代码，展开时代入指定的字符串即可。宏定义时，字符串可以是任何类型的数据。例如：

    # define CL C_LANGUAGE   (字符)

    # define X 4.3   (数值)

其中，CL 和 X 不需要定义类型，它们不是变量，在程序中凡遇 CL 均以 C_LANGUAGE 代之，凡遇 X 均以 4.3 代之，显然不需定义类型。对带参数的宏同样如此，例如：

    # define   S(r)   PI*r*r

其中，r 也不是变量，如果在语句中有 S(3.6)，则展开后为 PI*3.6*3.6，语句中并不出现 r，当然也不必定义 r。

(4) 调用函数只能得到一个返回值，而用宏可以得到几个结果。

【例 9-4】　计算圆的周长、面积和圆球的体积。

```c
# include <stdio.h>
# define PI 3.1415926
# define CIRCLE(R,L,S,V) L=2*PI*R;S=PI*R*R;V=4.0/3.0*PI*R*R*R
main()
{    float r,l,s,v;
     scanf("%f",&r);
     CIRCLE(r,l,s,v);
     printf("r=%6.2f,l=%6.2f,s=%6.2f,v=%6.2f\n",r,l,s,v);
}
```

经预编译宏展开后源程序变成如下形式：

```c
#include <stdio.h>
main()
{    float r,l,s,v;
     scanf("%f",&r);
     l=2*3.1415926*r;s=3.1415926*r*r;v=4.0/3.0*3.1415926*r*r*r;
     printf("r=%6.2f,l=%6.2f,s=%6.2f,v=%6.2f\n",r,l,s,v);
}
```

程序运行结果如图 9-4 所示。

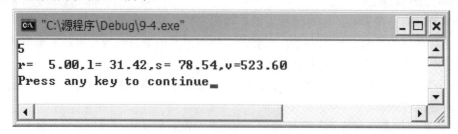

图 9-4　例 9-4 程序运行结果

实参 r 的值已知，可以从宏返回三个值：l、s、v。其实，这只不过是字符置换而已，即将字符 r 置换 R，l 置换 L，s 置换 S，v 置换 V，而并未在宏展开时求出 l、s、v 的值。

(5) 使用宏次数多时，宏展开后源程序变长，因为每展开一次都使程序变长，而函数调用则不使源程序变长。

(6) 宏替换不占用运行时间，只占用编译时间，而函数调用则占用运行时间(分配单元、保留现场、值传递、返回)。

一般用宏来代表简短的表达式比较合适。有些问题，使用宏和函数都可以解决。例如：

```
# define MAX(x,y) (x)>(y)?(x):(y)
main()
{    int a,b,c,d,t;
     …
     t=MAX(a+b,c+d);
     …
}
```

赋值语句展开后如下：

```
t=(a+b)>(c+d)?(a+b):(c+d);
```

MAX 不是函数，程序中只有一个 main 函数，在 main 函数中就能求出 t 的值。这个问题也可用函数的形式表示：

```
int max(int x,int y)
{    return (x>y?x:y);    }
main()
{    int a,b,c,d,t;
     …
     t=max(a+b,c+d);
     …
}
```

max 是函数，在 main 函数中调用 max 函数求出 t 的值。

如果善于利用宏定义，可以实现程序的简单化。例如，事先将程序中的"输出格式"定义好，可以减少在输出语句中每次都要写出具体输出格式的麻烦。

习　　题

1. 选择题

(1) 以下关于宏的叙述中正确的是_____。

  A. 宏名必须用大写字母表示

  B. 宏定义必须位于源程序中所有语句之前

  C. 宏替换没有数据类型限制

  D. 宏调用比函数调用耗费时间

(2) 若有宏定义：# define MOD(x,y) x%y，则执行以下语句后的输出为_____。

```
int z,a=15,b=100;
z=MOD(b,a);
printf("%d\n",z++);
```

A. 11 　　　　　　　　　　　　　　B. 10

C. 6 　　　　　　　　　　　　　　D. 宏定义不合法

2. 填空题

(1) 有以下程序

```
# include <stdio.h>
# define f(x) (x*x)
main()
{    int i1,i2;
     i1=f(8)/f(4);
     i2=f(4+4)/f(2+2);
     printf("%d,%d\n",i1,i2);
}
```

其运行结果是_____。

(2) 若有以下宏定义：

```
# include <stdio.h>
# define X 5
# define Y X+1
# define Z Y*X/2
main()
{    printf("%d,%d,%d\n",Z,Y,X);
}
```

其运行结果是_____。

9.2 文 件 包 含

文件包含是 C 编译预处理的另一个重要功能。文件包含是指一个源文件可以将另一个源文件的全部内容包含进来，即将另外的文件包含到本文件之中。

文件包含命令的一般形式如下：

> #　　include　　"包含文件名"

或

> #　　include　　<包含文件名>

以上两种格式的区别如下：

(1) 使用双引号：系统首先到当前目录下查找被包含文件，如果没找到，再到系统指定的包含文件目录(由用户在配置环境时设置)中查找。

(2) 使用尖括号：直接到系统指定的包含文件目录中查找(该方式为标准方式)。

一般来说，如果要包含库函数，宜用尖括号；如果要包含用户自己编写的文件，宜用双引号。大多数情况下，使用双引号比较保险。

【例 9-5】　编写程序，比较两个整数的值，求出其中较大的值，保存为文件"max.cpp"。

```
/*  求两个整数中较大数的程序 max.cpp */
max(int x ,int y)
{     int m ;
      m=x;
      if (y>x)
            m=y;
      return(m);
}
```

【例 9-6】　利用例 9-5 中的文件，编写程序计算三个整数中最大的数，并输出该数。

```
# include <stdio.h>
# include "max.cpp"
main()
{     int a,b,c,z;
      printf("请输入三个整数：");
      scanf("%d,%d,%d",&a,&b,&c);
      z=max(a,b);
      if (z<c)
            z=c;
      printf("最大数为：%d\n",z);
}
```

程序的运行结果如图 9-5 所示。

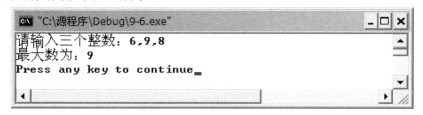

图 9-5　例 9-6 程序运行结果

文件包含命令的功能是把指定的文件插入到该命令行位置取代该命令行，从而把指定的文件和当前的源程序文件连成一个源文件。在程序设计中，文件包含是很有用的。一个大的程序可以分为多个模块，由多个程序员分别编程。有些公用的符号常量或宏定义等可单独组成一个文件，在其他文件的开头用包含命令包含该文件即可使用。这样，可避免在每个文件开头都要书写那些公用部分，从而避免重复编写，并减少出错。

下面是关于文件包含命令的几点说明。

(1) 编译预处理时，预处理程序将查找指定的被包含文件，并将其复制到#include 命令出现的位置上，如图 9-6 所示。

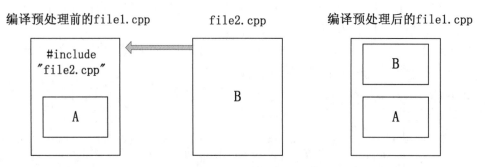

编译预处理前的file1.cpp　　　　file2.cpp　　　　编译预处理后的file1.cpp

图 9-6　文件包含编译预处理

在进行编译预处理时，要对# include 命令进行文件包含处理，即将 file2.cpp 的全部内容复制插入到"# include "file2.cpp""命令处，从而 file2.cpp 的内容被包含到 file1.cpp 中，得到如图 9-6 所示的结果。在编译时，只对编译预处理后的 file1.cpp 作为源文件进行编译。

(2) 常用在文件头部的被包含文件，称为标题文件或头部文件，常以".h"(head)作为后缀，简称头文件。在头文件中，除了可以包含宏定义外，还可以包含外部变量定义、结构类型定义等。

(3) 一条包含命令，只能指定一个被包含文件。如果要包含 n 个文件，则要使用 n 条包含命令。例如：

```
# include <stdio.h>
# include <string.h>
main()
{ ... }
```

(4) 文件包含可以嵌套，即在被包含文件中又包含另一个文件，如图 9-7 所示。

file1.cpp　　　　file2.cpp　　　　file3.cpp

图 9-7　文件包含的嵌套

习　题

写出以下程序的运行结果。

设该题程序由两个文件 f1.cpp 和 f2.cpp 组成，请指出下列程序输出结果。

f1.cpp 文件内容如下：

```
# include <stdio.h>
```

```
# include "f2.cpp"
# define N 3
main()
{    int i;
     for (i=1;i<=N;i++)
         printf("%d,",sum(i));
}
```

f2.cpp 文件的内容如下：

```
sum(int n)
{    int t,s=0;
     for (t=1;t<=n;t++)
             s+=t*t;
     return(s);
}
```

单 元 小 结

　　预处理功能是 C 语言特有的功能，它是在对源程序正式编译前由预处理程序完成的，程序员在源程序中用预处理命令来调用这些功能。预处理命令以"#"号开头，并且放在源文件开始处。

　　宏定义是用一个标识符来表示一个字符串，这个字符串可以是常量、变量或表达式。在宏调用中将用该字符串置换宏名。宏定义可以带有参数，宏调用时是以实参置换形参，而不是"值传送"。为了避免宏置换时发生错误，宏定义中的字符串应加括号，字符串中出现的形参两边也应加括号。

　　文件包含是预处理的一个重要功能，它可用来把多个源文件连接成一个源文件进行编译，结果将生成一个目标文件。

　　使用预处理功能便于程序的修改、阅读、移植和调试，也便于实现模块化程序设计。

单 元 练 习

1. 选择题

　　(1) 程序中定义宏"#define S(a,b) a*b"，若定义"int area; "且令"area=S(3+1,3+4); "，则变量 area 的值为_____。

　　　　A. 10　　　　　　　　B. 12　　　　　　　　C. 21　　　　　　　　D. 28

　　(2) 执行下面的程序后，a 的值是_____。

```
# include <stdio.h>
# define SQR(X) X*X
```

```
main()
{    int a=10,k=2,m=1;
     a/=SQR(k+m)/SQR(k+m);
     printf("%d\n",a);
}
```
A. 10   B. 9   C. 1   D. 0

(3) 以下程序的输出结果是_____。
```
# include <stdio.h>
# define f(x) x*x
main()
{    int a=6,b=2,c;
     c=f(a)/f(b);
     printf("%d\n",c);
}
```
A. 9   B. 6   C. 36   D. 18

2. 填空题

(1) 有如下程序：
```
# include <stdio.h>
# define N 2
# define M N+1
# define NUM 2*M+1
main()
{    int i;
     for (i=1;i<=NUM;i++)
     printf("%d\n",i);
}
```
该程序中的 for 循环执行的次数是_____。

(2) 程序中头文件"type1.h"的内容如下：
```
# define N 5
# define M1 N*3
```
程序如下所示：
```
# include <stdio.h>
# include "type1.h"
# define M2 N*2
main()
{    int i;
     i=M1+M2;
     printf("%d\n",i);
```

```
        }
```

程序编译后运行的输出结果是_____。

(3) 以下程序的输出结果是_____。

```
        # include <stdio.h>
        # define F(X,Y) (X)*(Y)
        main()
        {    int a=3,b=4;
             printf("%d\n",F(a++,b++));
        }
```

3. 编程题

(1) 定义一个带参数的宏，使两个参数的值互换，并编写程序，要求输入两个数作为使用宏时的实参，输出已交换后的两个值。

(2) 输入两个整数，求它们相除的余数，试用带参数的宏编程来实现。

第 10 单元 位 运 算

💬 单元描述

C 语言既有高级语言的特点，又有低级语言的功能。利用 C 语言可以编写系统软件，也可以实现汇编语言对二进制位的控制与操作，在计算机控制和检测方面具有极其重要的应用。本单元学习如何编写 C 语言程序来实现对二进制位的操作。

💬 学习目标

通过本单元学习，你将能够
- 掌握位运算符和位运算
- 掌握位运算的应用

10.1　位运算符和位运算

10.1.1　位运算符

C 语言共提供了 6 种位运算符，见表 10-1。

表 10-1　位 运 算 符

运算符	功　能	优先级	结合性
~	按位取反	高	从右向左
<<、>>	左移、右移		从左向右
&	按位与	↓	从左向右
^	按位异或		从左向右
|	按位或	低	从左向右

说明：

(1) 位运算符中只有运算符"~"是单目运算符，其他均为双目运算符；

(2) 位运算的运算对象只能是整型或字符型的数据；

(3) 位运算是对运算量的每一个二进制位分别进行的。

10.1.2 "按位与"运算符(&)

"按位与"运算符 "&" 要求参加运算的两个操作数的各个位分别对应,按二进制位进行"与"运算。

"按位与"的一般格式为:

操作数 1 & 操作数 2

其中"操作数 1"和"操作数 2"均为整型或字符型数据。

"按位与"运算的运算规则是:如果两个操作数对应的二进制位都为 1,则该位的运算结果为 1,否则为 0。即

0&0=0 0&1=0 1&0=0 1&1=1

值得注意的是,在"按位与"运算时,两个操作数之间用一个"&"符隔开,而在逻辑"与"中,两个表达式之间用"&&"隔开,这是初学者经常出错的地方。

【例 10-1】 计算 3&5 的结果。

```
      0 0 0 0    0 0 1 1
  &   0 0 0 0    0 1 0 1
  ─────────────────────
      0 0 0 0    0 0 0 1
```

"按位与" 运算的主要用途有:

(1) 可以对某位进行清零操作。此时只需将需要清零的对应位与 0、其他位与 1 进行"按位与"操作即可。

【例 10-2】 对 00010011 的低 4 位清零。

此时,只需将其低 4 位与 0 相与,高 4 位与 1 相与即可。

```
      0 0 0 1    0 0 1 1
  &   1 1 1 1    0 0 0 0
  ─────────────────────
      0 0 0 1    0 0 0 0
```

即将 00010011 与 11110000 进行"按位与"就可以满足要求。

(2) 提取一个数中某些指定位。此时只需将需要提取的位与 1、其他位与 0 进行"按位与"操作即可。

【例 10-3】保留 11000011 中的最高位,其余位清零,可用如下的操作。

```
      1 1 0 0    0 0 1 1
  &   1 0 0 0    0 0 0 0
  ─────────────────────
      1 0 0 0    0 0 0 0
```

则上述"按位与"操作完成后,11000011 就变成了 10000000。

10.1.3 "按位或"运算符(|)

"按位或"运算的运算规则是:只有"按位或"操作的对应位均为 0 时,结果才为 0,其他情况"按位或"的结果均为 1。即:

0|0=0 0|1=1 1|0=1 1|1=1

【例 10-4】 令 a=12(二进制为 00001100),b=9(二进制为 00001001),c=a|b,求 c

的值。

```
    0 0 0 0   1 1 0 0
|   0 0 0 0   1 0 0 1
─────────────────────
    0 0 0 0   1 1 0 1
```

"按位或"运算的用途主要是对某位进行置 1 操作。例如，将 00100010 的高 4 位置 1，可以将其与 11110000 进行"按位或"运算。具体如下：

```
    0 0 1 0   0 0 1 0
|   1 1 1 1   0 0 0 0
─────────────────────
    1 1 1 1   0 0 1 0
```

10.1.4　"按位异或"运算符(^)

"按位异或"的运算规则是：参与"按位异或"运算的两个二进制位如果相同，则结果为 0，如果不同，则结果为 1。即：

0^0=0 　　　　0^1=1 　　　　1^0=1 　　　　1^1=0

【例 10-5】　令 a=10(二进制为 00001010)，b=8(二进制为 00001000)，c=a^b，求 c的值。

```
    0 0 0 0   1 0 1 0
^   0 0 0 0   1 0 0 0
─────────────────────
    0 0 0 0   0 0 1 0
```

"按位异或"运算主要有以下三个用途：

(1) 与 0 相异或，可以保留原值。因为原数中的 1 与 0 进行异或运算得 1，0 与 0 进行异或运算得 0。例如，将 a=01010101 与 b=00000000 "按位异或"，可以保留 a，即

```
    0 1 0 1   0 1 0 1
^   0 0 0 0   0 0 0 0
─────────────────────
    0 1 0 1   0 1 0 1
```

(2) 以 1 相异或，可将特定位翻转。例如：将 10001111 的高 4 位进行翻转，即 1 变成 0、0 变成 1，则可以使用异或运算。具体如下：

```
    1 0 0 0   1 1 1 1
^   1 1 1 1   0 0 0 0
─────────────────────
    0 1 1 1   1 1 1 1
```

10.1.5　"按位取反"运算符(~)

"按位取反"运算的运算规则是：0 的按位取反结果为 1，1 的按位取反结果为 0，即：

~0=1 　　　　　　~1=0

【例 10-6】　令 a=10(二进制为 00001010)，c=~a，求 c 的值。

```
~   0 0 0 0   1 0 1 0
─────────────────────
    1 1 1 1   0 1 0 1
```

10.1.6 "左移"运算符(<<)

左移运算符语法格式为:

操作数 << n

其中,操作数可以是一个整型或字符型的变量或表达式;n 是待移位的位数,必须是正整数。其功能是将操作数中所有的二进制位数向左移动 n 位。

左移位的运算规则是:在移位过程中,各个二进制位顺序向左移动,右端空出的位补 0,移出左端之外的位则被舍弃。

【例 10-7】 已知 a=00001010,求 a<<2。

a	00001010
↓	↓
a<<2	00101000

对于无符号数而言,左移 1 位相当于乘 2 运算,左移 n 位相当于乘 2 的 n 次方。但此结论只适用于该数左移时被溢出舍弃的高位中不包含 1 的情况。

10.1.7 "右移"运算符(>>)

右移运算符语法格式为:

操作数 >> n

其中,操作数可以是一整型或字符型的变量或表达式;n 是待移位的位数,必须是正整数。其功能是将 a 中所有的二进制位数向右移动 n 位。

右移的运算规则是:在移位过程中,各个二进位顺序向右移动,对于正数,左端空出的位补 0,对于负数,左端空出的位补 1。

【例 10-8】 已知 a=00001010,求 a>>2。

a	00001010
↓	↓
a>>2	00000010

【例 10-9】 已知 a=-60(二进制补码表示为:11000100),求 a>>2。

a	11000100
↓	↓
a>>2	11110001

11110001 是十进制数-15 的补码表示,因此,-60>>2 的值为-15。

右移 1 位相当于该数除以 2,右移 n 位相当于除以 2 的 n 次方。但此结论只适用于该数右移时被溢出舍弃的低位中不包含 1 的情况。

10.1.8 位复合赋值运算符

位运算与赋值运算符可以组成位复合赋值运算符,如表 10-2 所示。

表 10-2　位复合赋值运算符

对象数	名称	运算符	运算规则	运算对象	运算结果
双目	按位与赋值	&=	a&=b，等价 a=a&b	整型 或 字符型	整型
	按位或赋值	| =	a|=b，等价 a=a|b		
	按位异或赋值	^=	a^=b，等价 a=a^b		
	位左移赋值	<<=	a<<=b，等价 a=a<<b		
	位右移赋值	>>=	a>>=b，等价 a=a>>b		

10.1.9　不同长度的数据进行位运算

把两个长度不同(例如 long 型和 short int 型)的数据进行位运算(如 a&b，而 a 为 long 型，b 为 short int 型)，系统会将二者按右端对齐。如果 b 为正数，则左侧 16 位补满 0；若 b 为负数，左端应补满 1；如果 b 为无符号整型，则左侧补满 0。

习　题

1. 选择题

(1) 以下运算符中优先级最低的是_____。

　　A. &&　　　　　　　B. &　　　　　　　　C. \|\|　　　　　　　　D. \|

(2) 运算符 <<、sizeof、^、&= 按优先级由高至低的正确排列次序是_____。

　　A. sizeof、&=、<<、^　　　　　　　　　B. sizeof、<<、^、&=

　　C. ^、<<、sizeof、&=　　　　　　　　　D. <<、^、&=、sizeof

(3) 表达式 a<b\|\|~c&d 的运算顺序是_____。

　　A. ~、&、<、\|\|　　　　　　　　　　　　B. ~、\|\|、&、<

　　C. ~、&、\|\|、<　　　　　　　　　　　　D. ~、<、&、\|\|

(4) 表达式 0x13&0x17 的值是_____。

　　A. 0x17　　　　　B. 0x13　　　　　　C. 0xf8　　　　　　D. 0xec

(5) 请读程序段：char x=56;　x=x&056;　printf("%d, %o\n",x,x);

以上程序段的输出结果是_____。

　　A. 56, 70　　　　B. 0, 0　　　　　　C. 40, 50　　　　　D. 62, 76

(6) 若有以下程序段：

　　int x=1,y=2;

　　x=x^y;

　　y=y^x;

　　x=x^y;

则执行以上语句后，x 和 y 的值分别是_____。

　　A. x=1，y=2　　　　　　　　　　　　B. x=2，y=2

　　C. x=2，y=1　　　　　　　　　　　　D. x=1，y=1

2. 填空题

(1) 设有 char a,b; 若要通过 a&b 运算屏蔽掉 a 中的其他位，只保留第 1 位和第 7 位(右起为第 0 位)，则 b 的二进制数是_____。

(2) 设 x 是一个整数(16 位)，若要通过 x|y 使 x 低 8 位置 1，高 8 位不变，则 y 的八进制数是_____。

(3) 请读程序段：

```
int a=-1;
a=a|0377;
printf("%d,%o\n",a,a);
```

以上程序段的输出结果是_____。

(4) 设 x=10100011，若要通过 x^y 使 x 的高 4 位取反，低 4 位不变，则 y 的二进制数是_____。

10.2 位运算应用举例

【**例 10-10**】 输入两个无符号整数，求这两个数"按位与"运算。

```
#include <stdio.h>
main()
{    unsigned int a,b;
     printf("please input a and b: ");
     scanf("%d,%d",&a,&b);
     printf("a&b=%d\n",a&b);
}
```

程序运行结果如图 10-1 所示。

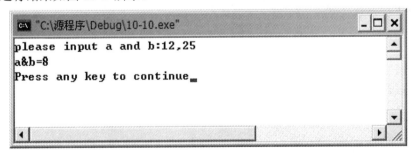

图 10-1 例 10-10 程序运行结果

【**例 10-11**】 输入一个数给变量 a，测试其第 4 位是否为 1，位号从右向左，最右一位作为第 0 位。

考虑用十进制数 16 与 a 进行"按位与"运算，如果运算结果为 16，则第 4 位为 1。16 的二进制表示形式为 10000，凡是与 10000 进行"按位与"运算的操作数，只要第 4 位为 0，则进行 a&16 运算后必得 0，如果第 4 位为 1，不管其他位上的数是 1 还是 0，a&16 必得 16。

程序如下：

```
# include <stdio.h>
main()
{    unsigned int a,b,c;
    b=16;
    scanf("%d",&a);
    c=a&b;
    if (c==16)
        printf("第 4 位为 1\n");
    else
        printf("第 4 位为 0\n");
}
```

程序运行结果如图 10-2 所示。

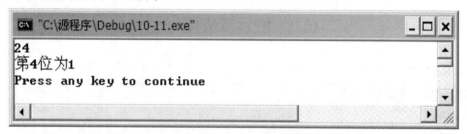

图 10-2　例 10-11 程序运行结果

【例 10-12】　编程计算所使用的系统中整型数据的长度。

首先生成一个全 1 的值，然后通过左移，把各位的 1 一个个的移出，而右端这时会自动补 0。当所有 1 都移出后，数就变成了 0，而移动的次数就表示整型数据的长度。

程序如下：

```
# include <stdio.h>
main()
{
    int i;
    unsigned w;
    w=~0;
    i=0;
    while(w!=0)
    {    w=w<<1;
        i++;
    }
    printf("%d\n",i);
}
```

程序运行结果如图 10-3 所示。

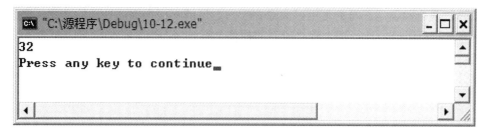

图 10-3　例 10-12 程序运行结果

习　题

1. 写出程序运行结果

(1) # include <stdio.h>

  main()

  { unsigned a,b;

    a=0x9a;

    b=~a;

    printf("a:%x b:%x\n",a,b);

  }

(2) # include <stdio.h>

  main()

  { unsigned a=0112,x,y,z;

    x=a>>3;

    printf("x=%o,",x);

    y=~(~0<<4);

    printf("y=%o,",y);

    z=x&y;

    printf("z=%o\n",z);

  }

2. 编程题

(1) 利用位运算符，编写程序将十六进制数转换成二进制数形式输出。

(2) 编写程序，实现取一个整数 a 从右端开始的 4~7 位(最右端为第 0 位)。

单 元 小 结

  C 语言提供的位运算功能使操作能深入到地址、字节、位，适应了系统软件的编制要求，是其优越性的具体体现，使 C 语言成为兼有高级语言和低级语言的优点。位运算就是进行二进制位的运算。本单元介绍了 C 语言位运算符的含义、运算规则及主要用途，介绍了 C 语言位复合赋值运算符的使用。大家在学习之后能够根据数据处理的需要，选择适合的位运算符进行组合，进行深入到"位"的操作。

单 元 练 习

1. 选择题

(1) 以下关于位运算的叙述错误的是_____。

    A. 位操作是对字节或字节内部的二进制位测试、设置、移位或逻辑的运算

    B. 按位取反的运算规则是：0 的按位取反结果为 1，1 的按位取反结果为 0

    C. 对于无符号数，左移位相当于乘 2 运算，左移 n 位相当于乘 2 的 n 次方

    D. 对于无符号数，右移位相当于乘 2 运算，右移 n 位相当于乘 2 的 n 次方

(2) 设 x=2，y=3，则表达式 x<<y 的值为_____。

    A. 9   B. 8   C. 16   D. 5

(3) 下列程序运行时，如果输入"4, 3"，则输出结果是_____。

```
#include <stdio.h>
main()
{       int a,b,e;
        printf("请输入 a,b：");
        scanf("%d,%d",&a,&b);
        e=a<<b;
        printf("%d\n",e);
}
```

    A. -17   B. -256   C. 32   D. 5

(4) 下列程序的输出结果是_____。

```
#include <stdio.h>
main()
{       int x;
        long y,z;
        x=32;
        y=-8;
        z=x&y|y;
        printf("%ld\n",z);
}
```

    A. -16   B. -8   C. 16   D. 9

(5) 阅读下列程序，判断在输入"1, 2"时，程序输出的 c 值为_____。

```
#include <stdio.h>
main()
{       int a;
```

```
        long b,c;
        printf("请输入 a 和 b：\n");
        scanf("%d,%ld",&a,&b);
        c=(a^b)&(~b);
        printf("%ld\n",c);
    }
```

    A. -1   B. -2   C. 1   D. 2

(6) 下列运算符的优先级最高的是_____。

    A. | B. +   C. ~   D. &

2. 写出下列程序的运行结果

(1)
```
# include <stdio.h>
main()
{       unsigned a,b;
        a=0xa6;
        b=~a;
        printf("a:%x    b:%x\n",a,b);
}
```

(2)
```
# include <stdio.h>
main()
{       unsigned a=0112,x,y,z;
        x=a>>3;
        printf("x=%o, ",x);
        y=~(~0<<4);
        printf("y=%o, ",y);
        z=x&y;
        printf("z=%o\n",z);
}
```

(3)
```
# include "stdio.h"
main()
{       char a=0x95,b,c;
        b=(a&0xf)<<4;
        c=(a&0xf0)>>4;
        a=b|c;
        printf("a=%x\n",a);
}
```

实 验 指 导

实验一　熟悉 C 程序编辑、编译、运行的过程

实验目的

通过本次实验，你将能够

- 熟悉 Visual C++ 6.0 的集成开发环境
- 掌握 C 程序编辑、编译、连接、运行的全过程
- 编写简单的 C 程序

实验内容

任务一

(1) 调试下面输出两句话的简单程序。注意体会编辑、编译、连接、运行各步骤的操作，写出运行结果。

```c
# include <stdio.h>
main()
{    printf("How do you do!\n");
     printf("Welcome to computer!\n");
}
```

运行结果：

(2) 修改上面的程序，变为输出"I am a student."和"My name is ......"两句话，调试正确后写出程序和运行结果。

程序：

运行结果：

(3) 将程序中两句话后面的 "\n" 删除，程序将运行出怎样的结果，与前例相比有何区别，解释原因。

运行结果：

原因：

(4) 将输出的两句话改成中文，重新调试运行程序。

任务二

(1) 调试下面已知半径 r 为 10 的圆，求圆面积 s 的程序。注意，该程序中存在两处语法错误，请更正。体会如何查找程序中的错误、改错，写出正确的程序运行结果。

```
# include <stdio.h>
# define    PI    3.14159
main()
{    float r,s;
     r=10
     s=PI*r*r;
     pintf("s=%f\n",s);
}
```

找出程序中的两处错误并改正。

运行结果：

(2) 将程序中半径 "r=10" 改为 "r=20"，重新运行并写出运行结果。

运行结果：

(3) 将程序中的 "r=20；" 替换为 "scanf("%f",&r);"，从键盘输入半径 r，求圆面积 s。修改后程序如下：

```
# include <stdio.h>
# define    PI    3.14159
main()
{    float r,s;
     scanf("%f",&r);
     s=PI*r*r;
     printf("s=%f\n",s);
}
```

注意：程序运行时，会停在黑屏上，光标不断闪动，仿佛死机，其实是程序在等待你从键盘输入半径 r。此时只要输入 r 值，并按回车键即可。

写出求半径为 15 的圆面积程序的运行结果(输入半径值为 15)。

运行结果：

再将程序运行一遍，写出求半径为 25 的圆面积程序的运行结果。
运行结果：

任务三

模仿任务二编写已知半径 r 为 30，求圆周长 c 的程序。调试正确后写出程序和运行结果。
程序：

运行结果：

实验二 输入、输出语句

🗨 实验目的

通过本次实验，你将能够
- 掌握输入函数 scanf 及输出函数 printf 的语法格式
- 正确调用输入函数 scanf 及输出函数 printf 进行输入、输出
- 按照输入格式要求正确地提供数据
- 编写顺序结构程序

🗨 实验内容

任务一

(1) 调试下面，用相应格式输出各种类型数据的程序，写出运行结果。

```
# include <stdio.h>
main()
{    int a=98;  float x=1234.567;    char ch='H';
     printf("%d\n",a);          printf("%c\n",a);
     printf("%f\n",x);          printf("%10.2f\n",x);
     printf("%c\n",ch);         printf("%d\n",ch);
     printf("ab\"abc\"ab\103ab\\ab");
}
```

运行结果：

(2) "printf("%10.2f\n",x); "语句中的"%10.2f"表示什么含义？输出 x 时保留三位小

数，整数按实际位数的格式如何控制？

(3) 修改上面的程序，要求在输出数据的同时输出变量的名字。调试正确后写出程序和运行结果。

程序：

运行结果：

任务二

(1) 调试下面求梯形面积的程序，写出运行结果。

```
# include <stdio.h>
main()
{    float a,b,h,s;
     printf("a,b,h=");    scanf("%f%f%f",&a,&b,&h);
     s=1/2*(a+b)*h;
     printf("s=%8.2f\n",s);
}
```

运行结果：

(2) 上面的程序无论输入什么数据，输出面积结果都是 0.00。将对应公式的赋值语句改为"s=1.0/2*(a+b)*h;"就会得到正确的结果，请解释原因。修改程序后，调试正确并求上底为 1.2、下底为 4.8、高为 3.6 的梯形的面积，写出运行结果。

原因：

运行结果：

任务三

(1) 调试并写出下面程序的运行结果，解释运行过程。

```
# include <stdio.h>
main()
{    int a=5,b=10,m,n;
     m=a++;       n=++b;
     printf("a=%d,b=%d,m=%d,n=%d\n",a,b,m,n);
     printf("m=%d,n=%d\n",m++,++n);
     printf("m=%d,n=%d\n",m,n);
}
```

运行结果：

解释过程：

(2) 整数-1 在计算机内存中 16 位二进制补码为 11111111 11111111，在 VC++中是 32 位二进制。调试并写出下面程序的运行结果，思考结果的含义。

```
# include <stdio.h>
main()
{    int a=-1;
     printf("%d\n",a);        /* 按十进制有符号整数输出 */
     printf("%u\n",a);        /* 按十进制无符号整数输出 */
}
```

运行结果：

任务四

编程：已知圆柱体的半径和高，求其体积。写出调试好的程序。
程序：

实验三　if 语 句

🗨 实验目的

通过本次实验，你将能够
- 掌握 if 语句的语法格式
- 使用 if 语句编写程序
- 编写基本的选择结构程序

🗨 实验内容

任务一

(1) 调试下面输入两个数，由大到小输出的程序。写出程序的运行结果。

```
# include <stdio.h>
main()
{    int a,b;
     printf("a,b="); scanf("%d%d",&a,&b);
     if (a>b)
```

```
        printf("%d      %d\n",a,b);
    else printf("%d      %d\n",b,a);
}
```

第一种情况，分别输入 12、37 两个数，运行结果：

第二种情况，分别输入 59、28 两个数，运行结果：

(2) 用交换的方法重新编写上面的程序，调试好后写出运行结果。

```
# include <stdio.h>
main()
{    int a,b,t;
    printf("a,b="); scanf("%d%d",&a,&b);
    if (a<b)
    {   t=a;     a=b;    b=t;   }
    printf("%d      %d\n",a,b);
}
```

第一种情况，分别输入 12、37 两个数，运行结果：

第二种情况，分别输入 59、28 两个数，运行结果：

(3) 将程序(2)中的一对"{}"删除后程序如下，写出运行结果，并解释原因。

```
# include <stdio.h>
main()
{    int a,b,t;
    printf("a,b="); scanf("%d%d",&a,&b);
    if (a<b)
        t=a;     a=b;    b=t;
    printf("%d      %d\n",a,b);
}
```

第一种情况，分别输入 12、37 两个数，运行结果：

原因：

第二种情况，分别输入 59、28 两个数，运行结果：

原因：

任务二

(1) 调试下面求解一元二次方程的程序，按要求输入数据多次运行程序，写出每次的运行结果。

```
# include <stdio.h>
# include <math.h>
main()
{    float a,b,c,d,x1,x2,p,q;
     printf("a,b,c=");      scanf("%f%f%f",&a,&b,&c);
     d=b*b-4*a*c;
     if (d>=0)
   {x1=(-b+sqrt(d))/(2*a);
        x2=(-b-sqrt(d))/(2*a);
        printf("x1=%5.2f\nx2=%5.2f\n",x1,x2);
   }
    else
   {    p=-b/(2*a);
        q=sqrt(-d)/(2*a);
        printf("x1=%5.2f+%5.2fi\nx2=%5.2f-%5.2fi\n",p,q,p,q);
   }
}
```

第一遍，两个不同实数解的情况，输入 a、b、c 为 3、12、4，运行结果：

第二遍，两个相同实数解的情况，输入 a、b、c 为 1、6、9，运行结果：

第三遍，两个复数解的情况，输入 a、b、c 为 2、5、8，运行结果：

第四遍，不是一元二次方程的情况，输入 a、b、c 为 0、4、12，运行结果：

(2) 上面第四遍运行时计算机出错了，因为 a=0 不是一元二次方程，按公式计算时产生除 0 错误。需要增加一个 if 语句判断 a 是否等于 0，不为 0 才求解，修改程序，写出调试好的程序。

程序:

任务三

(1) 调试下面输入一个字母，将其转为大写字母输出的程序。按要求输入数据多次运行程序，写出每次的运行结果。

```
# include <stdio.h>
main()
{    char ch;
     printf("ch=");  scanf("%c",&ch);
     if (ch>='a' && ch<='z')
          ch=ch-('a'-'A');
     printf("%c\n",ch);
}
```

第一遍，任意输入一个小写字母，运行结果：

第二遍，任意输入一个大写字母，运行结果：

第三遍，任意输入一个不是字母的字符，运行结果：

(2) 将上面程序中输入一个字符的语句 "scanf("%c",&ch); " 改写成 "ch=getchar(); "，输出一个字符的语句 "printf("%c",ch); " 改写成 "putchar(ch); "，重复上面三遍的运行过程。

第一遍，任意输入一个小写字母，运行结果：

第二遍，任意输入一个大写字母，运行结果：

第三遍，任意输入一个不是字母的字符，运行结果：

任务四

编程：输入一个整数，如果是偶数，则输出 "yes"，否则输出 "no"。写出调试好的程序。

程序：

实验四　多 路 分 支

实验目的

通过本次实验，你将能够
● 掌握 if 语句嵌套的语法格式

- 掌握 switch 语句的语法格式
- 使用 if 语句、switch 语句编写多分支结构程序

📣 实验内容

任务一

调试如下程序，输入三个数，输出最大数。写出程序的运行结果，思考每次程序运行的流程。

```
# include <stdio.h>
main()
{    int a,b,c;
     printf("a,b,c=");
     scanf("%d%d%d",&a,&b,&c);
     if (a>b)
          if (a>c)
               printf("%d\n",a);
          else printf("%d\n",c);
     else if (b>c)
               printf("%d\n",b);
          else printf("%d\n",c);
}
```

第一种情况，输入的三个数 a、b、c 分别为 12、53、231，运行结果：

第二种情况，输入的三个数 a、b、c 分别为 12、231、53，运行结果：

第三种情况，输入的三个数 a、b、c 分别为 53、12、231，运行结果：

第四种情况，输入的三个数 a、b、c 分别为 53、231、12，运行结果：

第五种情况，输入的三个数 a、b、c 分别为 231、12、53，运行结果：

第六种情况，输入的三个数 a、b、c 分别为 231、53、12，运行结果：

任务二

调试下面的程序。写出程序的运行结果，思考程序运行的流程。

```
# include <stdio.h>
main()
```

```
{   int x,a=0;
    printf("x=");          scanf("%d",&x);
    switch (x)
    {     case   1: a+=1;
          case   2: a+=2;
          case   3: a+=3; break;
          case   4: a+=4;
          default: a+=5;
    }
    printf("a=%d\n",a);
}
```

输入 x 为 1，运行结果：

输入 x 为 2，运行结果：

输入 x 为 3，运行结果：

输入 x 为 4，运行结果：

输入 x 为 9，运行结果：

任务三

(1) 调试下面输入某年某月，输出该年该月有多少天的程序。写出程序的运行结果。

```
#include<stdio.h>
main()
{   int year,month,days;
    printf("year,month=");   scanf("%d%d",&year,&month);
    if (month==1 || month==3 || month==5 ||month==7 || month==8 ||
       month==10 || month==12)
          days=31;                  /* 1,3,5,7,8,10,12 七个大月 31 天 */
    else if (month==4 || month==6 || month==9 || month==11)
            days=30;                /* 4,6,9,11 四个小月 30 天 */
        else if (year % 400==0 || year % 4==0 && year % 100!=0)
                days=29;            /* 闰年 2 月份 29 天 */
            else days=28;     /* 非闰年 2 月份 28 天 */
    printf("days=%d\n",days);
}
```

输入的 year、month 值分别为 2009、10，运行结果：

输入的 year、month 值分别为 2005、6，运行结果：

输入的 year、month 值分别为 2000、2，运行结果：

输入的 year、month 值分别为 2009、2，运行结果：

(2) 用 switch 语句重新编写上面的程序，调试好后写出程序的运行结果。

```c
# include <stdio.h>
main()
{    int year,month,days;
     printf("year,month=");   scanf("%d%d",&year,&month);
     switch (month)
     {    case   1:
          case   3:
          case   5:
          case   7:
          case   8:
          case  10:
          case  12: days=31; break;
          case   4:
          case   6:
          case   9:
          case  11: days=30; break;
          case   2: if (year % 400==0 || year % 4==0 && year % 100!=0)
                         days=29;
                    else days=28;  break;
     }
     printf("days=%d\n",days);
}
```

输入的 year、month 值分别为 2009、10，运行结果：

输入的 year、month 值分别为 2005、6 ，运行结果：

输入的 year、month 值分别为 2000、2，运行结果：

输入的 year、month 值分别为 2009、2，运行结果：

任务四

(1) 企业发放的奖金根据利润提成。利润 I 低于或等于 10 万元的，奖金可提 10%；利润高于 10 万元，低于 20 万元(100 000<I≤200 000)时，低于 10 万元的部分按 10%提成，高于 10 万元的部分可提成 7.5%；200000<I≤400000 时，低于 20 万元的部分仍然按上述办法提成(下同)，高于 20 万元的部分按 5%提成；400 000<I≤600 000 时，高于 40 万元的部分按 3%提成；600 000<I≤1 000 000 时，高于 60 万元的部分按 1.5%提成；I>1 000 000 时，超过 100 万元的部分按 1%提成。从键盘输入当月利润 I，求应发奖金总数。用 if 语句编程，写出调试好的程序。

程序：

(2) 用 switch 语句重新编写上面的程序，写出调试好的程序。

程序：

实验五　while 循环语句

🎙️ 实验目的

通过本次实验，你将能够
- 掌握 while 语句的语法格式
- 掌握 while 语句实现循环结构的运行过程
- 使用 while 语句编写循环结构程序

🎙️ 实验内容

任务一

(1) 调试下面输入 10 个数，输出最大数的程序。抄写运行结果。

```
# include <stdio.h>
main()
{    int x,max,i;
     scanf("%d",&x);
     max=x;
     i=1;
     while (i<=9)
     {    scanf("%d",&x);
          if (x>max)
               max=x;
```

```
        i++;
    }
    printf("max=%d\n",max);
}
```

任意输入 10 个数，运行结果：

(2) 上面打擂台法，10 个数打 9 次擂台，第 1 个数就是擂主，不参与打擂台。当然也可以让第 1 个数与一个绝对小的数打擂台，这样可以 10 个数正好打 10 次擂台。设 10 个数全部都是正数，上面程序修改如下。

```
# include <stdio.h>
main()
{   int x,max,i;
    max=0;              /* 让 max 等于绝对最小的数 0 */
    i=1;
    while (i<=10)        /* 循环 10 次打 10 次擂台 */
    {   printf("x=");
        scanf("%d",&x);
        if (x>max)
            max=x;
        i++;
    }
    printf("max=%d\n",max);
}
```

任意输入 10 个数，运行结果：

(3) 进一步修改，使程序能够输入任意多个正数，输出最大数。提示，可以使用-1 结束符的方法：循环输入全部数据后，再输入一个负数控制循环结束。调试好，将程序和运行结果抄写在下面。

程序：

运行结果：

任务二

(1) 调试下面输入以回车结束的一句话，输出这句话字符的个数的程序。抄写运行结果。

```
# include <stdio.h>
main()
```

```
{    char ch;
     int n=0;
     printf("请输入一句话:\n");
     scanf("%c",&ch);
     while (ch!='\n')
     {    n++;
          scanf("%c",&ch);
     }
     printf("n=%d\n",n);
}
```

任意输入一句话，输完按回车键，**运行结果:**

再任意输入另一句话，**运行结果:**

(2) 将 "scanf("%c",&ch);" 改为 "ch=getchar();" 后程序如下。重新调试好，抄写运行结果。

```
# include <stdio.h>
main()
{    char ch;
     int n=0;
     printf("请输入一句话:\n");
     ch=getchar();
     while (ch!='\n')
     {    n++;
          ch=getchar();
     }
     printf("n=%d\n",n);
}
```

任意输入一句话，输完按回车键，**运行结果:**

(3) 进一步修改程序如下。重新调试，抄写运行结果。

```
# include <stdio.h>
main()
{    char ch;
     int n=0;
```

```
    printf("请输入一句话:\n");
    while ((ch=getchar())!='\n')
        n++;
    printf("n=%d\n",n);
}
```

任意输入一句话，输完按回车键，运行结果：

任务三

(1) 小红今年 12 岁，她父亲 32 岁，几年后父亲是小红年龄的二倍？编写程序，抄写调试好的程序和运行结果。

程序：

运行结果：

(2) 输入一个整数 x，求各位之和，如 x 为 3256，四位数之和为 16。编写程序，抄写调试好的程序和运行结果。

程序：

运行结果：

(3) 输入两个正整数，用辗转相除法求最大公约数。编写程序，将调试好的程序和运行结果抄写在下面。

程序：

任意输入两个正整数，运行结果：

(4) 某次选举有两位候选人，编写统计选票的程序。抄写调试好的程序和运行结果。
程序：

运行结果：

实验六 do...while 与 for 循环语句

🗨 实验目的

通过本次实验，你将能够
- 掌握 do...while 语句的语法格式
- 掌握 for 语句的语法格式
- 掌握 do...while、for 语句实现循环结构的运行过程
- 使用 do...while、for 语句编写循环结构程序

🗨 实验内容

任务一

(1) 我国 1994 年的人口是 12 亿，假设当时没有计划生育，按 5%的年增长率，哪一年达到 20 亿？调试下面已编好的程序，抄写运行结果。

```c
# include <stdio.h>
main()
{    int year;
     float s;
     year=1994;
     s=12;
     do
     {    year++;
          s=s*1.05;
     } while (s<20);
     printf("year=%d\n",year);
}
```

运行结果：

(2) 印度国王的奖励。相传古代印度国王要褒奖他聪明能干的宰相达依尔(国际象棋的发明者)，问他要求什么？达依尔回答："陛下，只要在国际象棋棋盘的第一个格子上放一粒麦子，第二个格子上放二粒麦子，以后每个格子的麦子数都按前一格的两倍计算，如果陛下能按此法给我 64 格的麦子，我就感激不尽，其他什么也不要了。"国王想"这还不容易！"于是，让人扛来一袋麦子，但很快就用完了，再扛来一袋还是不够。请你为国王算一下共要给达依尔多少麦子？(设 1 立方米小麦约 1.4×10^8 颗)这是一个累加和问题 s=2^0+2^1+2^2+2^3+...+2^63。调试下面已编好的程序，抄写运行的结果。

```
# include<stdio.h>
# include<math.h>
main()
{    float s,v;        /* 变量 s 表示麦子的颗粒数，变量 v 表示麦子的体积 */
     int i;
     s=0;
     for (i=1;i<=64;i++)
          s=s+pow(2,i-1);        /* 加第 i 个棋格的麦子数 2 的 i-1 次方 */
     v=s/1.4e8;                   /* 由颗粒数 s 求体积 v */
     printf("s=%f\nv=%f\n",s,v);
}
```

运行结果：

(3) 用递推法重新编写程序如下，调试好抄写运行结果。

```
#include<stdio.h>
main()
{    float s,t,v;
     int i;
     s=0;
     t=1;                      /*t 等于第 1 个棋格的麦子数 */
     for (i=1;i<=64;i++)
     {    s=s+t;               /* 加第 i 个棋格的麦子数 t */
          t=t*2;               /*t 变成下一个棋格的麦子数 */
     }
     v=s/1.4e8;
     printf("s=%f\nv=%f\n",s,v);
}
```

运行结果：

任务二

(1) 编程输出 1～1000 之间所有个位数是 3 但不能被 3 整除的数。抄写调试好的程序和运行结果。

程序：

运行结果：

(2) 有一分数序列 2 / 1，3 / 2，5 / 3，8 / 5，13 / 8，21 / 13，…求出这个数列的前 20 项之和。抄写调试好的程序和运行结果。

程序：

运行结果：

(3) 猴子吃桃问题。猴子第一天摘下若干个桃子，当即吃了一半，还不过瘾，又多吃了一个。第二天早上又将剩下的桃子吃掉一半，又多吃了一个。以后每天早上都吃了前一天剩下的一半又多一个。到第 10 天早上想再吃时，就只剩下一个桃子了。求第一天共摘了多少桃子。抄写调试好的程序和运行结果。

程序：

运行结果：

(4) 投资收益计算。设有某种十年期国债，年利率为 4.75%，到期一次性还本付息。若投资者打算在发行时购买一万元这种国债，十年后到期时，该投资者可以收回本息共计多少元？抄写调试好的程序和运行结果。

程序：

运行结果：

实验七　多重循环

🐸 实验目的

通过本次实验，你将能够
- 掌握 break、continue 语句在循环结构中的应用
- 掌握多重循环结构程序的运行过程
- 使用 while、do…while、for 语句嵌套编写多重循环结构程序

🐸 实验内容

任务一

(1) 调试下面的程序，抄写运行结果。思考程序运行的流程。

```
# include <stdio.h>
main()
{    int i,s;
```

```
    s=0;
    for (i=1;i<=10;i++)
    {    if (i % 4==0)
              break;
         s=s+i;
    }
    printf("i=%d\ns=%d\n",i,s);
}
```

运行结果：

(2) 将程序中"break"改为"continue"，程序如下。调试好后抄写运行结果。

```
# include <stdio.h>
main()
{    int i,s;
     s=0;
     for (i=1;i<=10;i++)
     {    if (i % 4==0)
               continue;
          s=s+i;
     }
     printf("i=%d\ns=%d\n",i,s);
}
```

运行结果：

任务二

(1) 调试下面打印九九乘法表的程序，抄写程序运行结果。

```
# include <stdio.h>
main()
{    int i,j;
     for (i=1;i<=9;i++)
     {    for (j=1;j<=9;j++)
               printf("%d*%d=%2d ",i,j,i*j);
          printf("\n");
     }
}
```

运行结果：

(2) 将程序中"for (j=1;j<=9;j++)"改为"for (j=1;j<=i;j++)",就变成打印三角形的九九乘法表,修改后的程序如下。调试好后抄写程序运行结果。

```
# include <stdio.h>
main()
{    int i,j;
     for (i=1;i<=9;i++)
     {    for (j=1;j<=i;j++)
               printf("%d*%d=%2d ",i,j,i*j);
          printf("\n");
     }
}
```

运行结果:

任务三

(1) 调试下面百钱买百鸡的程序,抄写程序运行结果。

```
# include <stdio.h>
main()
{    int x,y,z;
     for(x=0;x<=20;x++)
          for(y=0;y<=33;y++)
               for(z=0;z<=100;z++)
                    if(15*x+9*y+z==300 && x+y+z==100)
                         printf("%d,%d,%d\n",x,y,z);
}
```

运行结果:

(2) 简化上面程序如下。调试好后抄写程序运行结果。

```
# include <stdio.h>
main()
{    int x,y,z;
     for (x=0;x<=20;x++)
          for (y=0;y<=33;y++)
          {    z=100-x-y;
               if (15*x+9*y+z==300)
                    printf("%d,%d,%d\n",x,y,z);

          }
}
```

运行结果：

任务四

(1) 编写打印下面"*"号三角形的程序，将调试好的程序抄写在下面。

```
***********
 *********
  *******
   *****
    ***
     *
```

程序：

(2) 编程打印出所有的"水仙花数"。"水仙花数"是指一个 3 位数，其各位数字立方和等于该数本身。例如，153 是一水仙花数，因为 153=1^3+5^3+3^3。抄写调试好的程序和运行结果。

程序：

运行结果：

实验八　数　　组

🗨 实验目的

通过本次实验，你将能够
- 掌握一维数组的定义及使用
- 使用一维数组解决多个同类型变量存储、处理问题
- 掌握二维数组的定义及使用
- 使用二维数组解决矩阵、方阵等问题

🗨 实验内容

任务一

数组 a 中保存一个班 10 个人的分数。输入一个分数 x，在数组中查找有无 x 的值，若有，输出"found!"和其相应下标；否则输出"not found!"。调试下面已编好的程序，抄写程序运行结果。

```
# include <stdio.h>
```

```
main()
{   int a[10]={70,80,60,90,75,85,65,50,88,72};
    int i,x;
    scanf("%d",&x);
    for (i=0;i<10;i++)
        if (a[i]==x)    break;
    if (i<10) printf("found!    index: %d\n",i);
    else printf("not found!\n");
}
```

输入 50，运行结果：

输入 63，运行结果：

如果没有发现存在 x 值时，输出 i 的值为：

任务二

(1) 从键盘输入 n 个数，从小到大输出。调试下面已编好的直接选择排序的程序，抄写程序运行结果。

```
# include <stdio.h>
# define n 8
main()
{   int a[n],i,j,k,x;
    for (i=0;i<n;i++)    scanf("%d",&a[i]);
    for (i=0;i<n-1;i++)      /* 循环 n-1 次，一次一轮，共做 n-1 轮 */
    {   k=i;     /* 第 1 个数 a[i]直接成为擂台，k 记录其下标 i */
        for (j=i+1;j<n;j++)      /* 从 a[i+1]～a[n-1]一个一个循环打擂 */
            if (a[j]<a[k])   /*a[j]与擂台上当前擂主 a[k]打擂 */
                k=j;
        if (k!=i)      /*最小的 a[k]与最前面的 a[i]不是同一个就交换   */
        { x=a[i]; a[i]=a[k]; a[k]=x; }
    }
    for (i=0;i<n;i++)    printf("%5d",a[i]);
    printf("\n");
}
```

输入任意的 8 个数，运行结果：

(2) 增加输出每一轮数据的变化程序如下。调试好程序，抄写程序运行结果并分析排序过程。

```c
# include <stdio.h>
#define n 8
main()
{   int a[n],i,j,k,x;
    for (i=0;i<n;i++)     scanf("%d",&a[i]);
    for (i=0;i<n-1;i++)
    {   k=i;
        for (j=i+1;j<n;j++)
        if (a[j]<a[k])    k=j;
        if (k!=i)    { x=a[i]; a[i]=a[k]; a[k]=x; }
        printf("第%2d 轮: ",i);
        for (j=0;j<n;j++)    printf("%5d",a[j]);
        printf("\n");
    }
    printf("排好序后: ");
    for (i=0;i<n;i++)    printf("%5d",a[i]);
    printf("\n");
}
```

输入任意的 8 个数，运行结果：

任务三

(1) 输入 n 个数保存在数组 a 中，然后将数组 a 所有元素颠倒存放。也就是第一个变成倒数第一个，第二个变成倒数第二个，依此类推，最后按新的次序输出。补充下面程序，将调试好的程序和运行结果抄写在下面。

```c
# include <stdio.h>
#define n 10
main()
{   int a[n],i;
    printf("请输入%d 个数:\n",n);
    for (i=0;i<n;i++)    scanf("%d",&a[i]);



    for (i=0;i<n;i++)    printf("%5d",a[i]);
    printf("\n");

}
```

运行结果：

(2) 假设 10 个整数存储在数组 a 中，要求把其中能被 12 整除的数标记为 'T'，其他标记为 'F'。标记存储在字符数组 b 中下标相同的对应位置，并输出两个数组。补充下面程序的执行部分，实现以上功能，将调试好的程序和运行结果抄写在下面。

```
# include <stdio.h>
main()
{    int i,a[10]={23,60,19,72,28,45,24,83,52,36};
     char b[10];


}
```

运行结果：

(3) 编程实现求两个 3×3 矩阵的和。补充下面程序，将调试好的程序和运行结果抄写在下面。

```
# include <stdio.h>
main()
{    int a[3][3]={{1,2,3},{4,5,6},{7,8,9}};
     int b[3][3]={{10,11,12},{13,14,15},{16,17,18}};
     int c[3][3],i,j;
     /* 矩阵 c=矩阵 a+矩阵 b */
     /* 输出矩阵 c      */
     for (i=0;i<3;i++)
     {    for (j=0;j<3;j++)      printf("%5d",c[i][j]);
          printf("\n");
     }
}
```

运行结果：

实验九　字　符　串

🌸 实验目的

通过本次实验，你将能够
- 掌握字符串变量在 C 语言中的表示方法
- 掌握字符串处理方法
- 使用字符数组解决字符串处理问题

实验内容

任务一

(1) 输入一句话，将其反过来输出。如输入 "How are you!"， 输出 "!uoy era woH"。程序如下，调试并抄写程序运行结果。

```
# include <stdio.h>
main()
{    char a[80],ch;        /* 数组 a 保存这句话的所有字符  */
     int i,n=0;            /* n 表示这句话字符的个数  */
     do
     {    scanf("%c",&ch);
          a[n]=ch;
          n++;
     } while (ch!='\n');
     for (i=n-1;i>=0;i--)   printf("%c",a[i]);
     printf("\n");
}
```

任意输入一句话，**运行结果：**

(2) 将程序改进如下，调试并抄写程序运行结果。

```
# include <stdio.h>
main()
{    char a[80];
     int i,n=0;
     do
     {    scanf("%c",&a[n]);
          n++;
     } while (a[n-1]!='\n');
     for (i=n-1;i>=0;i--)   printf("%c",a[i]);
     printf("\n");
}
```

输入任意一句话，**运行结果：**

解释程序中 "while (a[n-1]!='\n')" 的 "a[n-1]" 为什么要减 1？

(3) 进一步改进程序如下，调试并抄写程序运行结果。

```
# include <stdio.h>
```

```
# include <string.h>
main()
{    char a[80];
     int i,n;
     scanf("%s",a);
     n=strlen(a);
     for (i=n-1;i>=0;i--)   printf("%c",a[i]);
     printf("\n");
}
```

输入一个单词"computer"，运行结果：

输入一句话"How are you!"，运行结果：

(4) 进一步改进程序如下，调试并抄写程序运行结果。

```
# include <stdio.h>
# include <string.h>
main()
{    char a[80];
     int i,n;
     gets(a);
     n=strlen(a);
     for (i=n-1;i>=0;i--)   printf("%c",a[i]);
     printf("\n");
     }
```

输入任意一句话，运行结果：

任务二

调试下面输入 10 个国家名，按字母次序输出的程序。抄写程序运行的结果。

```
# include <stdio.h>
# include <string.h>
main()
{    char a[10][20],x[20];
     int i,j,k;
     for (i=0;i<10;i++)          scanf("%s",a[i]);
     /* 用直接选择法按字母次序排序   */
     for (i=0;i<9;i++)
     {    k=i;
```

```
        for (j=i+1;j<10;j++)
            if (strcmp(a[j],a[k])<0)    k=j;
        if (k!=i)
        {    strcpy(x,a[i]);    strcpy(a[i],a[k]);    strcpy(a[k],x);    }
    }
    for (i=0;i<10;i++)            printf("%s\n",a[i]);
}
```

任意输入 10 个国家名，每输完一个按回车键，运行结果：

任务三

(1) 输入一个字符串，统计其中英文字母、数字符号及其他字符的个数。将调试好的程序和运行结果抄写在下面。

程序：

运行结果：

(2) 输入一个字符串，如果是回文，则输出"yes"，否则输出"no"。回文是正反读都是一样的文字，例如"level"和"abcdedcba"都是回文。将调试好的程序和运行结果抄写在下面。

程序：

输入"abcdedcba"，运行结果：

输入"abcdebcda"，运行结果：

(3) 输入一个字符串，查找其中有没有小写字母 'a'，如果有，则输出第一次出现的位置，否则输出"not found!"。将调试好的程序和运行结果抄写在下面。

程序：

输入"How are you!"，运行结果：

输入"How do you do!"，运行结果：

实验十 函 数

实验目的

通过本次实验，你将能够
- 掌握函数的定义、调用
- 掌握函数的递归调用
- 使用函数简化程序、实现模块化

实验内容

任务一

(1) 调试下面输出 100～200 之间所有素数的程序，并抄写程序运行结果。

```
# include <stdio.h>
int isprime(int x);
main()
{    int m;
     for (m=100;m<=200;m++)
          if (isprime(m)==1)   printf("%5d",m);
     printf("\n");
}
int isprime(int x)
{    int i;
     for (i=2;i<x;i++)
     if (x % i==0)          break;
     if (i==x)    return 1;
     else    return 0;
}
```

运行结果：

(2) 改进判断素数 isprime 函数后程序如下，调试并抄写程序运行结果。

```
# include <stdio.h>
int isprime(int x);
main()
{    int m;
```

```
    for (m=100;m<=200;m++)
        if (isprime(m)==1)   printf("%5d",m);
    printf("\n");
}
int isprime(int x)
{    int i;
    for (i=2;i<x;i++)
        if (x % i==0)    return 0;
    return 1;
}
```

运行结果：

(3) 修改程序，在 main 主函数输入一个整数，调用 isprime 函数判断是否为素数，若是，输出"yes"，否则输出"no"。调试下面程序，抄写程序运行的结果。

```
# include <stdio.h>
int isprime(int x);
main()
{    int x;
    scanf("%d",&x);
    if (isprime(x)==1) printf("yes.");
    else printf("no.");
}
int isprime(int x)
{    int i;
    for (i=2;i<x;i++)
    if (x % i==0)          return 0;
    return 1;
}
```

输入 13，运行结果：

输入 21，运行结果：

联系上面的程序思考以下结论：每个函数都是独立的模块，除了外部存在调用和被调用关系，内部程序实现没有任何关联。

任务二

(1) 调试下面程序，抄写并分析程序运行的结果。

```
# include <stdio.h>
```

```
void fsum(int x)
{    int s=0;        /*等价于 auto int s=0;   s 为 auto 自动存储类型变量 */
     s=s+x*x;
     printf("s=%d\n",s);
}
main()
{    fsum(5);
     fsum(10);
}
```

运行结果：

(2) 在上面程序中的"int s=0;"前面加上"static"静态存储类型后程序如下，抄写并分析程序运行的结果。

```
# include <stdio.h>
void fsum(int x)
{    static int s=0;        /* s 为 static 静态存储类型变量 */
     s=s+x*x;
     printf("s=%d\n",s);
}
main()
{    fsum(5);
     fsum(10);
}
```

运行结果：

任务三

(1) 输入一个整数 x，调用递归函数 fact 求 x 的阶乘值赋给 y 并输出。调试下面已编好的程序，抄写程序运行的结果。

```
# include <stdio.h>
long fact(int n)
{    if (n<=1) return 1;
     else return fact(n-1)*n;
}
main()
{    int x;
     long y;
     scanf("%d",&x);
```

```
    y=fact(x);
    printf("y=%ld\n",y);
}
```

任意输入一个较小的整数，运行结果：

(2) 重新编写求阶乘函数 fact，用非递归方法实现。将函数体填入下面程序的空白处并抄写程序运行的结果。

```
# include <stdio.h>
long fact(int n)
{
}
main()
{   int x;
    long y;
    scanf("%d",&x);
    y=fact(x);
    printf("y=%ld\n",y);
}
```

任意输入一个较小的整数，运行结果：

任务四

用递归法求 1+2+3+4+…+100 的和，将调试好的程序和运行结果抄写在下面。

提示：设计递归函数 fsum，fsum 函数原型为"int fsum(int n); "，其作用是求 1+2+3+…+n 的和，有下面递归公式：

$$fsum(n) = \begin{cases} 1 & n = 1 \\ fsum(n-1) + n & n > 1 \end{cases}$$

程序：

运行结果：

实验十一　结构体与共用体

🐾 实验目的

通过本次实验，你将能够

- 掌握结构体、共用体的定义
- 了解结构体、共用体的区别
- 应用结构体、共用体编写程序

🗨 实验内容

任务一

(1) 调试下面输入今天日期，输出明天日期的程序，抄写程序运行结果。

```
# include <stdio.h>
struct date
{    int year,month,day;    };
main()
{    struct date today,tomorrow;
    int days;
    scanf("%d%d%d",&today.year,&today.month,&today.day);
    switch (today.month)
    {    case  1: case  3: case  5:
        case  7: case  8:    case 10:
        case  12: days=31; break;
        case  4: case  6:    case  9:
        case  11: days=30; break;
        case  2:
            if(today.year%400==0||today.year%4==0&&today.year%100!=0)
                days=29;
            else days=28;
            break;
    }
    tomorrow=today;
    if (today.day<days)    tomorrow.day++;
    else if (today.month!=12)    { tomorrow.month++; tomorrow.day=1;}
    else    { tomorrow.year++;tomorrow.month=1;tomorrow.day=1;}
    printf("明天日期: %d 年%d 月%d 日    \n",
    tomorrow.year,tomorrow.month,tomorrow.day);
}
```

任意输入一天的日期，运行结果：

(2) 编写程序输入某一天的日期，计算这一天是全年的第几天，将调试好的程序和运行结果抄写在下面。

程序：

运行结果：

任务二

列表输出结构体数组中 5 个学生的基本情况。调试下面已编好的程序，抄写运行结果并注意程序如何控制输出格式。

```c
#include<stdio.h>
struct student
{    int num;         char name[20];
     char sex;        int age;
     float score;
};
main()
{    struct student a[3]={{1,"刘  军",'m',19,420.5},
                         {2,"马小芳",'f',18,489},{3,"王   海",'m',20,380}};
     int i;
     printf("学号  姓  名   性别   年龄   分数\n");
     for (i=0;i<3;i++)
     {    printf("%4d",a[i].num);
          printf("%8s",a[i].name);
          if (a[i].sex=='m') printf("   男  "); else printf("    女  ");
          printf("%5d ",a[i].age);
          printf("%6.1f\n",a[i].score);
     }
}
```

运行结果：

任务三

调试下面程序，抄写并解释程序运行的结果。

```c
# include <stdio.h>
struct type1
{    int a;    float x;    char ch;    };
union type2
{    int a;    float x;    char ch;    };
main()
```

```
{    printf("结构体类型 type1 字节数=%d\n",sizeof(type1));
     printf("共用体类型 type2 字节数=%d\n",sizeof(type2));

}
```

运行结果:

实验十二 指   针

实验目的

通过本次实验,你将能够
- 了解指针
- 掌握指针变量的定义与使用
- 应用指针编写程序

实验内容

任务一

(1) 调试下面程序,抄写并分析程序运行结果。

```
# include <stdio.h>
main()
{    int a=12,b=5,t;
     int *p1=&a,*p2=&b;          /* 说明指针变量并立即赋初值    */
     printf("%d     %d\n",*p1,*p2);
     t=*p1;   *p1=*p2;   *p2=t;
     printf("%d     %d\n",*p1,*p2);
     printf("%d     %d\n",a,b);

}
```

运行结果:

(2) 修改上面程序如下,调试程序,抄写并分析程序运行的结果。

```
# include <stdio.h>
main()
{    int a=12,b=5;
     int *p1=&a,*p2=&b,*t;
     printf("%d     %d\n",*p1,*p2);
     t=p1;   p1=p2;   p2=t;
     printf("%d     %d\n",*p1,*p2);
```

```
    printf("%d    %d\n",a,b);
}
```

运行结果:

任务二

(1) 调试下面用下标法找数组中最大元素的程序,抄写程序运行的结果。

```
# include <stdio.h>
main()
{    int a[10]={70,80,60,90,75,85,92,95,65,50};
     int i,maxindex;      /* 变量 maxindex 表示最大元素的下标 */
     maxindex=0;
     for (i=1;i<10;i++)
         if (a[i]>a[maxindex])        maxindex=i;
     printf("max=%d\n",a[maxindex]);
}
```

运行结果:

(2) 修改上面使用指针法找数组中最大元素的程序。调试好下面已改好的程序,抄写程序运行的结果,比较两个程序的共同点和不同点。

```
# include <stdio.h>
main()
{    int a[10]={70,80,60,90,75,85,92,95,65,50};
     int i,*maxptr;     /* 指针变量 maxptr 表示最大元素的地址指针 */
     maxptr=&a[0];    /* 本条可简化为 maxptr=a; */
     for (i=1;i<10;i++)
         if (a[i]> *maxptr)         maxptr=&a[i];
     printf("max=%d\n",*maxptr);
}
```

运行结果:

任务三

(1) 调试下面程序,抄写并分析程序运行的结果。

```
# include <stdio.h>
void swap(int x,int y)
{    int t;
     t=x; x=y; y=t;
```

```
        printf("%d    %d\n",x,y);
}
main()
{    int a=5,b=12;
     swap(a,b);
     printf("%d    %d\n",a,b);
}
```

运行结果：

(2) 将参数改为指针后程序如下，调试并分析程序运行的结果。

```
# include <stdio.h>
void swap(int *x,int *y)
{    int t;
     t=*x; *x=*y; *y=t;
     printf("%d    %d\n",*x,*y);
}
main()
{    int a=5,b=12;
     swap(&a,&b);
     printf("%d    %d\n",a,b);
}
```

运行结果：

任务四

设计函数 bar，函数原型为"void bar(int x,int y,int *s,int *c);"，通过指针参数返回长方形的面积和周长。将编好的函数体填入程序的空白处，调试好并抄写运行的结果。

```
# include <stdio.h>
void bar(int x,int y,int *s,int *c)
/* x 表示长,y 表示宽,通过 s 返回面积,通过 c 返回周长    */
{


}
main()
{    int a,b,source,circle;
     /* a、b、source、circle 表示长、宽、面积、周长*/
     scanf("%d%d",&a,&b);
     bar(a,b,&source,&circle);
```

```
        printf("面积=%d\n 周长=%d\n",source,circle);
}
```

输入长和宽，运行结果：

实验十三　文　　件

🗨 实验目的

通过本次实验，你将能够
- 了解 C 语言中文件、文件读写、文件指针的概念
- 掌握文件指针的定义及使用
- 应用文件指针、文件操作函数编写程序对文件进行读写等操作

🗨 实验内容

任务一

(1) 从键盘输入一个班某门课的分数，输入-1 结束，存入文件名为"a.txt"的文件中。调试下面已编好的程序，抄写程序运行结果。

```
# include <stdio.h>
main()
{    FILE *fout;       /* 说明文件指针变量 fout   */
     int x;
     fout=fopen("a.txt","w");   /* 写方式打开"a.txt"  */
     if (fout==NULL)         /* 如果打开文件失败  */
     {    printf("打开文件失败.\n");
          return;           /* 终止程序  */
     }
     scanf("%d",&x);
     while (x!=-1)
     {    fprintf(fout,"%5d",x);
          scanf("%d",&x);
     }
     fclose(fout);
}
```

任意输入若干个分数，输入-1 结束，运行结果：

(2) 进入当前路径，查找上面程序产生了名为"a.txt"的新文件，抄写文件的字节数。

用鼠标双击打开文件，抄写文件的内容。

文件字节数：

文件内容：

(3) 读出上面程序产生的"a.txt"文件中一个班的所有分数，求平均分。调试下面已编好的程序，抄写程序运行的结果。

```
# include <stdio.h>
main()
{    FILE *fin;
     int x,sum,n,aver;        /* sum 表示总分,n 表示人数,aver 表示平均分  */
     if ((fin=fopen("a.txt","r"))==NULL)
     {     printf("文件不存在.\n");
           return;
     }
     sum=0;
     n=0;
     while (fscanf(fin,"%d",&x)==1)
     {     sum=sum+x;
           n++;
     }
     fclose(fin);
     aver=sum/n;
     printf("aver=%d\n",aver);
}
```

运行结果：

任务二

(1) 编写程序将 1～20 依次写入文件名为"num.dat"的新文件中，将调试好的程序抄写在下面。

程序：

(2) 进入当前路径，查找上面程序产生的"num.dat"文件，抄写文件的字节数，鼠标双击打开文件，抄写文件的内容。

文件字节数：

文件内容：

(3) 编写程序读出上面程序产生的"num.dat"文件中的数并显示在屏幕上，将调试好的程序和运行结果抄写在下面。

程序：

运行结果：

任务三

(1) 复制一个源文件，产生一个新的目标文件，源文件和目标文件名从键盘输入。调试下面已编好的程序，抄写运行的结果，并进入相应路径找到目标文件，与源文件进行比较是否相同。

```c
# include <stdio.h>
main()
{   FILE *f1,*f2;        /* f1、f2 是源、目标文件指针变量 */
    char ch,fname1[20],fname2[20];
    /* 字符串变量 fname1 表示源文件名,fname2 表示目标文件名 */
    printf("源文件名: ");
    scanf("%s",fname1);
    if ((f1=fopen(fname1,"r"))==NULL)
    {    printf("文件不存在.");
         return;
    }
    printf("目标文件名: ");
    scanf("%s",fname2);
    if ((f2=fopen(fname2,"w"))==NULL)
    {    printf("文件打开失败.");
         fclose(f1);
         return;
    }
    while (fscanf(f1,"%c",&ch)==1)
         fprintf(f2,"%c",ch);
    fclose(f1);
    fclose(f2);
}
```

运行结果：

(2) 用 fgetc 和 fputc 函数改写程序如下，重复上述操作。

```c
# include <stdio.h>
main()
{    FILE *f1,*f2;
     char ch,fname1[20],fname2[20];
     printf("源文件名: ");
     scanf("%s",fname1);
     if ((f1=fopen(fname1,"r"))==NULL)
     {    printf("文件不存在.");
          return;
     }
     printf("目标文件名: ");
     scanf("%s",fname2);
     if ((f2=fopen(fname2,"w"))==NULL)
     {    printf("文件打开失败.");
          fclose(f1);
          return;
     }
     while ((ch=fgetc(f1))!=EOF)
          fputc(ch,f2);
     fclose(f1);
     fclose(f2);
}
```

(3) 用 feof 函数进一步改写程序如下，重复上述操作。

```c
# include <stdio.h>
main()
{    FILE *f1,*f2;
     char ch,fname1[20],fname2[20];
     printf("源文件名: ");
     scanf("%s",fname1);
     if ((f1=fopen(fname1,"r"))==NULL)
     {    printf("文件不存在.");
          return;
     }
     printf("目标文件名: ");
     scanf("%s",fname2);
     if ((f2=fopen(fname2,"w"))==NULL
```

```
    {    printf("文件打开失败.");
         fclose(f1);
         return;
    }
    while (!feof(f1))
    {    ch=fgetc(f1);
         fputc(ch,f2);
    }
    fclose(f1);
    fclose(f2);
}
```

任务四

编写程序，从键盘输入一个已经存在的 C 语言源程序文件名，统计该文件中程序的字节数和行数。将调试好的程序和运行结果抄写在下面。

程序:

运行结果:

附　　录

附录 A　C 语言中的关键字

auto °	break	case	char	const
continue	default	do	double	else
enum	extern	float	for	goto
if	int	long	register	return
short	signed	sizeof	static	struct
switch	typedef	union	unsigned	void
volatile	while			

附录 B　常用 ASCII 代码对照表

ASCII 值	控制字符	ASCII 值	字符	ASCII 值	字符	ASCII 值	字符
000	NUL	032	(space)	064	@	096	`
001	SOH	033	!	065	A	097	a
002	STX	034	"	066	B	098	b
003	ETX	035	#	067	C	099	c
004	EOT	036	$	068	D	100	d
005	ENQ	037	%	069	E	101	e
006	ACK	038	&	070	F	102	f
007	BEL	039	'	071	G	103	g
008	BS	040	(	072	H	104	h
009	HT	041	)	073	I	105	i
010	LF	042	*	074	J	106	j
011	VT	043	+	075	K	107	k
012	FF	044	,	076	L	108	l
013	CR	045	-	077	M	109	m
014	SO	046	.	078	N	110	n
015	SI	047	/	079	O	111	o
016	DLE	048	0	080	P	112	p
017	DC1	049	1	081	Q	113	q
018	DC2	050	2	082	R	114	r
019	DC3	051	3	083	S	115	s
020	DC4	052	4	084	T	116	t
021	NAK	053	5	085	U	117	u
022	SYN	054	6	086	V	118	v
023	ETB	055	7	087	W	119	w
024	CAN	056	8	088	X	120	x
025	EM	057	9	089	Y	121	y
026	SUB	058	:	090	Z	122	z
027	ESC	059	;	091	[	123	{
028	FS	060	<	092	\	124		
029	GS	061	=	093	]	125	}
030	RS	062	>	094	^	126	~
031	US	063	?	095	_		

附录 C　运算符的优先级和结合性

类型	优先级	运算符	含义	结合方向
初等运算符	1	( ) [ ] -> .	圆括号 下标运算符 指向结构体成员运算符 结构体成员运算符	从左到右
单目运算符	2	! ~ ++ —— — (类型) * & sizeof	逻辑非运算符 按位取反运算符 自增运算符 自减运算符 负号运算符 类型转换运算符 指针运算符 地址与运算符 长度运算符	从右到左
算术运算符	3	* / %	乘法运算符 除法运算符 求余运算符	从左到右
	4	+ —	加法运算符 减法运算符	
移位运算符	5	<< >>	左移运算符 右移运算符	
关系运算符	6	< <= > >=	小于运算符 小于等于运算符 大于运算符 大于等于运算符	
	7	== ! =	等于运算符 不等于运算符	
逻辑运算符	8	&	按位与运算符	
	9	^	按位异或运算符	
	10	|	按位或运算符	
	11	&&	逻辑与运算符	
	12	||	逻辑或运算符	
条件运算符	13	? :	条件运算符	从右到左
赋值运算符	14	=、+=、—=、*=、/=、%=、>>=、<<=、&=、^=、|=	赋值运算符	
逗号运算符	15	,	逗号运算符	从左到右

附录 D　C 语言库函数

　　库函数并不是 C 语言的一部分，它是由人们根据需要编制并提供给用户使用的。每一种 C 编译系统都提供了一批库函数，不同的编译系统所提供的库函数的数目和函数名以及函数功能是不完全相同的。考虑到通用性，列出部分常用库函数。它们均以头文件形式存在，往往需要在程序首部通过包含命令将其包含到程序中，例如：# include <stdio.h>。

　　它们分别代表包含字符串函数、数学函数、标准输入/输出函数和动态存储分配函数的头文件。由于 C 语言库函数的种类很多，还有屏幕和图形函数、时间日期函数、与系统有关的函数等。若要用到更多的函数，请查阅所用系统的手册。

1. 常用数学函数

使用数学函数时，在源文件中应该有：

include <math.h> 或 # include "math.h"

函数名	函数原型	功　能	返回值	说　明
acos	double acos(double x) ;	计算 arccos(x)的值	计算结果	x 应在-1～1 范围内
asin	double asin(double x) ;	计算 arcsin(x)的值	计算结果	x 应在-1～1 范围内
atan	double atan(double x) ;	计算 arctan(x)的值	计算结果	
atan2	double atan(double x, double y) ;	计算 arctan (x/y)的值	计算结果	
cos	double cos(double x) ;	计算 cos(x)的值	计算结果	x 的单位为弧度
cosh	double cosh(double x) ;	计算 x 的双曲余弦 cosh(x)的值	计算结果	
exp	double exp(double x) ;	求 e^x 的值	计算结果	
fabs	double fabs(double x) ;	求 x 的绝对值	计算结果	
log	double log(double x) ;	求 $\log_e x$，即 lnx	计算结果	
log10	double log10(double x) ;	求 $\log_{10} x$	计算结果	
pow	double pow(double x, double y) ;	计算 x^y 的值	计算结果	
sin	double sin(double x) ;	计算 sinx 的值	计算结果	x 的单位为弧度
sinh	double sinh(double x) ;	计算 x 的双曲正弦 sinh(x)的值	计算结果	
sqrt	double sqrt(double x) ;	计算 x 的平方根	计算结果	x 应 >=0
tan	double tan(double x) ;	计算 tan(x)的值	计算结果	x 的单位为弧度
tanh	double tanh(double x) ;	计算 x 的双曲正切 tanh(x)的值	计算结果	

2. 字符串函数

使用字符串函数时，应该在该源文件中使用命令行：

include <string.h> 或 # include "string.h"

函数名	函数原型	功　能	返回值
strcat	char *strcat(char *s1,char *s2);	将字符串 s1 接到 s2 后面	返回 s1 所指的地址
strchr	char *strchr(char *s,int ch);	找到字符串 s 中第一次出现字符 ch 的位置	返回找到的字符的地址，找不到返回 NULL
strcmp	char *strcmp(char *s1,char *s2);	对字符串 s1 和 s2 进行比较	s1<s2，返回负数 s1==s2，返回 0 s1>s2，返回正数
strcpy	char *strcpy(char *s1, char *s2);	将字符串 s2 复制至 s1	返回 s1 所指的地址
strlen	unsign strlen(char *s);	求字符串 s 的长度	返回串中的字符个数(不计最后的' \0 ')
strstr	char *strstr(char *s1, char *s2);	在字符串 s1 中找字符串 s2 第一次出现的位置	返回找到的字符的地址，找不到返回 NULL

3. 输入/输出函数

使用输入/输出函数时，应该在该源文件中使用命令行：

\# include <stdio.h>　或　\# include "stdio.h"

函数名	函数原型	功　能	返回值
clearerr	void cleareer(FILE *fp);	清除与文件指针有关的所有出错信息	无
close	int close(int fp);	关闭文件，释放文件缓冲区	成功返回 0,否则返回-1
creat	int creat(char *filename,int mode);	以 mode 所指定的方式建立文件	成功返回正数，否则返回-1
eof	int eof(int fd);	检查文件是否结束	遇文件结束返 1,否则返回 0
fclose	int fclose(FILE *fp);	关闭文件，释放文件缓冲区	有错返回非 0，否则返回 0
feof	int feof(FILE *fp);	检查文件是否结束	遇文件结束返非 0,否则返回 0
fgetc	int fgetc(FILE *fp);	从文件中取下一个字符	返回所取到的字符,若出错则返回 EOF
fgets	char*fgets(char *buf,int n,FILE *fp);	从文件中取一个长度为 n-1 的字符串，存入起始地址为 buf 的空间	返回地址 buf,遇文件结束或出错则返回 NULL
fopen	FILE *fopen(char *filename, char *mode);	以 mode 指定的方式打开文件	成功返回文件指针，否则返回 0

函数名	函数原型	功 能	返回值
fprintf	int fprintf(FILE *fp,char *format, args,…);	将 args 的值以 format 指定的格式输出到文件中	实际输出的字符数
fputc	int fputc(char ch,FILE *fp);	将字符 ch 输出到文件中	成功返回该字符，否则返回 EOF
fputs	int fputs(char *str,FILE *fp);	将 str 指向的字符串输出到文件中	成功返回正整数，否则返回 EOF
fread	int freed(char *pt,unsigned size, unsigned n,FILE *fp);	从文件中取长度为 size 的 n 个数据项存入 pt 指向的内存	返回所读数据项个数，若遇文件结束或出错返回 0
fscanf	int fscanf(FILE *fp,char format, args,…);	从文件中按 format 指定的格式将输入数据送到 args 指向的内存单元	返回已输入的字符个数
fseek	int fseek(FILE *fp,long offset,int base);	将文件的位置指针移到以 base 所指的位置为基准以 offset 为位移量的位置	成功返回当前位置，否则返回-1
ftell	long ftell(FILE *fp);	返回文件中的读写位置	返回 fp 所指的文件中的读写位置
fwrite	int fwrite(char *ptr,unsigned size, unsigned n,FILE *fp);	将 ptr 所指向的 n*size 个字节输出到文件中	返回写到文件中的数据项的个数
getc	int getc(FILE *fp);	从文件中取一个字符	返回所读的字符，若遇文件结束或出错，返回 EOF
getchar	int getchar(void);	从标准输入设备取一个字符	返回所读的字符
getw	int getw(FILE *fp);	从文件中取一个字	返回所取的整数，若遇文件结束或出错，返回-1
open	int open(char *filename,int mode);	以 mode 指定的方式打开已存在的文件	成功返回文件号，否则返回-1
printf	int printf(char *format,args,…);	以 format 指定的格式，将输出表列 args 的值输出到标准输出设备	返回输出的数据项的个数，若出错返回负数
putc	int putc(int ch,FILE *fp);	将字符 ch 输出到文件中	返回输出的字符，若出错返回 EOF
putchar	int putchar(char ch);	将字符 ch 输出到标准输出设备	返回输出的字符，若出错返回 EOF

函数名	函数原型	功　能	返回值
puts	int puts(char *str);	将字符串输出到标准输出设备，将\0转换为回车换行	成功返回换行符，若出错返回 EOF
putw	int putw(int w,FILE *fp);	将一个整数 w 写到文件中	成功返回输出的整数，否则返回 EOF
read	int read(int fd,char *buf,unsigned , count);	在文件中取 count 个字节到 buf 指定的缓冲区	返回读入的字符个数，若遇文件结束返回 0，出错返回-1
rename	int rename(char *oldname, char *newname);	将文件改名	成功返回 0，否则返回-1
rewind	void rewind(FILE *fp);	将文件的位置指针置于文件开头，并清除文件结束标志和错误标志	无
scanf	int scanf(char *format,args,…);	从标准输入设备按 format 指定的格式输入数据给 args 所指定的单元	返回读入的数据项个数，若遇文件结束返回-1，出错返回 0
write	int write(int fd,char *buf,unsigned count);	从 buf 指定的缓冲区输出 count 个字符到 fd 所标志的文件中	返回实际输出的字节数，出错返回-1

4. 动态存储分配函数和随机函数

使用动态存储分配函数和随机函数时，应该在该源文件中使用命令行：

\# include <stlib.h>　或　\# include "stlib.h"

函数名	函数原型	功　能	返回值
calloc	void *calloc(359nsigned n,unsigned size);	分配 n 个数据项的内存,每个数据项的大小为 size 个字节	返回分配的内存空间的起始地址，若不成功返回 0
free	void free(void p);	释放 p 所指的内存区	无
malloc	void *malloc(unsigned size);	分配 size 个字节的存储空间	返回分配内存空间的起始地址，若不成功返回 0
realloc	void *relloc(void *p,unsigned size);	将 p 所指的内存区的大小改为 size 个字节	返回分配内存空间的起始地址，若不成功返回 0
rand	int rand(void);	产生 0～32767 之间的随机整数	返回一个随机整数

参 考 文 献

[1] 谭浩强. C 程序设计. 4 版. 北京：清华大学出版社，2010.

[2] 廖雷. C 语言程序设计. 北京：高等教育出版社，2009.

[3] 宗大华，陈吉人，宗涛. C 语言程序设计教程. 北京：人民邮电出版社，2012.

[4] 占跃华. C 语言程序设计. 北京：北京邮电大学出版社，2010.

[5] 柴世红. C 语言程序设计. 西安：西安电子科技大学出版社，2014.